6. COLLOQUIUM DER
GESELLSCHAFT FÜR PHYSIOLOGISCHE CHEMIE
AM 20./22. APRIL 1955 IN MOSBACH/BADEN

VERGLEICHEND BIOCHEMISCHE FRAGEN

MIT 50 TEXTABBILDUNGEN

SPRINGER-VERLAG
BERLIN · GÖTTINGEN · HEIDELBERG
1956

ISBN-13: 978-3-540-02000-4   e-ISBN-13: 978-3-642-94660-8
DOI: 10.1007/978-3-642-94660-8

BRÜHLSCHE UNIVERSITÄTSDRUCKEREI GIESSEN

Inhalt.

Begrüßung und Eröffnung.

Das ist nun das 6. Colloquium, zu dem ich Sie, meine Damen und Herren, im Namen unserer Gesellschaft begrüßen darf. Diesmal werden wir über allgemeine vergleichend-biochemische Fragen diskutieren. Wenn wir heute wissen wollen, wie ein Zellbaustein durch die Lebensprozesse umgewandelt wird, dann begnügen wir uns nicht mehr mit Leber- und Muskelbreien, -schnitten oder -homogenaten und Hefesuspensionen, sondern ziehen noch andere Organe und andere Tiere — insbesondere aber auch die Bakterien heran. So haben wir gleichsam nebenbei erfahren, wie sich die Lebewesen im chemischen Aufbau, in der Ausrüstung mit Fermenten und in den Reaktionen unterscheiden. Aus diesen Unterschieden können wir wieder neue Erkenntnisse über das Leben gewinnen.

Wenn wir die vergleichende Biochemie konsequent zurückverfolgen, so kommen wir schließlich zu der Frage nach dem Beginn des Lebens. Es schien mir immer interessant, darüber nachzudenken. Zwar ist niemand von uns dabeigewesen, aber solche Spekulationen können doch anregend wirken, weil sie uns zu überlegen zwingen, welche von den Zellbausteinen, die wir heute kennen, damals schon vorhanden gewesen sein müssen, und welches wohl die ersten Prozesse gewesen sein könnten. Vielleicht vertieft das unser Verständnis. Jede Wissenschaft hat nicht nur die Aufgabe, unsere Kenntnisse zu mehren, sondern bis an die Grenze vorzudringen, wo die Philosophie beginnt.

Heute steht beim Laien die Atomphysik im Vordergrund des Interesses. Die Astronomen diskutieren über den Anfang und das Ende des Universums. So sollte sich auch die Biologie darauf besinnen, was sie zu unserer Weltanschauung und Philosophie beitragen könnte. Der beste Weg dazu ist wohl, das Leben auf dem Niveau der Moleküle zu analysieren und zu versuchen, die dort geltenden Gesetze kennenzulernen. Im Bereich der Moleküle fallen viele Unterschiede zwischen Tieren, Pflanzen, Bakterien und

Viren fort. Ich glaube, daß uns die Überlegungen über die Anfänge des Lebens in der molekularen Biologie ein gut Stück vorwärtsbringen können.

Im übrigen sind diese Diskussionen auch aktuell, denn 1956 soll in Moskau ein Symposion der Internationalen Union für Biochemie über den Ursprung des Lebens stattfinden.

Das sind die Gründe, warum ich Herrn ROKA gebeten habe, einmal zusammenzustellen, welche Vermutungen über den Anfang des Lebens bis jetzt schon geäußert worden sind.

Leben ist Ordnung, eine Ordnung, die sich selbst reproduziert, sich aber der Tendenzen und Prinzipien bedienen muß, die bereits in der nicht organisierten Welt zur Ordnung drängen. Herr KOSSEL wird so freundlich sein, uns über solche Prinzipien, die zur Individuation führen, auf Grund eigener Versuche und Beobachtungen zu berichten.

Das erste Lebewesen muß noch weitgehend von der Umwelt abhängig gewesen sein. Im Lauf der Entwicklung hat sich das allmählich geändert. Es ist interessant, den Prozeß der langsamen Verselbständigung vom biochemischen Standpunkt aus zu verfolgen. Herr FLORKIN wird uns am Beispiel der nicht im Eiweiß gebundenen Aminosäuren der Gewebe einen gewissen Einblick in diese Entwicklung geben.

Im Leben auf unserer Erde hat der Stickstoff von Anfang an eine hervorragende Rolle gespielt. Er findet sich in den wichtigsten Bestandteilen des Protoplasmas. Sie leiten sich letzten Endes alle vom Ammoniak ab, und die komplizierten organischen Basen müssen sich im Lauf der Jahrmillionen aus ihm entwickelt haben. Wahrscheinlich können wir diese Entwicklung aus der vergleichenden Biochemie der heutigen Lebewesen rekonstruieren. Herr ACKERMANN wird uns darüber vom Standpunkt der biogenen Amine aus vortragen.

Die Herren FLORKIN und ACKERMANN haben ihre Versuche an Tieren ausgeführt. Herr MOTHES hat sich liebenswürdigerweise bereit erklärt, in der Diskussion ihre Ausführungen von der pflanzenphysiologischen Seite aus zu ergänzen.

Im nächsten Referat berichtet Herr RAUEN über die Bedeutung der C_1-Körper im Stoffwechsel der verschiedenen Lebewesen. Sie ist wahrscheinlich ebenso groß wie die der C_2- und C_3-Körper, deren Funktion wir etwas besser kennen.

Das letzte Referat behandelt eines der wichtigsten Kapitel der vergleichenden Biochemie und der molekularen Biologie. Zahlreiche Analysen des pflanzlichen und tierischen Protoplasmas haben uns gelehrt, daß in den Zellen aller Lebewesen eine Gruppe von Substanzen immer wiederkehrt: die 20 Aminosäuren, verschiedene Zucker, Purin- und Pyrimidinbasen, gewisse Fettsäuren und einige Steroide. Die Zahl dieser primären Zellbausteine beträgt noch nicht hundert. Mit ihnen baut die Natur alle die Lebewesen auf, die in ungeheurer Mannigfaltigkeit unsere Erde bevölkern. Diese Mannigfaltigkeit erreicht sie dadurch, daß sie aus jenen primären Bausteinen große Moleküle aufbaut. Je nachdem, welche Bausteine sie zusammenfügt und wie sie sie ordnet, entstehen immer wieder andere Moleküle mit neuen Eigenschaften. Der Aufbau der Makromoleküle aus kleinen und ihre Zerlegung wieder in kleine zurück ist wohl die fundamentale Reaktion des Protoplasmas. In ihr spiegeln sich die Vorgänge bei der Evolution der Tiere und Pflanzen sowie die bei der Differenzierung der Organe innerhalb der Lebewesen wider. Von dem, was während des Aufbaus geschieht, und von den Gesetzen, die ihn beherrschen, hängt es ab, welches besondere Individuum entsteht, und ob sich eventuell eine Mutation ereignet.

Herr HALDANE, der ein sehr interessantes Buch über die Biochemie der Genetik geschrieben hat, wird uns über die Bedeutung der Makromoleküle für Evolution und Differenzierung berichten.

Nun erteile ich Herrn ROKA das Wort zu seinem Referat über den Ursprung des Lebens. Wir sind sehr gespannt, zu hören, welche Gedanken sich einzelne Forscher darüber gemacht haben, wie es bei der Schöpfung zugegangen sein könnte.

K. FELIX.

Vermutungen über die Entstehung des Lebens.

Von

L. ROKA.

Institut für vegetative Physiologie, Frankfurt am Main.
Mit 1 Textabbildung.

Die Zeugnisse der menschlichen Geschichte zeigen uns, daß die Frage nach dem Beginn des Lebens mit zu den ältesten Problemen gehört, die den menschlichen Geist beschäftigt haben. Um so erstaunlicher ist es, daß man das ganze Mittelalter hindurch keine Veranlassung sah, über die Entstehung des Lebens nachzudenken, da sich jedermann durch eigenen Augenschein überzeugen ließ, daß unter geeigneten Bedingungen, etwa aus verderbendem Material, Lebewesen, und zwar Würmer, Fliegen, Bienen, in einigen Fällen sogar Mäuse entstehen. Diese seit ARISTOTELES dogmatisch festgehaltene Ansicht wurde erst beseitigt, als PASTEUR nachweisen konnte, daß eine Umwandlung von Leblosem in Belebtes nicht stattfindet. Daraus folgerte man: Wenn heute das Leben nicht aus Leblosem entsteht, dann auch nicht früher, also kann das Leben nicht entstanden, sondern nur von Gott geschaffen worden sein. Zweifel an der Unüberbrückbarkeit der Kluft zwischen unbelebt und belebt erwachten erst wieder, als immer mehr Eigenschaften des Lebens physikalisch-chemisch untersucht und gedeutet werden konnten. Dadurch drängte sich der Gedanke auf, daß mit fortschreitender Erkenntnis schließlich das ganze Leben sich als ein physikalisch-chemisch erklärbarer Mechanismus enthüllen werde. So muß ein fließender Übergang vorliegen und irgendwie Leben aus Unbelebtem hervorgehen können. Wenn unter den heutigen Verhältnissen Lebewesen nicht mehr aus Unbelebtem, sondern nur durch Fortpflanzung entstehen, dann nur, weil dieser Weg heute der raschere und erfolgreichere ist, während in der Anfangszeit des Lebens, als die Fortpflanzung noch unentwickelt und nicht so gesichert war, der allmähliche Übergang von Unbelebtem zu Belebtem noch konkurrieren konnte.

Diese Ansicht erscheint heute vielen als zu mechanistisch, und es besteht die Tendenz, erneut ein akausales Ereignis für das Zustandekommen des Lebens verantwortlich zu machen, und zwar den Zufall. Wie Sie erkennen, haben sich jeweils entgegengesetzte Meinungen abgelöst, und auch heute lassen sich verschiedene Möglichkeiten, wie das Leben entstanden sein könnte, denken. Haldane[1] hat folgende vier zusammengestellt:

1. Das Leben hat keinen Anfang, daher stammt das irdische Leben von einem anderen Gestirn.

2. Das Leben wurde erschaffen; es ist ein Produkt eines übernatürlichen Ereignisses.

3. Das Leben entstand zwangsläufig in einem langsamen Entwicklungsprozeß durch chemische Reaktionen aus dem Unbelebten.

4. Das Leben entstand zufällig aus dem Unbelebten durch ein sehr unwahrscheinliches Ereignis, das nur infolge der sehr langen verfügbaren Zeit eintreten konnte.

Die zweite Möglichkeit, die Erschaffung des Lebens, läßt sich durch naturwissenschaftliche Methoden nicht prüfen. Von den übrigen paßt die dritte Möglichkeit, wonach sich Leben allmählich aus Unbelebtem entwickelt hat, am besten in ein exakt naturwissenschaftliches Weltbild. Daher sind in den letzten Jahren für diese Vorstellung die meisten Argumente gesammelt worden. Versucht man, sich unabhängig von den gegebenen Denkmöglichkeiten eine eigene Vorstellung über die Entstehung des Lebens zu bilden, dann wird man von bekannten Tatsachen ausgehen, prüfen, wie weit man sich damit dem Ziel nähern kann, wo man den Weg der Tatsachen verlassen muß und wie sicher die eingeschlagene Richtung dann noch bleibt. Keine Einzeldisziplin der Naturwissenschaften fühlt sich für diese Fragen nach dem Ursprung des Lebens zuständig. Daher müssen wir uns bei allen nach verwertbaren Tatsachen umsehen.

Zunächst können wir die Lebewesen in der Erdgeschichte so weit wie möglich zurückverfolgen, also die Paläontologie zu Rate ziehen. Auf diesem Wege stellen wir fest, daß von den mannigfaltigen, heute lebenden Formen die meisten früher offenbar gefehlt haben. Nur einige wenige einfache Arten lassen sich sehr weit zurückverfolgen. Es sieht danach so aus, als ob die Formen, die heute die Erde bevölkern, den Endsprossen eines reich verzweigten Baumes vergleichbar, aus gemeinsamen Ästen hervorgegangen sind, und diese möglicherweise aus einem gemeinsamen Stamm, bis zu dem wir allerdings bisher die Lebewesen nicht zurückverfolgen konnten. Die ältesten Spuren von Lebewesen fand man in der Gesteinsschicht, die dem Algonkium angehört. Diese Spuren werden als einzellige Algen gedeutet[2]. Ihr Alter läßt sich auf $500 \cdot 10^6$ Jahre bestimmen. Diese Algonkium-Algen müssen etwa ebenso differenziert gewesen sein wie die primitivsten, heute lebenden Algen, setzen also bereits eine lange Entwicklung voraus. Diese ältesten, in ihrer Struktur erkennbaren Lebewesen können daher nicht die ältesten Lebewesen überhaupt gewesen sein. Tatsächlich gibt es Funde, die noch um weitere 100 bis $300 \cdot 10^6$ Jahre zurückreichen und als Spuren von Leben, wenn auch nicht mehr als Abbildung von Lebewesen angesehen werden. Dazu gehörten als Corycium[3] bezeichnete, kohlenstoffhaltige, sackförmige Gebilde, und schließlich der gesamte Graphit im präkambrischen Gestein[4]. Die Verteilung der Kohlenstoffisotope ^{12}C und ^{13}C im Corycium und im Graphit zeigt eine relative Anreicherung des leichten Isotops, verglichen mit dem Isotopenverhältnis der Carbide und Carbonate der gleich alten Gesteinsschichten, und man kennt nur einen Prozeß, der die leichten Isotopen bevorzugt auswählt, das sind die chemischen Umsetzungen in Lebewesen. Dieser an ^{12}C angereicherte Kohlenstoff ist wohl die älteste Spur des Lebens, die bis auf den heutigen Tag erhalten geblieben ist. Aber wir können noch einen weiteren Schritt in die Vergangenheit machen und die äußerste zeitliche Grenze für den Anfang des Lebens festlegen. Allgemein wird heute angenommen, daß Leben erst nach der Ausbildung der Erdkruste begonnen haben kann. Die Erdkruste soll aber ein Mindestalter von $2000 \cdot 10^6$ Jahren haben.

Für die Entwicklung des Lebens vom Beginn bis zur Algonkiumalge stand also ein Zeitraum zur Verfügung, der mindestens dreimal so groß war wie die Zeitspanne von $500 \cdot 10^6$ Jahren, die ausgereicht hat für die Entwicklung von der Alge zum Menschen.

Was hat sich nun in dem Zeitraum von etwa $1500 \cdot 10^6$ Jahren abgespielt, in dem sich Leben ausgebildet hat? Von den Astronomen erfahren wir, wie die Erdoberfläche zu dieser Zeit beschaffen war, obwohl sich ihre Antwort noch sehr auf Hypothesen gründet. Die Erde war bereits wie heute in festes Land und Meer geschieden. Das feste Land bestand aus Urgestein, d. h. aus

Silikaten, Sulfaten, Oxyden usw. der verschiedenen Metalle. Das Meer hatte eine etwas andere Ausdehnung und Zusammensetzung als heute. Denn die Gesamtkonzentration der Salze betrug nach Macallum[5] nur 0,1%, verglichen mit der heutigen von 3%. Der relative Anteil an Kalium soll wesentlich höher, der an Magnesium wesentlich geringer gewesen sein als heute. Die Atmosphäre bestand nach Urey[6] aus H_2, NH_4, CH_3, H_2O und wenig H_2S, dagegen soll weder O_2 noch CO_2 vorhanden gewesen sein. Das Fehlen von O_2 wird dadurch erklärt, daß an der Erdoberfläche viel Gestein mit zweiwertigem Eisen mit der Atmosphäre in Kontakt stand und den gesamten verfügbaren Sauerstoff gebunden hatte. Die Temperatur der Erdoberfläche lag etwa im selben Bereich wie heute, die Temperaturschwankungen scheinen durch die Abwesenheit von CO_2 erheblicher gewesen zu sein. Die Sonnenstrahlung war etwa die gleiche wie heute, einschließlich des UV-Anteiles, da hiervon der Hauptanteil, solange die Ozonschicht noch gefehlt hat, von CH_4 und H_2O adsorbiert wurde. Die radioaktive Strahlung war etwas intensiver, da die heute bereits in inaktive Isotope umgewandelten Elemente damals noch strahlten. Der wesentlichste Unterschied der Erde vor $2000 \cdot 10^6$ Jahren war demnach die Zusammensetzung der Atmosphäre. Es muß also ein Entwicklungsprozeß abgelaufen sein, der diese Uratmosphäre in unsere heutige Atmosphäre umgewandelt hat. Dabei hat sich nach Urey[6] folgendes ereignet: Durch photochemische Reaktionen in der oberen Atmosphäre, d. h. Adsorption von UV, wurde sowohl Wasser in Sauerstoff als auch CH_4 in CH_3, CH_2, CH-Radikale und H gespalten. Der Wasserstoff, zu leicht, um von der Erdgravitation festgehalten zu werden, ging im Weltraum verloren, während der Sauerstoff und die Kohlenwasserstoff-Radikale zurückblieben. Durch den Sauerstoff wurde die bisher reduzierende Atmosphäre oxydierend. Die Folge davon war, daß NH_3 zu N_2, H_2S zu SO_3 und CH_4 zu CO_2 oxydiert wurde. CO_2 reagierte dann so lange mit den Silicaten und lieferte Carbonate und SiO_2 (Sand), bis das heute vorhandene Gleichgewicht erreicht war. Erst als alles CH_4 und NH_3 verbraucht war, trat freier Sauerstoff auf. Während dieser abiotischen Entwicklung der Atmosphäre, die $1200 \cdot 10^6$ Jahre gedauert und vor $800 \cdot 10^6$ Jahren beendet gewesen sein soll, müssen sich die Lebewesen herausgebildet haben. Die Voraussetzungen dafür waren vor allem die bei der Oxydation von CH_4 zu CO_2 auftretenden Zwischenprodukte: Alkohole, Aldehyde und Säuren, die sich mit NH_3 und H_2S weiter zu Aminen, Aminosäuren, Porphyrinen, Thioverbindungen usw. umgewandelt haben. Alle diese Produkte wurden im Meer gelöst, dadurch vor weiterer Oxydation geschützt und angereichert. Für das Zustandekommen dieser Zwischenstufen stand außer der Sonnenstrahlung auch die elektrische Entladung zur Verfügung. Daß aus den Bestandteilen der Uratmosphäre und der Energie elektrischer Entladungen Aminosäuren entstehen können, blieb so lange Hypothese, bis dies MILLER [7] 1953 im Experiment nachweisen konnte. Neben den identifizierten Aminosäuren sollen noch andere, gelb und rot gefärbte organische Verbindungen entstanden sein. Ob dieser Versuch allerdings schlüssig ist, wird angezweifelt [8]. Weiter hatten GARRISON [9] und Mitarbeiter im Experiment gezeigt, daß auch Ameisensäure aus H_2O und CO_2 entsteht, wenn radioaktive Strahlung die Energie für die Spaltung von Wasser liefert. Welche Verbindungen darüber hinaus entstanden sein könnten, ist bisher nicht experimentell nachgeprüft worden. Aus thermodynamischen Überlegungen vermuten jedoch OPARIN [10], HALDANE [1], BERNAL [11], UREY [6], PRINGLE [12] u. a., daß viele weitere organische Moleküle entstanden sein müssen. Wahrscheinlich haben zunächst kurze C-Ketten, etwa C_1-, C_2- und C_3-Verbindungen in allen Oxydationsstufen nebeneinander vorgelegen. Viele dieser Verbindungen finden sich als Zwischenprodukte im Schwerpunkt des Zellstoffwechsels aller heute lebenden Wesen; so z. B. Formyl- und Acetylreste, Glycerinaldehyd und Brenztraubensäure. Da die Uratmosphäre anfangs über reichlich Wasserstoff verfügt haben soll und bei der photochemischen Spaltung des Wassers laufend neuer Wasserstoff freigesetzt wurde, haben auch Reduktionen stattgefunden, wodurch C-Ketten verlängert und etwa Fettsäuren aufgetreten sein könnten.

Doch selbst wenn wir annehmen, daß alle Bausteine des Urlebewesens spontan im Verlauf eines langsamen chemischen Entwicklungsprozesses auf der Erdoberfläche entstanden sein könnten, hätte ihre mehr oder weniger konzentrierte Lösung im Urmeer höchstens einen guten Nährboden, aber noch kein Lebewesen ergeben. Daß das erste Lebewesen aus diesem Nährmedium gebildet worden ist, dafür spricht die Elementarzusammensetzung aller Lebewesen. Es ist doch auffallend, daß zum Aufbau der lebenden Substanz nur einige wenige von den auf der Erdoberfläche verfügbaren Elementen ausgewählt und angereichert wurden (Tab. 1). Die lebende Substanz besteht aus einer etwa 20%igen Lösung organischer Bausteine, davon etwa zwei Drittel Eiweiß, und einer etwa 1%igen Lösung anorganischer Ionen im

Tabelle 1. *Mittlere Zusammensetzung der Organismen und ihrer Umwelt.* Aus F. P. MAZZA: Chimica Biologica, S. 8. Torino: Rosenberg & Sellier 1942.

| | Organismen | | Umwelt | | | |
	Tiere Säuger	Pflanzen Pinie	Litosphäre 93%	Hydrosphäre 7%	Atmosphäre	Mittel
C . . .	21,15	53,96	0,19	0,002	0,01	0,18
H . . .	9,86	7,13	0,22	10,07	0,02	0,95
O . . .	62,43	38,65	47,33	85,79	23,02	50,02
N . . .	3,10	0,03	—	—	75,53	0,03
Ca . . .	1,90	0,007	3,47	0,05	—	3,22
P . . .	0,95	0,005	0,12	—	—	0,11
K . . .	0,23	0,006	2,46	0,04	—	2,28
S . . .	0,16	0,052	0,12	0,09	—	0,11
Cl . . .	0,08	0,08	0,002	0,06	0,27	0,20
Na . . .	0,08	0,001	2,46	1,14	—	2,36
Mg . .	0,027	0,003	2,24	0,14	—	2,08
J . . .	0,002	0,002	$3,10^{-5}$	$4,10^{-6}$	$4,10^{-8}$	—
Fe . . .	0,005	0,030	4,50	0,002	—	4,18
F . . .	0,003	0,001	0,10	—	—	0,10
Br . . .	0,002	Spur	—	0,008	—	—
Al . . .	0,001	0,065	7,85	—	—	7,30
Si . . .	0,001	0,057	27,44	—	—	25,80
Mn . . .	0,0005	0,001	0,08	—	—	0,08
Ti . . .			0,46	—	—	0,43
Ba . . .	Spur	Spur	0,08	—	—	0,08
Sr . . .			0,02	—	—	0,02
andere Elemente			0,50	—	—	0,47

Wasser. Die Konzentration und die Art der anorganischen Ionen scheint der Zusammensetzung des Urmeeres gut zu entsprechen. Unlösliche und daher in ihm nicht vorhandene Elemente fehlen auch in der lebenden Substanz. Die Konzentration der organischen Moleküle im Urmeer wird von UREY[6] mit 1—10% angenommen und wenn wir bedenken, daß Makromoleküle, wie Eiweiß, im Urmeer ursprünglich gefehlt haben, entspricht die Konzentration der organischen Nicht-Makromoleküle in der lebenden Substanz denen im Urmeer gut.

Die Auswahl der Bioelemente ist nach dieser Ansicht nicht so sehr eine Leistung der Lebewesen, sondern war in der Zusammensetzung des Urmeeres bereits vorweggenommen. Ich möchte aber nicht unterlassen, darauf hinzuweisen, daß die Auswahl derjenigen Elemente, die als Fermentbausteine den Stoffwechsel der heutigen Lebewesen steuern, wie Fe, Cu, Vd, Co, Zn, Mn und Mo sich nicht ohne weiteres aus der Zusammensetzung des Urmeeres ableiten läßt. Mit der Klärung dieses Punktes durch die vergleichende Biochemie ließe sich eine empfindliche Lücke in den Schlußfolgerungen der heutigen Hypothesen über den Beginn des Lebens überbrücken.

Glauben wir trotzdem aus der ähnlichen Zusammensetzung von Urmeer und Lebewesen schließen zu dürfen, daß das Leben im Meer entstanden ist, so bleibt die Frage offen, wie sich dieses Medium in ein Lebewesen umgewandelt haben könnte.

Dieses wichtigste, zentrale Problem in der Entstehung des Lebens läßt sich nur rückblickend vom fertigen Lebewesen aus angehen, da wir uns zunächst einmal darüber im klaren sein müssen, was unerläßlich zum Begriff Lebewesen dazugehört. Dabei wollen wir uns aber nicht mit der Definition des Lebens aufhalten, das würde uns nicht weiterhelfen, denn der Begriff Leben ist ja von uns Menschen willkürlich in die Natur hineingelegt und damit der Konflikt, ob belebt oder unbelebt, erst von uns erzeugt worden. Wir wollen vielmehr vermeiden, die verschiedenen Erscheinungsformen der Natur mit Begriffen zu versehen, die zwar uns Menschen, nicht aber der Natur angepaßt sind, sondern nur nach Eigenschaften, Bausteinen und Funktionen suchen, die wir bei allen uns bekannten Lebewesen antreffen, und uns überlegen, welche davon mit dem im Zeitpunkt des Lebensbeginns herrschenden Bedingungen vereinbar waren und in welcher Reihenfolge die Lebensfunktionen aufgetreten sein könnten. Dazu können wir nach dem phylogenetisch ältesten Lebenden oder nach dem einfachsten Lebewesen suchen. Das sind zwei verschiedene Richtungen, denn wir dürfen in den primitiveren Formen nicht von vornherein auch die ursprünglicheren sehen, da sich bei Lebewesen aller Entwicklungsstufen sekundäre Vereinfachungen durch Funktionsteilung, Anpassung, Parasitismus usw. finden. Auf der Suche nach der phylogenetisch ältesten Form unter den heutigen Lebewesen können wir uns aber von der Überlegung leiten lassen, daß in jeder differenzierten Form die ursprüngliche noch mit darinsteckt, während später hinzugekommene Eigenarten nur den jeweils abgeleiteten Gliedern eigen sind. Das zeigen etwa folgende Beispiele aus dem Stoffwechsel:

Bei der Frage, ob die aerobe oder die anaerobe Lebensweise die ursprünglichere ist, ergibt sich, daß beide Stoffwechselarten eine gemeinsame Reaktionskette (die Glykolyse) enthalten, die bei der anaeroben Lebensweise frühzeitig endet, während die aerobe Lebensweise ein zusätzlich erworbenes Fermentsystem (die Atemkette) erfordert. In der aeroben Lebensweise steckt also die anaerobe und daher ursprünglichere mit darin.

Ein anderes Beispiel aus dem Stoffwechsel wäre die Frage: Was ist ursprünglicher, die Photosynthese oder CO_2-Assimilation? Die Fixation von CO_2 finden wir bei allen Lebensformen, während die Photosynthese nur ein Spezialfall ist, bei dem für diese Reaktion Lichtenergie verwendet wird.

Allerdings sind die ursprünglichen, allen Lebewesen gemeinsamen Eigenschaften oft überdeckt und nur latent vorhanden, so daß noch experimentell die Bedingungen gefunden werden müssen, unter denen sich die verdeckten Eigenschaften wieder manifestieren. Nach unseren bisherigen Kenntnissen erwarten wir von den ursprünglichsten unter den heute lebenden Wesen etwa folgende Eigenschaften:

1. Es wird noch nicht multicellulär differenziert sein und weder einen morphologisch abgegrenzten Kern noch andere Zellstrukturen enthalten. 2. Es darf kein obligater Parasit sein, d. h. es muß selbständig in der Umwelt lebens- und vermehrungsfähig sein. 3. Seine Fortpflanzung sollte ungeschlechtlich durch Zweiteilung erfolgen, obwohl schon Genaustausch durch Kopplung zweier Zellen vorkommen könnte. Allerdings könnte auch multipler Zerfall die ursprünglichste Form der Vermehrung sein. 4. Sein Stoffwechsel sollte wahrscheinlicher anaerob und heterotroph als autotroph und aerob sein.

Die ersten drei Forderungen werden vielleicht am besten von den kleinsten frei lebenden Mikroben, den A- und B-Organismen von Laidlaw[13] bzw. den Mikroorganismen von Seiffert[14] erfüllt. Möglicherweise handelt es sich dabei aber nur wie bei den L-Formen[15] um Modifikationen an sich höher differenzierter Bakterien. Das würde heißen, daß dasselbe Lebewesen einmal in submikroskopisch filtrierbarer Form und dann wieder mikroskopisch differenziert auftreten kann, wobei es sich das eine Mal vielleicht durch multiplen Zerfall, das andere Mal durch Zweiteilung vermehrt und mit dem Formwandel offenbar auch seinen Stoffwechsel grundlegend verändert[16]. Die Eigenschaften des lebenden Protoplasmas wären dann eine Funktion der Umwelt. so daß sich das Protoplasma nur zusammen mit dieser Umwelt eindeutig beschreiben läßt. Es scheint daher noch nicht möglich, die ursprünglichsten unter den heutigen Lebewesen aufzufinden.

Außer über die phylogenetisch alten Organismen lassen sich die unerläßlich zum Leben gehörenden Faktoren auch aus den biochemisch primitivsten Formen auffinden. Alle Lebewesen durchlaufen in ihrer Entwicklung ein einfachstes Stadium in Form ihrer Generationszellen. Von diesen kann sich die Eizelle für sich allein eine Strecke weit entwickeln, d. h. leben, während die männliche Generationszelle der höher entwickelten Lebewesen dies nicht kann. Vergleichen wir daher den Aufbau der weiblichen mit der männlichen Keimzelle, so müßte sich aus dem Unterschied zwischen beiden ableiten lassen, was für die Fähigkeit zu leben wesentlich ist und was nicht. Von diesem Gesichtspunkt aus gehören auch Viren und Bakteriophagen zu den extrem vereinfachten „Keimzellen", da sie nicht selbständig lebensfähig sind. Nun können wir sowohl bei den Viren als auch bei männlichen Keimzellen neben stark vereinfachten auch weniger weitgehend reduzierte Arten, so daß zwischen der lebensfähigen Zelle und dem nicht lebensfähigen Parasiten ein möglichst kleiner Unterschied gesucht werden muß, in der Hoffnung, das entscheidende Zünglein an der Waage zu finden, das zwischen lebensfähig und nicht lebensfähig entscheidet.

Was nach unserem heutigen Wissen die selbständig lebensfähige Eizelle von den nicht selbständig lebensfähigen Keimen, Viren und Bakteriophagen unterscheidet, ist der Stoffwechsel. Darunter fassen wir alle im Protoplasma ablaufenden chemischen Reaktionen zusammen. Wir wissen, daß diese an bestimmte chemische Verbindungen geknüpft sind und sich in einem angepaßten Milieu abspielen, das z. T. noch dem Protoplasma angehört, z. T. aber der Umwelt.

Zum vollständigen Lebewesen gehört neben dem Stoffwechsel noch der Anteil, der nicht nur in der Eizelle, sondern auch in den männlichen Keimzellen, Viren und Bakteriophagen enthalten ist. Dies ist der genetische Apparat, der durch besondere Makromoleküle repräsentiert ist, die die Eigenschaft haben, den Stoffwechsel zu veranlassen, nach ihrem Muster neue identische Moleküle zu produzieren. Beides zusammen, Genapparat und Stoffwechsel, stellt das dar, was wir als „lebendes Protoplasma" bezeichnen.

Es gilt also, den ursprünglichsten Stoffwechsel und den ursprünglichsten Genapparat zu finden und zu fragen, wie der Übergang von einer Lösung organischer Moleküle und anorganischer Ionen zum ersten lebendigen Protoplasma stattgefunden haben könnte.

Für das Kernstück des Stoffwechsels im Protoplasma halten wir die Synthese der spezifischen hochmolekularen Bausteine, während wir die energieliefernden und energiespeichernden Reaktionen mehr als notwendige, die Synthesen ermöglichende Zusätze ansehen.

Obwohl heute die Prozesse alle innerhalb des Protoplasmas stattfinden, könnten die Hilfsreaktionen, die nur die Energie für die Synthesen liefern, früher außerhalb des Protoplasmas abgelaufen sein und die Grenze zwischen Protoplasma und Umwelt an einer anderen Stelle gelegen haben als heute. Die Umwelt muß dann noch die Fähigkeit besessen haben, energiereiche chemische Bindungen herzustellen, die ihr laufend vom „Protoplasma" als „Nahrung" entnommen wurden. Das ursprüngliche Protoplasma konnte also wesentlich einfacher gewesen sein als heute, vorausgesetzt, daß die Umwelt komplizierter war. Diese Umwelt, die wir vorhin nicht ganz zutreffend als Lösung organischer Moleküle und anorganischer Ionen beschrieben haben, müssen wir uns besser als ein in sehr mannigfaltigen chemischen Umsetzungen begriffenes Reaktionsgemisch vorstellen[12]. Verbindungen mit hohem Gehalt an freier Energie sind ständig in energieärmere übergegangen, wurden aber durch die photochemischen Reaktionen der Atmosphäre laufend nachgebildet. Die Zwischenglieder der spontan ablaufenden energieliefernden Kettenreaktionen werden sich nach ihrer jeweiligen durchschnittlichen „Lebensdauer" in bestimmten Konzentrationen angereichert haben.

Dieses Fließgleichgewicht blieb erhalten, solange genügend energiereiches Material aus der Atmosphäre mit dem kondensierenden Wasserdampf nachgeregnet ist. Welche Umsetzungen in diesem Stoffwechsel der vorlebendigen Umwelt möglich waren und welche „Baustoffe" sich möglicherweise angereichert haben, kann ich nicht ausführlicher diskutieren. Nur so viel ist sicher, daß diese chemische Entwicklung kein völlig ungeordnetes Geschehen war. Von Anfang an sorgte ja der 2. Hauptsatz der Thermodynamik dafür, daß nur Reaktionen mit abnehmender freier Energie stattfinden konnten. Von diesen sind wiederum nur diejenigen mit meßbarer Geschwindigkeit abgelaufen, die nicht zu hohe Aktivierungsenergien benötigten. Sobald die verschiedenen energieärmeren Verbindungen aufgetreten waren, beeinflußten sie sich gegenseitig, etwa dadurch, daß sie miteinander reagierten. Auf diese Weise wurde der Ablauf der Reaktionskette in bestimmte Bahnen gelenkt. So werden die katalysierten, d. h. aber die rasch und mit guter Ausbeute ablaufenden Reaktionen die Richtung bestimmt haben, in der die chemische Entwicklung weiterlaufen sollte[18]. Auch gekoppelte Reaktionen werden abgelaufen sein, wobei die bei einer Reaktion freigesetzte Energie für eine andere Synthese verwertet wurde.

Es hat sich also schon ein primitiver Stoffwechsel abgespielt, bevor es überhaupt Leben gegeben hat. Dieser Stoffwechsel im Urmeer hat zum mindesten darin mit dem Stoffwechsel der heutigen Organismen übereingestimmt, daß dabei ständig Elektronen von Molekül zu Molekül wanderten, wobei Oxydation und Reduktion, Stoffabbau und Synthese als notwendige Begleit- und Folgereaktionen dieses Elektronenstromes durch ein System organischer Moleküle auftraten. Neben der Elektronenwanderung erfolgte die Übertragung verschiedener Radikale wie H^+, CH_3-, Formyl-, Acetyl-, Amid-, Phosphat- und Peptidgruppen[19].

Der grundsätzliche Unterschied gegenüber dem Stoffwechsel des Protoplasmas war der, daß noch keine geordneten Polymerisationsreaktionen stattfanden, wofür die brauchbaren Bausteine spezifisch aus der Umwelt ausgelesen, zusammen angereichert, in eine Ordnung gefügt und schließlich miteinander verknüpft werden müssen. Die Anreicherung der Einzelmoleküle, z. B. Aminosäuren, könnte durch Adsorption erfolgt sein, wobei durch Auflagerung auf elektropositive oder elektronegative Oberflächen die sauren bzw. basischen Aminosäuren ausgewählt wurden. Allerdings gibt es noch keinen Hinweis dafür, daß die so angereicherten

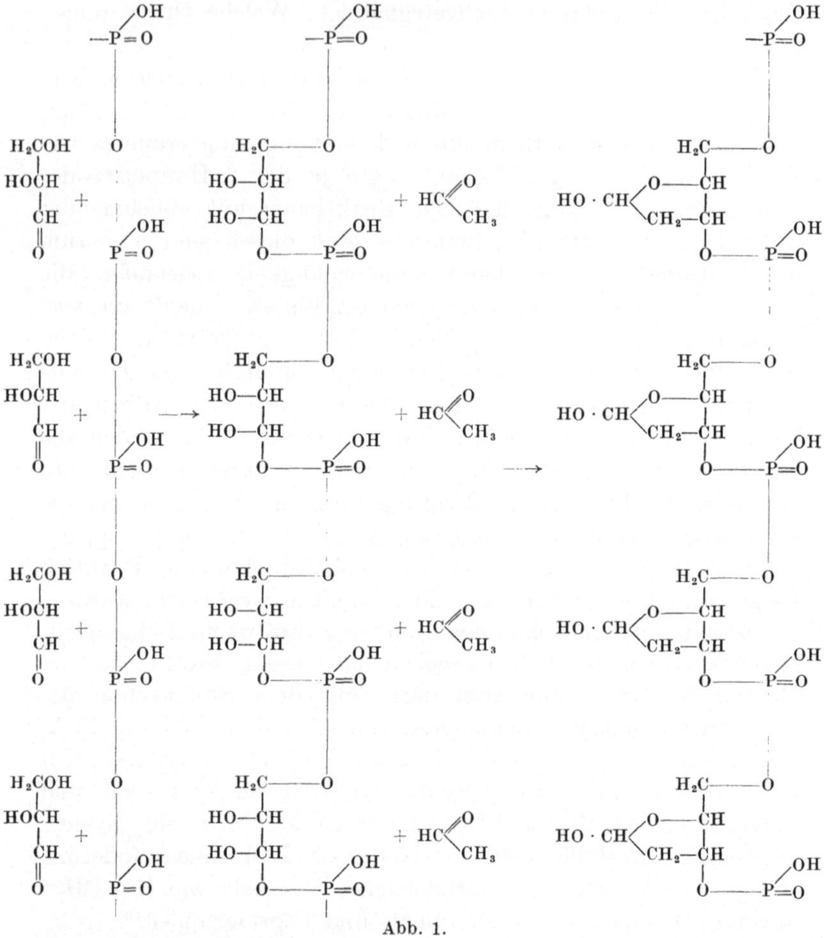

$$
\begin{array}{l}
\text{OH} \\
-\text{P}=\text{O}
\end{array}
$$

$$
\begin{array}{cccccccc}
\text{H}_2\text{COH} & \text{O} & \quad & \text{H}_2\text{C}-\text{O} & \quad & & \text{H}_2\text{C}-\text{O} \\
\text{HOCH} & + & & \text{HO}-\text{CH} & + \text{HC}\!<^{\text{O}}_{\text{CH}_3} & \text{HO}\cdot\text{CH}\!<^{\text{O}-\text{CH}}_{\text{CH}_2-\text{CH}} & \\
\text{CH} & & & \text{HO}-\text{CH} & & & \\
\text{O} & \text{P}=\text{O} & & \text{O}-\text{P}=\text{O} & & \text{O}-\text{P}=\text{O} &
\end{array}
$$

Abb. 1.

Einzelmoleküle spontan in einer geordneten Reihenfolge poly-
merisieren. Nach der Hypothese der Eiweißstruktur von
Pauling[20] können in Peptidketten zwar nur entweder l- oder
d-Aminosäuren vorhanden sein, während die Antibiotica zeigen,
daß in zyklischen Peptiden auch d-Aminosäuren mit eingebaut
sein dürfen. Es bleibt aber ungeklärt, warum das Protoplasma
nur Peptidketten aus l- und nicht auch aus d-Aminosäuren verwendet und bestimmte Reihenfolgen der Aminosäuren aus den
unzähligen Zufallsmöglichkeiten auswählt. Eine Aneinander-

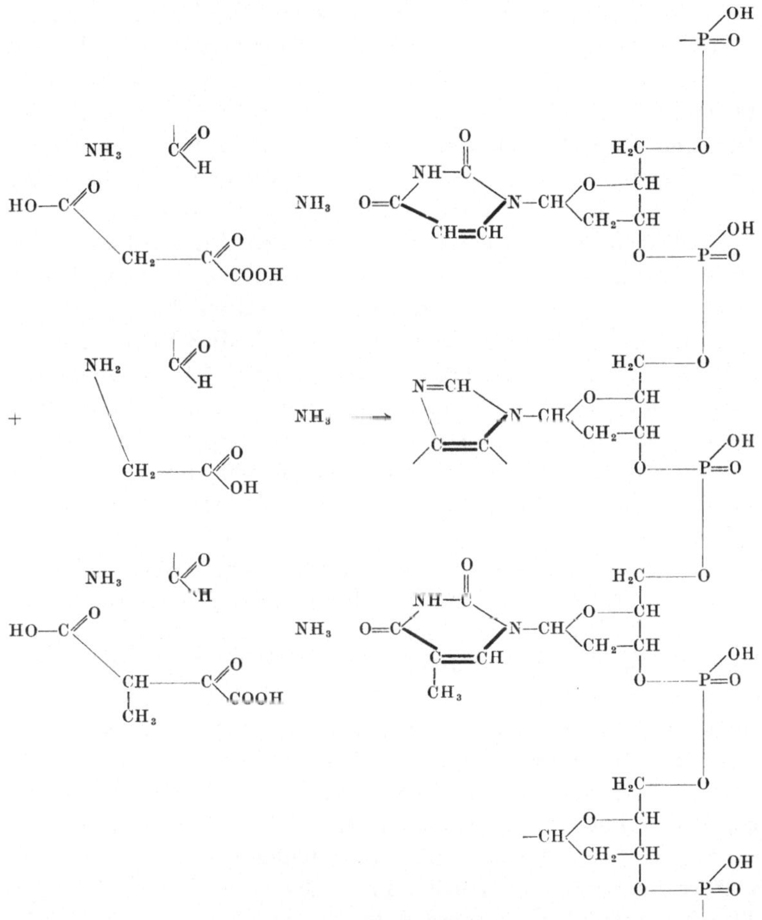

Abb. 1. (Fortsetzung.)

reihung von Aminosäuren in einer nicht auf einfache physikalisch-chemische Gesetzmäßigkeit zurückführbaren Ordnung setzt ein stark aperiodisches Adsorbensmolekül voraus. Im Protoplasma aller heute lebenden Zellen sehen wir dieses Adsorbens in der Nucleinsäure, und zwar für die Eiweißsynthese in der Ribonucleinsäure, während die Desoxyribonucleinsäure das genetische Material aufbaut und weitergibt. Alle frei lebenden Organismen enthalten DNS und RNS, während Keimzellen und Viren z. T. nur DNS, pflanzliche Viren nur RNS enthalten. Bisher ist es nicht gelungen, einfachere neben komplizierteren Nucleinsäuremolekülen nachzuweisen, obwohl man verschiedene Bautypen aufgefunden hat, so den GC-Typ mit Überwiegen von Guanin und Cytosin und den AT-Typ mit höherem Gehalt an Adenin und Thymin; außerdem enthalten einige Nucleinsäuren als zusätzlichen Baustein Methylcytosin, andere 5-Oxymethylcytosin. Diese verschiedenen Bautypen lassen sich bisher jedoch noch nicht phylogenetisch einordnen[21].

Läßt sich die Eiweißsynthese auf das Nucleinsäuremuster zurückführen, dann müßte im Stoffwechsel des Urmeeres als erstes für das lebende Protoplasma charakteristisches Makromolekül Nucleinsäure vorgelegen haben. Wie dieses Nucleinsäuremolekül entstanden sein könnte, wissen wir nicht. Folgende mir von Herrn Zahn mitgeteilten Überlegungen[22] könnten dazu vielleicht einiges beitragen. Danach wäre das ursprüngliche Makromolekül die periodisch gebaute Polyphosphorsäure, die unter den Reaktionsprodukten des Urmeeres vorgelegen haben könnte und auch heute im Organismus vorhanden ist[23, 24]. Wird an ein solches Polyphosphatmolekül ein C_3-Körper, etwa Glycerinaldehyd adsorbiert (Abb. 1), so könnte durch Elektronenverschiebung daraus ein Polyglycerinaldehydphosphat entstanden sein, an das dann in einem weiteren Reaktionsschritt der C_2-Körper Acetaldehyd angelagert wurde. Auch heute noch wird von Escherichia coli Desoxyribosephosphat durch Verknüpfung von Acetaldehyd mit Glycerinaldehydphosphat gebildet[25]. Durch Anlagerung weiterer Bausteine des Urmeeres, nämlich NH_3, Oxalessigsäure bzw. Glykokoll und schließlich dem Formylrest wurden die Pyrimidin- bzw. Purinbasenreste aufgebaut. Auch für diese Synthese benutzt das heutige Protoplasma noch dieselben Reaktionsschritte, d. h. es werden bereits die Bausteine und nicht erst die fertigen Basen an den Zucker angelagert[26]. Interessanterweise befindet sich unter diesen Bausteinen der Nucleinsäure nur eine einzige optisch aktive Verbindung, das Glycerinaldehyd. Wie es zur Auswahl nur der d-Form kam, wissen wir nicht.

Ebensowenig wissen wir, wieweit die Anordnung der Basenreste willkürlich erfolgt. Aber jede fertige Nucleinsäurekette bildet ein Muster und induziert einen Partner, der ihm, entsprechend der Hypothese von Crick und Watson[27], angepaßt ist. Da Ribose im Gegensatz zur Desoxyribose nach unseren heutigen Kenntnissen nicht durch Kondensation von C_3- und C_2-Verbindungen, sondern nur aus C_6-Verbindungen entsteht[28], wäre die Synthese von DNS möglicherweise älter als die von RNS und ATP.

Eine Reduplikation der Nucleinsäuren war damit möglich[29], allerdings wird sie ohne angepaßte Fermente nur sehr langsam, wenn überhaupt, stattgefunden haben. Das hängt von der Lebensdauer der Nucleinsäuremoleküle ab, d. h. ob eine Reduplikation eingetreten ist, bevor sie spontan zerfallen sind. Die Lebensdauer hängt wiederum von den Umweltbedingungen ab. Bei Abwesenheit von Sauerstoff und hydrolytischer Aktivität dürfte die Lebensdauer größer gewesen sein. Ein Schutz vor Oxydation besitzt auch ein Feld mit rH Gradient, wie es heute innerhalb der Zelle zwischen Cytoplasma und Kern besteht und damals zwischen oxydierender Meeresoberfläche und reduzierendem Meeresboden bestanden haben konnte.

Für den Aufbau der spezifischen Eiweißmoleküle müssen wir erklären können, wie die Nucleinsäure die geordnete Aminosäurereihenfolge zustande bringt. Die ersten Hinweise dafür liefern vielleicht die Versuche von GALE und FOLKES[30]. Sie konnten zeigen, daß bestimmte Nucleinsäurebruchstücke den Einbau bestimmter Aminosäuren in Eiweiß fördern. So wird auf Zusatz von Adenin-Cytosin-Dinucleotid bevorzugt Asparaginsäure, auf Zusatz von Guanidin-Uracil-Uracli-Trinucleotid bevorzugt Glutaminsäure und auf Zusatz von Adenin-Uracil-Uracil-Trinucleotid bevorzugt Leucin eingebaut.

Vielleicht wird man auch eine Erklärung dafür finden, warum die Nucleinsäuremoleküle nur Eiweißkörper aus l-Aminosäuren aufbauen.

Zusammen mit dem noch auf das gesamte Urmeer verteilten Stoffwechsel stellt die sich identisch reproduzierende und eiweißbildende Nucleinsäure ein noch nicht auf Individuen aufgeteiltes „lebendiges Protoplasma" dar, d. h. aber, wie BERNAL[11] sich ausdrückt: das Leben ist älter als die Lebewesen. In diesem Zusammenhang ist auch die Folgerung von Interesse, daß die Vermehrung von Genmaterial älter ist als die Abgrenzung der Zellen. Das würde dafür sprechen, daß eine Vermehrung durch multiplen Zerfall von Genmaterial die ursprünglichste Form der Vermehrung darstellt. Auch könnte das Genmaterial bereits mutiert sein, bevor es auf Zellen aufgeteilt war. Die einfachsten Genträger könnten DNS-Moleküle sein; mit der Zunahme der Informationen, die genetisch weitergegeben werden mußten, könnte zur DNS auch noch der Eiweißanteil der Nucleoproteide als Genträger mit Verwendung gefunden haben, bei niederen Tieren einfachste Protamine, bei höheren Tieren differenzierte Histone.

Der diffus über eine große Umwelt gleichmäßig verteilte Stoffwechsel stellt ein sehr unstabiles System dar. Kleine zufällige Störungen führen in einem solchen dynamischen System zu einer Ausbildung von umschriebenen Bezirken, die eine höhere Ordnung aufweisen als der Ausgangszustand, also thermodynamisch unwahrscheinlicher, d. h. entropieärmer sind und gleichzeitig eine höhere Stabilität aufweisen. Darüber hinaus haben die so entstandenen Bezirke höherer Ordnung die Tendenz, sich weiter zu ordnen und zu differenzieren, wobei sie neues Material aus der Umwelt als Nahrung aufnehmen. Über das Zustandekommen solcher geordneter dynamischer Systeme aus einem weniger geordneten unstabilen Ausgangszustand[12, 31] liefert die Thermodynamik offener Systeme[1] bereits mehrere Beispiele.

Auf diese Weise hat sich aus der „lebendigen" Umwelt offenbar um ein adsorbierendes und damit katalytisch auswählendes Nucleinsäuremolekül ein immer „lebendiger" werdendes Protoplasma angereichert und gleichzeitig damit die Umwelt in immer „lebloserem" Zustand zurückgelassen. Diese „Urlebewesen" waren ursprünglich nicht scharf abgegrenzt, sondern gingen fließend in die Umwelt über. Erst sehr langsam bildeten sich scharfe Begrenzungen ab. Warum dabei gerade die Dimension der Zellen gewählt wurde, ließe sich vielleicht physikalisch-chemisch erklären. Bei der Abgrenzung geordneter Bezirke müßten nebeneinander mehrere primäre Organismen entstanden sein. Soweit durch Mutation bereits unterschiedliche Nucleinsäuren vorlagen, waren einige Organismen von Anfang an verschieden. Das würde mit der Tatsache übereinstimmen, daß wir heute, und auch soweit wir in der Paläontologie zurückgehen, immer verschiedene Lebewesen gleichzeitig in einem Lebensraum finden. Ihre Konkurrenz und Ergänzung scheint eines der Urphänomene des in Individuen differenzierten Lebens darzustellen.

Im Verlauf der Abgrenzung von lebendigem Protoplasma ist auch der Stoffwechsel aus der Umwelt in die Urlebewesen verlagert worden. Der Stoffwechsel der Urlebewesen könnte von den Verbindungen ausgegangen sein, die in der Umwelt zur Verfügung

standen und die heute noch im Zentrum des Stoffwechsels jedes
Lebewesens stehen: etwa Glutaminsäure, Oxalessigsäure, energiereiches Acetyl und Formyl. Von diesen, allen Organismen gemeinsamen Bausteinen aus wären die vom jeweiligen Genapparat
bestimmten spezifischen Makromoleküle aufgebaut worden. Aber
mit der Verarmung der Umwelt an diesen Bausteinen mußten
zusätzliche Stoffwechselreaktionen entwickelt werden, die innerhalb des Protoplasmas zur Bildung dieser Grundbausteine geführt
haben[32]. Dieser Zweig des Stoffwechsels ist daher eine sekundäre
zusätzliche Erwerbung im Verlauf der Entwicklung und verläuft
wie alle zusätzlichen Erwerbungen bei den einzelnen Organismen-
arten in verschiedener Richtung. Einige Organismen haben ge-
lernt, diese Grundbausteine aus den energieleeren Verbindungen
CO_2, H_2O und N_2 unter Verwendung verschiedener Energiequellen
aufzubauen, wobei sich die Ausnutzung der Lichtenergie als die
erfolgreichste erwies. Andere benutzten schließlich die energie-
reichen organischen Moleküle der Glucose, Aminosäuren und
Fettsäuren, die von den autotroph gewordenen Lebewesen geliefert wurden. Daß wir noch heute im Stoffwechsel aller Lebewesen zwar gemeinsame Zwischenprodukte finden, dagegen die
Nahrung, d. h. aber: die Stoffe, mit denen die einzelnen Lebewesen
an ihre Umwelt gebunden sind, so extrem verschieden sind, würde
sich nach dem Gesagten einfach daraus erklären, daß der Stoffwechsel des Urlebewesens an den Verbindungen begonnen hat,
die heute im Mittelpunkt stehen, um den sich dann erst später der
verschieden ausgebildete Mantel gelegt hätte.

Damit bin ich aber schon bei dem nächsten Schritt, der Entwicklung differenzierter Organismen, während mit dem Auftreten
individueller Lebewesen die Phase der Lebensentstehung ab-
geschlossen war.

Die Entstehung von Lebewesen in einem langsamen Entwicklungsprozeß aus unbelebter Materie läßt sich schematisch wie in
Tab. 2 übersichtlich zusammenfassen.

Ich habe versucht, Ihnen eine dem heutigen Wissen angepaßte
Darstellung über den Beginn des Lebens zu geben. Dabei habe ich
mich im Prinzip an die Ausführungen von HALDANE[33], OPARIN[10],
BERNAL[11], BLUM[18], UREY[6], VAN NIEL[34], HOROWITZ[32], um nur die
wichtigsten zu nennen, gehalten. Wie diese Autoren habe ich dabei
stillschweigend vorausgesetzt, daß sich die Naturgesetze in ihrer

Tabelle 2.

2000 Mill.
Atmosphäre
Meer
800 Mill.
500 Mill.
Land
0
CH₄ H₂O NH₃ H₂S
Licht
CH₃ CH₂ CH OH O₂H O H NH₂ NH HS
Organische Moleküle
C₁ —H —OH =O —OOH
C₂ —NH₂ >NH >N—
C₃ —SH —S.S.— >S
Cₙ
Stoffwechsel
O
—O—P—O—
OH
n
DNS Stoffwechsel
„lebendes Protoplasma"
geordnete Stoffwechselbezirke um DNS herum
„primäre Lebewesen"
an verschiedene Nahrung angepaßte Lebewesen
Algonkium-Alge
Mensch

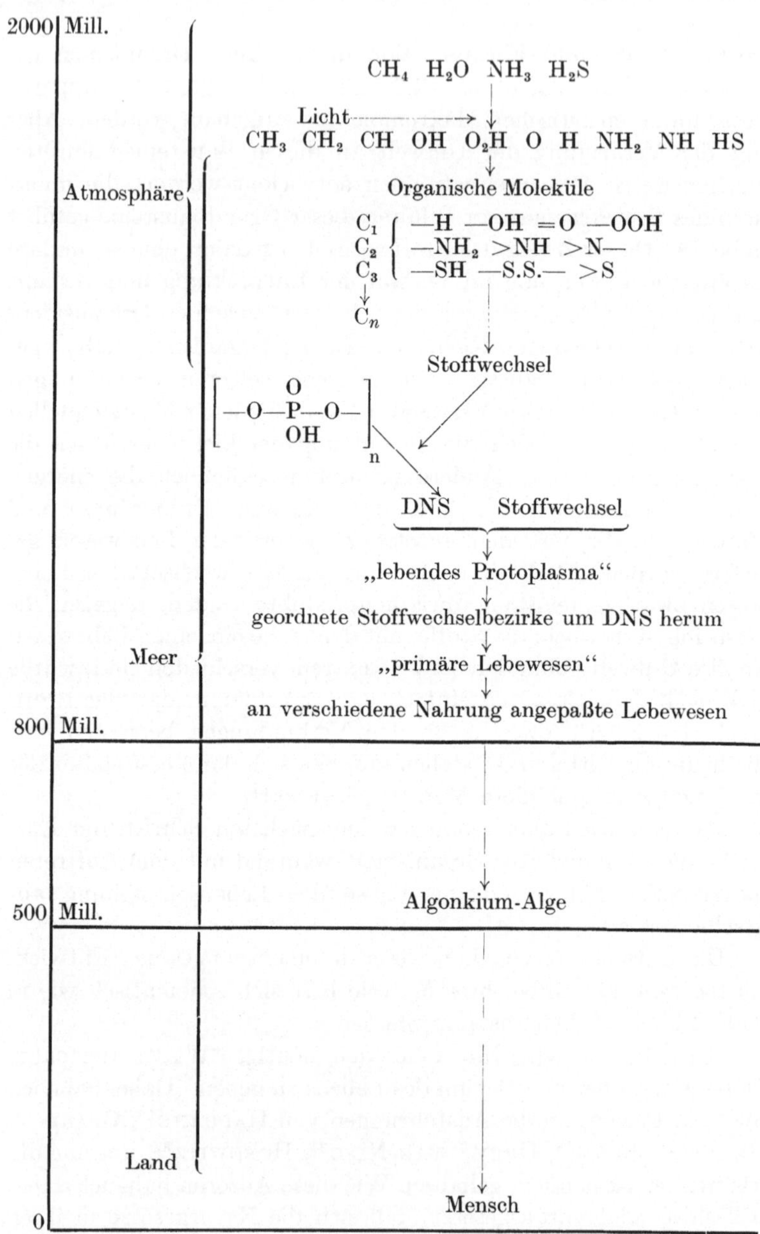

heutigen Form unverändert auf einen Zeitraum extrapolieren lassen, in dem wir sie nicht mehr nachprüfen können. Aber abgesehen davon werde ich in vielen Punkten Ihre Kritik herausgefordert haben. Auf einiges bin ich nicht ausführlich eingegangen — so auf die Entstehung der Fermente, die zu den ältesten Bestandteilen des Protoplasmas gehören, oder auf die gegenseitige Abgrenzung der einzelnen Stoffwechselfunktionen innerhalb des Protoplasmas, die an die Ausbildung von Lipoiden und Polysacchariden geknüpft war. Auch die Bildung der Pigmente, mit deren Hilfe erst die Lichtenergie und der Sauerstoff verwertbar wurden, habe ich übergangen. Das sind spezielle Probleme für die vergleichende Biochemie, und mein Thema wollte nur in allgemeiner Übersicht auf das Geheimnis der Lebensentstehung hinweisen.

Literatur.

[1] HALDANE, J. B. S.: The origin of life. New Biol. **16**, 12 (1954).

[2] FENTON, C. L., and M. A. FENTON: Bull. Geol. Soc. Amer. **50**, 89 (1939).

[3] RANKAMA, K.: Bull. Geol. Soc. Amer. **59**, 389 (1948).

[4] SIMPSON, G. G.: The meaning of evolution. New Haven: Yale Univ. Press 1949.

[5] MACALLUM, A. B.: Physiol. Rev. **6**, 316 (1926).

[6] UREY, H. C.: Proc. Nat. Acad. Sci. USA **38**, 351 (1952); The Planets. New Haven: Yale Univ. Press 1952.

[7] MILLER, ST. L.: Science (Lancaster, Pa.) **117**, 528 (1953).

[8] Nach mündlicher Mitteilung von K. FELIX soll H. C. UREY, in dessen Institut das Experiment ausgeführt wurde, anzweifeln, ob Verunreinigungen mit Bakterien ausgeschlossen waren.

[9] GARRISON, W. M., D. C. MORRISON, J. G. HAMILTON, A. A. BENSON and M. CALVIN: Science (Lancaster, Pa.) **114**, 416 (1951).

[10] OPARIN, A. J.: Die Entstehung des Lebens auf der Erde. Berlin/Leipzig: Volk und Wissen Verlag 1949. (Die russische Originalarbeit erschien 1936.)

[11] BERNAL, J. D.: Proc. Physic. Soc. B **62**, 597 (1949).

[12] PRINGLE, J. W. S.: New Biol. **16**, 28 (1954); Symposia Soc. Exper. Biol. **7**, 1 (1953); New Biol. **16**, 54 (1954).

[13] LAIDLAW, P. P., and W. J. ELFORD: Proc. Roy. Soc. (London) B **120**, 292 (1936).

[14] SEIFFERT, G.: Zbl. Bakter. I Orig. **140**, 168 (1938).

[15] KLIENEBERGER-NOBEL, E.: Bacter. Rev. **15**, 77 (1951).

[16] RUSKA, H., u. R. POPPE: Z. Hyg. **127**, 201 (1947).

[17] VENDERLY, R., and R. TULASNE: Nature (London) **171**, 262 (1953).

[18] BLUM, H. F.: Time's arrow and evolution. Princeton: Princeton Univ. Press 1951.

[19] KLUYVER, A. J.: Proc. Roy. Soc. (London) B **141**, 147 (1953).

[20] PAULING, L., and R. B. COREY: Proc. Nat. Acad. Sci. USA **37**, 205, 235, 241, 251, 256, 261, 272, 282, 729 (1951).

[21] FRIEDRICH-FREKSA, H.: In Die Evolution der Organismen. 2. Aufl., S. 278. Stuttgart: G. Fischer 1954.

[22] ZAHN, R.: Mündl. Mitt.

[23] SCHMIDT, G.: In Phosphorus Metabolism. Bd. I, S. 443. Baltimore: Johns Hopkins Press 1951.

[24] WINDER, F., and J. M. DENNENY: Nature (London) 174, 353 (1954).

[25] RACKER, E.: J. of Biol. Chem. 196, 347 (1952).

[26] Zusammenfassend bei J. N. DAVIDSON: The biochemistry of the nucleic acids. London: Methuen 1953.

[27] WATSON, J. D., and F. H. C. CRICK: Nature (London) 171, 737, 964 (1953).

[28] RACKER, E.: In Phosphorus Metabolism Bd. I, S. 145. Baltimore: Johns Hopkins Press 1951.

[29] DELBRÜCK, M.: Angew. Chem. 66, 391 (1954).

[30] GALE, E. F., and J. P. FOLKES: Nature (London) 175, 592 (1955).

[31] TURING, A. M.: Philosophic. Trans. Roy. Soc. London B 237, 37 (1952).

[32] HOROWITZ, N. H.: Proc. Nat. Acad. Sci. USA 31, 153 (1945).

[33] HALDANE, J. B. S.: The origin of life, 1929. Reprint in Pelican Series, 1937.

[34] NIEL, C. B. VAN: In Photosyntheses in plants, S. 437. The Iowa State College Press Ames, Iowa 1949.

Weitere bei der Ausarbeitung dieses Referates benutzte Literatur.

PIRIE, N. W.: New Biol. 16, 41 (1954).

BRAY, H. G., and K. WHITE: New Biol. 16, 70 (1954).

BALDWID, E.: An introduction to comparative biochemistry. Cambridge Univ. Press 1937; Symposia Soc. Exper. Biol. 7, 22 (1953).

PRIGOGINE, I., et J. M. WIAME: Experientia (Basel) 2, 451 (1946).

LANHAN, U. N.: Amer. Naturalist 86, 213 (1952).

WALD, G.: Sci. Amer. 191, Nr. 2, 45 (1954).

MADISON, K. M.: Evolution 7, 211 (1953).

RAYMOND, P. E.: Bull. Geol. Soc. Amer. 46, 375 (1935).

SEIFRIZ, W.: Adv. in Encymol. 7, 35 (1947).

Diskussion.

HALDANE (London): Ich denke, daß man mich eingeladen hat, weil ich vor 27 Jahren zuerst das, was man die Weltsuppentheorie nennen kann, ausgesprochen habe. Das war zur gleichen Zeit, als Methan und Ammoniak in der Atmosphäre der größeren Planeten entdeckt wurden. Ich kam zu dieser Hypothese, weil ich dachte, daß das anaerobe Leben ursprünglicher ist als das aerobe. Man hat dieser Theorie vielleicht zu viel geglaubt. Heute bin ich etwas skeptisch. Man muß auch an andere Möglichkeiten denken. Herr PRINGLE hat z. B. betont, daß zwischen dem Sauerstoff der oberen Atmosphäre und einer reduzierenden Zone in der Tiefe des Ozeans ein Gradient besteht, zwischen dem alle Oxydationsvorgänge abgelaufen sein könnten, und daß die freie Energie hauptsächlich aus diesen allmählichen Oxydationsvorgängen stammt und vielleicht nicht aus dem Zerfall von durch Photosynthese gebildeten organischen Molekülen.

Man hat von der Kluft zwischen chemischen Vorgängen und lebenden Prozessen gesprochen. Ich denke, daß diese Kluft von unseren menschlichen Methoden stammt. Wenn wir z. B. fast blind wären und kein Mikroskop hätten, aber wenn wir dafür chemisch besser gebildet wären als jetzt, denken wir etwa an ein rationales Wesen mit sehr vielen chemischen Sinnen, das aber nicht viel sehen könnte, dann wäre die Lücke in unserem Denken nicht zwischen Makromolekülen und Bakterien, sondern zwischen Bakterien und den kleinsten Lebewesen, die man ohne Mikroskop sehen könnte. Es ist kein Zufall, daß für uns zwischen den größten Molekülen, die man chemisch kennt, und den kleinsten, die man mikroskopisch sehen kann, die Lücke zwischen Lebewesen und unbelebter Natur liegt. Mit den neueren Forschungsmethoden, Elektronenmikroskop usw., baut man jetzt Brücken über diese Regionen.

Eine Idee wollte ich noch zu dem Vortrag von Herrn ROKA zufügen: Das ist die Möglichkeit, daß das Leben vielleicht ein bißchen polyphyletisch begonnen hat. Man weiß jetzt, daß ein Bacterium von einem anderen Bacterium DNS bekommen und so ein synthetisches Lebewesen schaffen kann. Bei unseren größeren Organismen ist die Sexualität ein solches Phänomen, aber das muß ganz regelmäßig vor sich gehen, während es bei den Bakterien weniger regelmäßig ist. Man könnte denken, daß an einem Ort, z. B. in der Meerestiefe, eine Art Synthese begonnen hat, während an einem anderen Ort, z. B. an der Meeresoberfläche, eine andere Art entstanden ist und daß beide unabhängig sich durch Autosynthese vermehrt haben.

SPEK (Rostock): Daß wir die Entstehung der Zelle viel weiter als nur 500 Mill. Jahre zurückverlegen müssen, geht schon daraus hervor, daß im Cambrium neben vielen primitiven Lebewesen auch schon Riesenkrebse und hochentwickelte Mollusken wie z. B. Tintenfische existierten.

DECKER (München): Ich glaube, es lohnt sich, die Frage, was ist Leben, zu stellen. Auch anorganische Systeme können ähnliche Eigenschaften wie Leben zeigen. Nach BERTALANFFI haben z. B. Fließgleichgewichte die Eigenschaft der Äquifinalität. Bei Störungen streben diese ihrem optimalen Zustand wieder zu. Zum Beispiel ein Wirbel hinter einem Brückenpfeiler ist ein Individuum. Er bildet sich spontan und kann sich vermehren; er wird durch die Strömung ernährt, weil Fließgleichgewichte eine Import- und eine Exportentropie haben im Gegensatz zu den physiko-chemischen Gleichgewichten in abgeschlossenen Systemen. Außerdem zeigt ein rotierender Wirbel eine ganz andere Bewegungsform als eine gleichmäßige Strömung. Fließgleichgewichte haben demnach die Tendenz, sich zu differenzieren. Schließlich haben sie etwas, was man mit Mutation vergleichen könnte. Eine laminare Strömung z. B. kann mit einem Schlage in eine turbulente umschlagen. Für die Abgrenzung des Lebens von diesen anorganischen Fließgleichgewichten ist zu beachten, daß das Leben nicht irgendeinen Energieumsatz, sondern eine chemische Umsetzung katalysiert. Dasselbe tut aber auch eine Bunsenflamme. Diese ist ein stationäres Gleichgewicht, hat Form, Stoffwechsel, kann wachsen und sich vermehren. Der Unterschied zum Leben liegt aber darin, daß die Bunsenflamme von mechanischen Randbedingungen abhängt, das Leben dagegen nicht. Eine andere Reaktionsform, die viel vom Leben hat, ist die autokatalysierte

Reaktion. Eine solche Reaktion, die zu organischen Stoffen führt, die im Lebendigen auch vorkommen, ist die von EMIL FISCHER untersuchte Kondensation von Formaldehyd zu verschiedenen Zuckern. Wenn wir uns diese Reaktion unter Bedingungen denken, wo die Autokatalyse, also die Zündung, eine sehr geringe Wahrscheinlichkeit hat, so wird das erste Molekül, das autokatalysiert und das durch Zufall entsteht, unter Umständen optisch aktiv sein und das ganze System zu einem optisch aktiven machen können.

KLINGMÜLLER (Hamburg): Die optische Aktivität ist ein außerordentlich gutes Beispiel dafür, wie sich die Denkmöglichkeiten im Laufe der Entwicklung und im Laufe der Materialkenntnisse, die wir gewonnen haben, gewandelt haben. Schon das Tageslicht, das die Erde trifft, ist etwas polarisiert, daneben kann durch Reflexion polarisiertes Licht auftreten. Damit haben wir aber schon in der anorganischen Welt eine Auswahl. Nach JORDAN ist das Auftreten organischer asymmetrischer Verbindungen auf die Synthese von Tripeptol zurückzuführen. Die Synthese dieses Neunerringes ist schon so außerordentlich unwahrscheinlich, daß sich wohl kein zweites, möglicherweise optisch spiegelbildliches Molekül bildet. Infolgedessen ist ein optisch aktives Muster ausgewählt, von dem sich durch Autokatalyse weitere optisch aktive Moleküle ableiten lassen.

LOHMANN (Berlin-Buch): Ich möchte fragen, ob wir nicht besser an der Definition des Stoffwechsels im physiologisch-chemischen Sinne festhalten sollen, und daran, daß nicht jeder chemische Umsatz schon ein Stoffwechsel ist. In einem feuchten Heuhaufen wird durch die Tätigkeit der thermophilen Bakterien zunächst mit dem Umsatz organischer Stoffe eine erhebliche Wärmetönung auftreten, dann bei einer Temperatur, bei der der eigentliche Stoffwechsel lebendiger Vorgänge schon längst aufgehört hat, werden chemische Vorgänge stattfinden, d. h. der Heuhaufen fängt an zu brennen. Sollen wir das auch noch als Stoffwechsel bezeichnen, wie wir z. B. vom Stoffwechsel des pyrophoren Eisens und des pyrophoren Bleies sprechen. Ich glaube, wir sollten den Begriff Stoffwechsel zunächst auf physiologisch-chemische Begriffe beschränkt halten. Im Zusammenhang mit der wichtigen Frage, wie es zur Assoziation von z. B. einigen Aminosäuremolekülen kommt, möchte ich auf die Coadcervate von DE JONG hinweisen, die für diesen Spezialfall von OPARIN in die Diskussion geworfen wurden. Zum Schluß möchte ich die Hypothese der Entstehung der Nucleinsäure aus Polyphosphat diskutieren. Ich hätte gern von thermophysikalisch gebildeten Herren gewußt, ob so etwas möglich ist. Daß früher im schmelzflüssigen Zustand solche Polyphosphate bestanden haben, ist klar. Aber wie weit sie durch Jahrhundertmillionen in den kochenden Weltmeeren beständig gewesen sind, ist unklar. Zur Bildung von Polyphosphaten ist ja eine bestimmte Energiemenge erforderlich, die je nach den Konzentrationen um 10—12000 Calorien liegt. Kennen wir Möglichkeiten, daß unter den damaligen Bedingungen Polyphosphate aufgespalten wurden, um ihre Energie für die Synthese organischer Verbindungen abzugeben?

ROKA (Frankfurt a. M.): Herr Prof. SPEK hat auf das Alter des Lebens hingewiesen. Es ist ja bekannt, daß die Grenze vom Präcambrium zum

Cambrium deshalb so auffallend ist, weil im Cambrium bereits eine große Anzahl verschiedener Organismen nachweisbar sind, während in der Schicht vorher die Spuren organischen Lebens fast vollständig gefehlt haben. UREY führt das darauf zurück, daß Lebewesen erst in einer bestimmten Entwicklungsphase der Erde in der Lage gewesen sind, anorganische Schalen etwa aus Carbonaten zu bilden, während davor die CO_2-Konzentration auch im Meer so hoch gewesen ist, daß alles Carbonat in Form von Bicarbonat gelöst blieb. Erst mit der Abnahme des CO_2-Partialdruckes wurden die Verhältnisse geschaffen, in denen Lebewesen Carbonate als Hüllsubstanz ausbilden konnten, die sich dann in den Fossilien nachweisen lassen.

Zur Frage von Herrn DECKER kann ich nicht im einzelnen Stellung nehmen. Ich glaube, wir dürfen bei der Definition des Lebens nicht nur auf die Eigenschaften hinweisen, die wir heute am lebenden System finden. Es lassen sich verschiedene Systeme ausdenken, die diese Eigenschaften zeigen, obwohl sie ohne weiteres von einer lebenden Substanz unterschieden werden können. Ich möchte nur auf das Beispiel von HALDANE von der lebenden Maschine hinweisen. Es läßt sich gedanklich eine Maschine konstruieren, die alle Eigenschaften des Lebens besitzt und die doch dadurch grundsätzlich von einem Lebewesen unterschieden ist, daß sie aus einem ganz anderen Material besteht. Wir dürfen also bei der Betrachtung der Lebewesen das Material, an dem sich diese Erscheinungen abspielen, nicht vernachlässigen. Herr KLINGMÜLLER hat darauf hingewiesen, daß jede Hypothese über die Entstehung des Lebens die Auswahl optisch aktiver Verbindungen irgendwie erklären muß. Zu den von Herrn KLINGMÜLLER erwähnten Hypothesen kommt noch die von MILLS. Er geht davon aus, daß die Racemate lediglich ein statistisches Mittel darstellen, d. h. unter einer großen Anzahl von Molekülen sind etwa gleichviel links und rechts drehende Moleküle vorhanden, aber nicht überall ist die Verteilung vollständig gleichmäßig. Wir werden in einem solchen Gemisch von L- und D-Formen Bezirke finden, in denen die L-Formen häufiger sind als die D-Formen, und irgendein Ereignis soll diese nicht ganz ideale Durchmischung ausgenutzt haben. Dies kann nur ein dynamischer Prozeß gewesen sein und nicht etwa nur die Bildung eines einzelnen Moleküls, wie von JORDAN angenommen wird, sondern dieses Molekül müßte durch einen dynamischen Prozeß ständig nachgebildet und für weitere Reaktionen verwendet worden sein, sonst hätte sich auch da mit der Zeit wieder ein racemischer Zustand eingestellt. Herr Professor LOHMANN hat sich für die Einschränkung des Begriffs Stoffwechsel ausgesprochen. Bei allen extremen Beispielen ist es leicht, zwischen chemischen Reaktionen und Stoffwechsel zu unterscheiden. Aber wenn wir die einzelnen Prozesse in der Zelle betrachten, dann sind sie für sich allein auch nur chemische oder physikalisch-chemische Prozesse, und nur die Gesamtheit, oder vielleicht auch nur, weil wir sie in der Zelle vorfinden, veranlaßt uns, sie als Stoffwechsel von anderen Reaktionen zu unterscheiden. Weiter hat Herr Professor LOHMANN auf die Coadcervate hingewiesen für die Ausbildung der biogenen Makromoleküle zu Beginn des Lebens. Diese Coadcervate hat sich DE JONG als aus anorganischem Material aufgebaut vorgestellt. Es ist jedoch schwer zu erklären, warum wir heute im lebenden Material diese anorganischen Adsorbentien nicht mehr antreffen, dafür aber Nucleinsäuremoleküle. Schließlich hat Herr Professor LOHMANN die Bedeutung der Polyphosphate bei der Entstehung der Nucleinsäuren diskutiert. In wäßriger Lösung sind die Polyphosphate nicht über lange Zeit beständig. Aber an der Grenze zwischen festem Land und Meer können ständig aus dem Land Polyphosphatmoleküle herausgelöst worden sein, so daß auch bei beschränkter Lebensdauer die zur Nucleinsäurebildung führenden Reaktionen stattgefunden haben können.

HOLZER (Hamburg): Es wird von einzelnen Autoren bezweifelt, daß bei dem Versuch von MILLER Verunreinigung mit Mikroorganismen ausgeschlossen war. Ließe sich das nicht dadurch entscheiden, daß man die optische Aktivität der gebildeten Aminosäuren prüft? Rein chemisch müßten Racemate entstanden sein.

FELIX (Frankfurt a. M.): Bei der Wärme des Lichtbogens könnten auch optisch aktive Aminosäuren nachträglich racemisiert worden sein.

HOFFMANN-OSTENHOF (Wien): Der Gedanke, daß wir den Stoffwechsel zuerst in den Ozean hineinverlegen müssen, erscheint mir unwahrscheinlich. Viel plausibler erscheint mir die Vorstellung von OPARIN, daß hierbei Coadcervate, die von der Konzentration unabhängig entstehen können, eine Rolle spielen. Diese Coadcervate sind zum größten Teil noch anorganisch, haben aber insofern einen Stoffwechsel, als sie aus der umgebenden Lösung Substanzen aufnehmen und entsprechend den Permeabilitätsverhältnissen auch an die umgebende Lösung Stoffe abgeben können. Die Coadcervate sind ursprünglich relativ instabil, werden sich also unter vielen Umständen auflösen oder aber vergrößern, je nach den herrschenden Bedingungen. So wird im allgemeinen nur das tüchtigste Coadcervat überleben. Zum Problem, wie die Nucleinsäuren in die Vorzellen hineingekommen sind, läßt sich vielleicht annehmen, daß die Nucleinsäuren außerhalb entstanden sind und das erste Zusammentreffen zwischen diesen Coadcervaten und den Nucleinsäuren, also eine Symbiose, die identische Reproduktion dieser Einheiten bewirkt hat.

DU MONT (Celle): Ist es nicht wahrscheinlicher, daß das Leben nicht im tiefsten Meer, sondern am Ufer entstanden ist, wo durch Verdampfen des Wassers die Konzentrationen sich ständig ändern? Auch die Abgrenzung des Individuums wäre dann leicher erklärlich.

ROKA (Frankfurt a.M.): Zu der Frage der Konzentration organischer Moleküle im Urmeer möchte ich ergänzen, daß UREY aus dem damaligen Gehalt der Atmosphäre an Methan ausgerechnet hat, wie hoch die Konzentration gewesen sein könnte, wenn dieses gesamte Methan in Form von organischen Zwischenprodukten im Meer gelöst ist. Er kommt auf eine Konzentration von etwa 1 bis 10%. Das wäre aber ausreichend für die Bildung von organischen Stoffwechselprozessen. Zur Frage der Coadcervatbildung: Man muß ja einen Mechanismus annehmen, mit dem die einzelnen verteilten Bausteine irgendwie angereichert worden sind. Dabei dürfen wir aber nicht nur an anorganische Coadcervate denken, denn die müßten dann im Verlauf des Entwicklungsprozesses aus den Zellen wieder eliminiert worden sein. Das erfordert eine zusätzliche Hypothese. Diese ist aber überflüssig, wenn wir anorganische Coadcervate erst gar nicht annehmen.

Individuation in der unbelebten Welt.

Von

W. Kossel.

Universitäts-Institut für Physik, Tübingen.

Mit 14 Textabbildungen.

Herr Kollege Felix hat mich aufgefordert, Ihnen einiges aus der Darstellungsweise vorzutragen, die ich seit einem Jahrzehnt in einer Reihe populärer Vorträge benutze, die dem Thema „Atomphysik und Lebenserscheinungen" galten. Einer davon fand schon vor Jahren in diesem Saal statt, ein anderer (1. 12. 49) im Deutschen Museum in München. Solche Darstellungen für einen großen Kreis müssen unmittelbar auf den Gegenstand selbst losgehen. Sie müssen auf alle die mathematischen Hilfsmittel verzichten, die sich einer Formelsprache bedienen. Der Zwang, die Bilder, von denen die mathematischen Ansätze ausgehen, selbst scharf durchzuzeichnen, ohne sich der Fortentwicklung von Formeln zu überlassen, führt dazu, manches an den Voraussetzungen schärfer auszusprechen, als es in den gewohnten Lehrbuch-Darstellungen geschieht — ja es wird hier und da geradezu eine Unschärfe ans Licht treten, die in der mathematischen Fortführung wie unter einem Schleier verborgen blieb.

Wenn derartiges hier in Ihrem Kreis Interesse findet, muß ich vorausschicken, daß das hier Ausgewählte ganz einseitig — ganz egoistisch sozusagen — vom physikalischen Boden aus beurteilt ist. Für die Aufgabe der Physik, allgemein geltende Gesetze des Naturgeschehens zu ermitteln, stellt sich ja das biologische Geschehen als ein erstaunliches Sonderexperiment dar, das sich unter sehr speziellen Bedingungen, in engen Bereichen von Temperatur, Atmosphäre, Feuchtigkeit an einer bestimmten Gruppe von Elementen auf dieser Erde abspielt.

Die uralte Frage, ob dies Phänomen, das uns in mannigfacher Beziehung so nahe angeht, den an der unbelebten Welt erkannten Gesetzen folgt, nimmt, von dieser Seite aus gesehen, die Gestalt an, ob dies Geschehen, obwohl es auf so enge Bedingungen angewiesen ist, doch allgemeine Gesetze ans Licht treten läßt, die in der unbelebten Welt unseren Beobachtungsmitteln zunächst verborgen bleiben ?

Wir haben es ja erlebt, daß die altgewohnten Beobachtungsmittel und die ihnen folgenden Gesetze der „klassischen" Physik unvollständig sind, daß sie hier und da ein zu grobes Bild zeichnen. Die experimentelle Atomistik hat ganz neue Phänomene zutage gefördert, die auf Gesetze allgemeiner Gültigkeit führten. Sie blieben vorher verborgen, weil die makroskopischen Beobachtungsmittel vielfach nur Mittelwerte erkennen lassen. Mittelwertgrößen wie Dichte, Druck, Temperatur reichen aber zur Behandlung atomistischer Vorgänge nicht hin.

Unsere Frage ist also erst eigentlich aktuell, seit sich die Atomistik durchgesetzt hat. Denn heute muß uns neben dem Kristall der lebende Organismus als das einzige Phänomen erscheinen, bei dem augenscheinlich eine zwangläufige Gestaltung von der Atom- und Molekularwelt ins Sichtbare und Greifbare hinaufführt. Diesen Zusammenhang zu fassen, ist die große Aufgabe: Wir haben damit zu rechnen, daß in der Tat eigentümliche Phänomene der Atomwelt im Verhalten der lebenden Organismen sich auswirken. Es ist geläufig, wie daraufhin die Rolle der Quantenphänomene im biologischen Geschehen diskutiert worden ist. Aber von dem, was man in der eingangs angedeuteten Darstellung für einen großen Kreis dabei über Kausalität und Statistik zu besprechen pflegt, soll hier nicht die Rede sein, sondern von einem morphologischen Grundphänomen der im Titel genannten Erscheinung: der Individuation.

Vom Standpunkt der klassischen Physik aus ist es eine der auffallendsten Singularitäten der belebten Welt, daß die hier auftretenden Gestalten jeweils in größerer Zahl gleichartig vorkommen. Die Möglichkeiten des „Art"-Begriffs, des einfachen Sprechens von „dem" Löwen und „der" Palme, sind grundsätzlich fremd für die klassische Welt der Physik, in der Massenpunkte beliebiger Masse oder stetig verbreitete Stoffe beliebiger Dichte unter der Einwirkung von stetig verbreiteten Feldern ihre Schicksale erleiden. Von den typischen biologischen Vorgängen, die an diesem Phänomen des einer Art angehörenden Organismus hängen, nehmen wir im Augenblick nur in dem Sinn Kenntnis, daß sie die Bedeutung dieser Erscheinung bekräftigen. Wir nehmen sie alle, die Regeneration etwa oder die Anzeichen dafür, daß im Lauf der Entwicklung Kolonien selbständiger Individuen sich zu vielzelligen, nur als Ganzes noch lebensfähigen Individuen differenzieren, hier lediglich als Zeichen dafür, daß Wirkungen spielen, die für das Auftreten gleichartiger Organismen sorgen. Das Faktum dieses Auftretens werde hier mit Individuation bezeichnet.

Den Gegenstand so scharf einzuschränken, empfiehlt sich, um seine Selbständigkeit deutlich zu machen, die wohl nicht ausreichend beachtet wird, und um unsere Zeit bestimmten grundsätzlichen Fragen widmen zu können, die schon in diesem Rahmen auftreten und über die man in weitergehender Diskussion schon eine feste Meinung haben sollte.

Wir beginnen mit einer einfachen Übersicht (Abb. 1), die vor Augen führt, wie in der lebenden Welt gleichartige Gebilde aus den verschiedensten Größenstufen auftreten

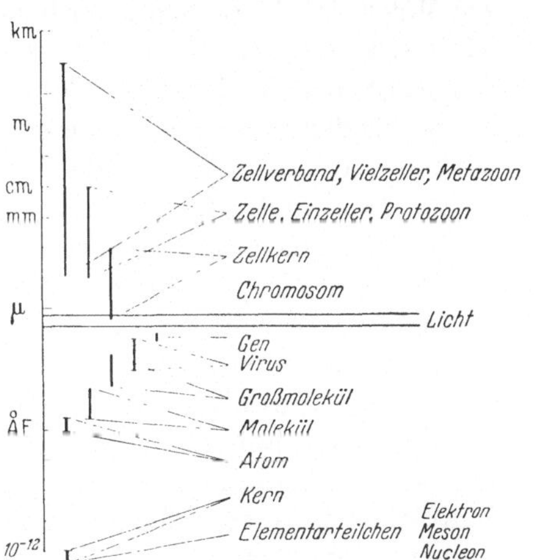

Abb. 1. Überblick über die Größen typischer Individuationen.

— vom eigentlichen lebensfähigen vollen Individuum bis zu den Einzelgebilden seines Aufbaues. Vielzeller, Einzeller, Zellkern, Chromosom, Gen sind ihren charakteristischen Größenordnungen nach übereinander als eine Skala typischer, in der Welt des Lebens auftretender Individuationen angeführt. Schon die formale Analogie führt nun dazu, von hier aus zur Atomistik herabzusteigen. Im Maßstab ist hier keine Lücke, den biologischen Individuationen schließen sich Großmoleküle, Moleküle, Atome unmittelbar an. Es folgt der große Sprung bis zum Kern hinunter, dann die Elementarteilchen: Elektronen, Mesonen und Nucleonen.

Die damit ganz unmittelbar gestellte Frage, welchen Inhalt die Analogie zwischen der biologischen Individuation und der physikalisch-chemischen Atomistik haben kann, bringt zunächst die Forderung, diese Individuation des Unbelebten in ihrem Inhalt scharf zu kennzeichnen. Was ist bezeichnend für den in der Naturwissenschaft bewährten Atombegriff?

Die doppelte Funktion des Atombegriffs. Wir haben zwei Funktionen anzuführen und scharf auseinanderzuhalten[1]. Einmal die, von der das Wort selbst spricht: es finden sich Teilchen, die irgendwelche Schicksale erleiden, ohne dabei selbst verändert zu werden. Das ist die typische Voraussetzung einer Mechanik der Moleküle. In diesem Sinn haben Antike und Mittelalter die Atomistik als den Repräsentanten des Gedankens angesehen, das Geschehen in der Natur laufe unabänderlich nach einem in ihr wirkenden Zwang ab. Dieser Grundgedanke schließt durchaus nicht die Annahme ein, daß die Teilchen untereinander gleich seien. Bestimmte Lehrmeinungen der Antike sprechen sogar von ihnen als οὐδὲν ἐοικότων ἀλλήλοις, „einander in nichts Gleichenden". Es gab also Schulmeinungen, nach denen jedes Atom vom andern verschieden ist. Ein jedes ist aber „Atom", lateinisch „Individuum", etwas, was sich nicht teilt, nicht verändert während der Stöße, die es etwa erleidet. In einer Materie, die aus solchen Teilchen aufgebaut wäre, kann der Ablauf völlig zwangläufig sein. Insbesondere kann im heutigen Sinne mit derartigen Atomen oder Individuen in aller Sicherheit und Klarheit Mechanik getrieben werden. Eine Materie also, in der jedes einzelne Teilchen vom anderen verschieden, ein jedes aber für sich haltbar, also im strengen Sinn des Wortes als Atom zu bezeichnen ist, vermag grundsätzlich den Grundgedanken der Atomistik zu erfüllen, nämlich das Naturgeschehen als gesetzmäßig ablaufend zu erfassen.

Es wird jetzt schon klarer hervortreten, was einer solchen Atomistik *fehlen* würde: es wäre der Begriff eines reinen Stoffes. Reine, homogene Stoffe — solche, die auf die Sinneswahrnehmung als gleichförmig wirken oder, schärfer gesehen, in gleichen Mengen sich gleich verhalten — gehören aber so zur elementarsten Welt der Erfahrung, daß jedes Nachdenken über die Natur auch die Aufgabe hat, ihr Auftreten darzustellen. Das läßt sich nun gerade im Zusammenhang mit einer Atomistik ausgezeichnet durchführen, wenn man annimmt, daß es von solchen Bausteinen, die unzerstörbar sind, obendrein in großen Mengen solche gibt, die sich untereinander gleich verhalten. Das ist die Annahme, die DALTON

---

[1] Zur Begriffsbildung der Atomistik. Annalen der Physik **3**, 156 (1948) — Gedächtnisband für Max Planck. —

endgültig einführte gegenüber etwa der Autorität von BERTHOLLET, der auf Grund von Erscheinungen, die wir heute dem Massenwirkungsgesetz zurechnen, die Möglichkeit verschieden großer Bausteine im selben Stoff zulassen wollte. Um diese zweite, zur Grundvorstellung der Atomistik am Ende des 18. Jahrhunderts völlig frei hinzukommende Annahme scharf für sich zu kennzeichnen, bezeichnen wir sie hier mit einem aus der Antike genommenen Namen als *Homöomerie*.

Die Unterscheidung dieser beiden Funktionen ist für unser Thema von größter Wichtigkeit. Wir führen sie deshalb näher aus.

Molekularmechanik. Die berühmten Grundgesetze des Gaszustandes, die angeben, wie der Druck eines Gases vom Raum, den es einnimmt, und von der Temperatur abhängt, beruhen sämtlich darauf, daß unveränderliche Teilchen ihre Trägheitswirkungen äußern. Es sind unmittelbar Konsequenzen der mechanischen Grundgesetze am denkbar einfachsten Objekt. Über die Natur der Teilchen ist nichts angenommen als eben ihr atomistischer Charakter — ein jedes muß als „Massenpunkt" behandelt werden dürfen, es muß im Lauf der mechanischen Ereignisse unverändert dasselbe bleiben. Daß sie aber einander gleich wären, wird nirgends gefordert.

Der AVOGADROsche Satz z. B., daß eine bestimmte Zahl von Teilchen, deren Energien im statistischen Gleichgewicht stehen — das Gas hat eine einheitliche Temperatur —, in gegebenem Raum einen bestimmten Druck auf die Wand zustande bringen, hängt nicht daran, daß diese Teilchen einander gleich wären. Man sieht das meist nicht, weil man so großes Interesse an reinen Stoffen hat und es so bequem ist, mit nur einer Art von Teilchen zu rechnen, daß Lehrbuch und Vorlesung die molekular-mechanischen Gesetze zunächst für reine Stoffe vortragen. Man erwähnt dann als weiteren Satz, daß diese Gesetze auch für „Gasgemische" gelten. In unserer ganz der Ordnung der Begriffe geltenden Betrachtung verfahren wir umgekehrt: das Allgemeinste geht voran — das sind die auf Persistenz, auf Unveränderlichkeit des Einzelteilchens, also auf „Atomistik" im strengsten Sinne beruhenden, außer ihr nur die klassische Trägheitsmechanik benutzenden Zusammenhänge.

Wir betonen sie durch ein zweites Beispiel: Man beginnt mit dem schulgemäß gewohnten Fall der gleichen Teile, beachtet, daß nach dem bekannten Clausiusschen Ausdruck für den Druck $(p = \frac{1}{3} \varrho c^2)$ die Masse nur als Dichte ϱ — als die in der Raumeinheit anwesende Masse — vorkommt, daß man sie also beliebig fein unterteilen oder grob zusammenfassen darf und macht sich klar, daß in der Tat die gesamte Kraft, die das Gas auf die Wand eines kugelförmigen Kessels vom Radius R ausübt, der Zentrifugalkraft gleich ist, die an einem Faden der Länge R wirkt, an dem man die gesamte Masse des Gases, in einem Massenpunkt vereint, mit der für das Gas angenommenen Geschwindigkeit c umlaufen läßt. Gasdruck und Zentrifugalkraft sind, das prägt sich an solch quantitativem Vergleich scharf ein, Kräfte gleicher Art. Wie die elastische Einrichtung aussieht, mit der man die bewegten trägen Massen zusammenhält, ob hier die Spannung in einer Kesselwand wirkt oder die in einem Faden, ist sekundär. Man betont mit solchem Anschluß an die gewohnte Großmechanik, wie wenig Spezifisches die molekularmechanische Atomistik fordert.

Homöomerie. Als ganz neue erstaunliche Naturtatsache tritt nun hinzu, daß mehrere Teilnehmer eines solchen Systems nach dem Maß der hier bestehenden Anforderungen untereinander gleich sein können, ja daß wir vielfach mit Stoffmengen zu tun haben, die nur aus einander gleichen Teilchen bestehen.

Die spezifischen Leistungen einer solchen Homöomerie sehen in der Tat ganz anders aus als die der Mechanik.

Beginnen wir mit dem klassischen Beispiel von Dalton. Bei dieser Anwendung der Atomistik ist von einer Dynamik, wie eben in der Gasmechanik, nicht die Rede. Es wird vielmehr festgestellt, daß von einer bestimmten Menge Stickstoff, die als Gewicht angegeben wird, Mengen Sauerstoff gebunden werden können, deren Gewichte sich wie $1:2:3:4:5$ verhalten (Abb. 2). Typisch ist: wir haben eine Skala, auf der das Beobachtungsinstrument an und für

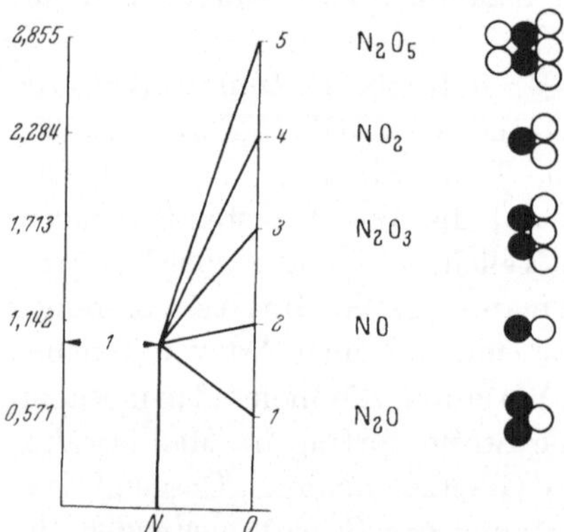

Abb. 2. Erster Nachweis von Homöomerie in der Atomistik: Multiple Proportionen.

sich beliebige Werte anzeigen könnte, es stellen sich aber nur bestimmte Werte ein. Die atomistische Deutung DALTONs fordert daraufhin für jedes Element Bausteine, die untereinander gleich sind. Der Begriff der *Art* tritt in der unbelebten Welt auf. Man redet von „dem" Schwefelatom, „dem" Eisenatom, wie in der belebten Welt von „der" Speicheldrüse „eines" bestimmten Zweiflüglers.

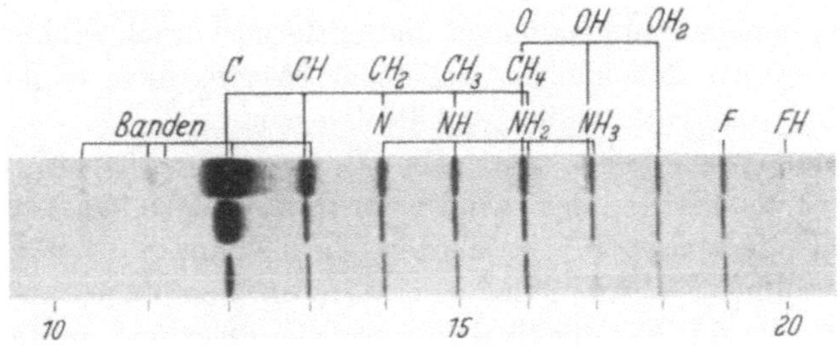

Abb. 3. Massenzahlen: Ausschnitt einer Aufnahme von MATTAUCH.

Das zweite Beispiel sei ein Massenspektrogramm. Wiederum könnte das Instrument beliebige Massenwerte anzeigen, aber wir sehen das Auftreten diskreter und unter sich gleicher Teilchen (Abb. 3).

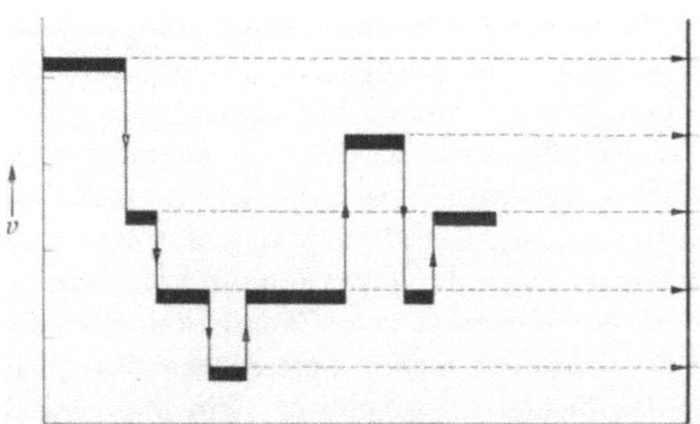

Abb. 4. Ladungswechsel eines Öltröpfchens. Abszisse Zeit (Strecken willkürlich gewählt). Ordinate Vertikal-Geschwindigkeit im elektrischen Feld (nach einer Beobachtungstabelle von MILLIKAN).

Drittens nehmen wir als Anzeige einer Homöomerie den Öltröpfchenversuch von MILLIKAN (Abb. 4). Wir betrachten die Geschwindigkeiten, die ein bestimmtes Öltröpfchen in einem unveränderlichen elektrischen Feld annimmt. Sie ist als Ordinate angegeben. Sie zeigt im Anfang einen konstanten Wert, springt dann plötzlich um, bleibt wieder konstant, springt aufs neue usf. Wenn man die Geschwindigkeitswerte zusammennotiert, wie das rechts angezeichnet ist, stehen ihre Differenzen in ganzzahligen Verhältnissen. Da die Geschwindigkeiten den Kräften und diese wiederum den Ladungen proportional sind, hat man zu schließen, daß in Wirklichkeit im Ladungswechsel des Tröpfchens (der durch eine Röntgen- oder γ-Strahlung veranlaßt wird) ganzzahlige Ladungsmengen aufgenommen und entfernt worden sind. Es gibt wiederum die Möglichkeit beliebiger Werte, aber es kommen wiederum nur ganzzahlige Verhältnisse vor.

Homöomerie heißt also: Eine Naturgröße, die wir makroskopisch als stetig kennen, zeigt beim Herabsteigen in atomistische Größen eine Auswahl von Werten, die in ganzzahligen Verhältnissen stehen. Das Instrument wäre in der Lage, auch hier beliebige Punkte auf der Skala anzuzeigen, aber nur einzelne äquidistante Punkte werden gefunden.

Wir haben so die im Hinblick auf die Lebenserscheinungen wichtige Homöomerie vom moleculardynamischen Inhalt der Atomistik abgesetzt und stellen nunmehr die Frage nach ihrer Herkunft. Ist diese Individuation auf ein erkennbares Prinzip zurückzuführen?

Sie rührt gewiß *nicht* von einer Entstehungsart her, an die nach alter Gewohnheit am liebsten gedacht und die uns in einem klassischen Zitat an dieser Stelle sehr leicht entgegengehalten wird. Wenn vom Leben die Rede ist, wird gerne angeführt: „Keine Macht zerstückelt geprägte Form, die lebend sich entwickelt.‘‘ Nun, wir würden sagen: Gerade geprägte Form kann sich nicht lebend entwickeln. Denn Prägung kommt von außen. Es entstehen zwar untereinander gleiche Exemplare, aber das Prägen einer Münze ist materiell nichts anderes wie das Walzen einer Schiene oder das Ziehen eines Drahtes. Ein Material, das gegen die Form an sich ganz gleichgültig ist, wird von außen gepackt und geformt. Das hat so wenig etwas mit einer von innen kommenden Struktur zu tun wie die Facetten eines Kristallglases, die wir von außen angeschliffen haben, kristalline Struktur und die Fähigkeit zum geordneten Wachsen verraten. Gerade das Wort Prägung empfinden wir — durch ein Jahrhundert technischer Entwicklung ins Zeitalter der mehr und mehr automatisierten Massenfertigung geführt, von Goethes Erfahrungswelt hier weit getrennt — ganz anders — wir würden es von uns aus hier nicht mehr anwenden. Der Prägestock, die Matrize reicht nicht hin — am Widerspruch wird uns klar, daß das, was in diesem Zusammenhang wirken soll, seine Homöomerie, seine Gleichartigkeit aus einer anderen Quelle haben muß. Aber im Unbewegten findet sich nichts dergleichen. Man könnte zwar auf den Kristall hinweisen — aber vom additiven Fortbau, der ja bereits homöomere Bausteine *voraussetzt*, ist erst später zu sprechen —, im Augenblick geht es um das erste Auftreten gleichwertiger Teile überhaupt. Es bleibt nichts übrig, als die eingangs betrachtete Stufenleiter nochmals anzusehen.

Lokalisierung in der Atomwelt. Das Problem der Individuation ändert sich in unerwarteter Richtung, sobald man in die atomistischen Dimensionen selbst herabsteigt: es verliert den einfachen geometrischen Charakter. Bei den Elektronen eines Atoms ist es nicht mehr möglich, die Individuen außerhalb voneinander zu lokalisieren.

Gibt man das Periodische System der Elemente, das ja nach den Valenzen gegen Sauerstoff und Wasserstoff aufgestellt worden ist, graphisch wieder, indem man, den Ionenbildnern der am schärfsten polaren Elemente folgend, alle Valenzzahlen gegenüber Wasserstoff einheitlich als Aufnahme, die gegenüber Sauerstoff als Abgabe von Elektronen darstellt, so verwandeln sich seine Reihen absteigender Wasserstoff- und aufsteigender Sauerstoffwertigkeit in horizontale Zeilen, die auf ausgezeichnete abgeschlossene Elektronengruppen, vor allem bei den Edelgasen hinweisen. Das fand sich, als ich 1915 nach weiteren selbständigen Anzeichen solcher Gruppenbildung suchte, die ich wegen der Ausfallerscheinungen von Röntgenlinien im Atominneren anzunehmen hatte (1914). In der Tat ließen sich diese vom Gang der Valenzen angezeigten Schalen schnell mit denen identifizieren, die zur Deutung des Auftretens der Röntgenlinien notwendig waren, es erschien also sogleich angemessen sie nach deren Namen als „K“-, „L“-, „M“-Schale zu bezeichnen. Dieses Aufbau- und Abschlußprinzip sprach natürlich eine Lokalisierung der Elektronen im Atominneren aus, aber es war nicht mehr eine Angabe von *Ruhe*lagen wie in früheren Modellen von J. J. Thomson und auch noch in den späteren von Lewis und Langmuir, sondern nur eine Angabe über den Aufenthalt auf den zentrierten „Schalen“. Das wurde damals mitunter geradezu als Mangel empfunden — man verlangte etwa, es solle eine Ortsangabe über die Lage der acht Elektronen der Neon-Schale gemacht werden und sah die Annahme Langmuirs, sie bildeten einen Würfel, als Fortschritt gegenüber meiner reinen Zahlenangabe an. Indes zeigte schon die überraschende Leistungsfähigkeit der allein aus Ladungen und Ionenradien zu ziehenden Folgerungen die Unhaltbarkeit eines so starr gezeichneten Modells.

Dazu aber mußte von vornherein klar erfaßt werden, daß von den Verbindungen aus, in denen man noch Ionen unterscheiden darf, eine stetige Kette zu denen hinüberführt, in denen gleichwertige Atome einander gegenüberstehen. Um dies von vornherein scharf zu fixieren, habe ich für die Enden der Kette die Bezeichnungen heteropolar und homöopolar gebraucht, die schon sprachlich auf die Stetigkeit des Übergangs hinweisen. Dabei bleibt natürlich die Erinnerung an den Ionencharakter der einen Seite lebendig, und man spricht auch heute von den Stufen des Übergangs gern in der Weise, daß man etwa versucht, „Prozente des Ionencharakters" oder „Grade der Elektronegativität" zu bestimmen. Auch darin, daß heteropolarer und homöopolarer Fall nicht mehr als Gegensätze, sondern als „Grenztypen" bezeichnet werden, zeigt sich, daß die Bedeutung des Übergangs nun allgemein erfaßt ist, nachdem die vielfach vorhandene Scheu, sich bei etwas so Primitivem wie einer Erinnerung an den polaren Aufbau betreffen zu lassen, in den letzten Jahren zurückgegangen ist und auch an Radikalen die Zwischenformen mit dem Namen Mesomerie als dauernd existent anerkannt werden. Alles das sind Aussagen, die sich auf die räumliche Lokalisierung der Ladungen beziehen und gern in Zusammenhang mit dem Charakter solcher Bindungen als Dipole gebracht werden, d. h. mit einem Bild, in dem zwei entgegengesetzte Ladungen einander in bestimmtem geometrischem Abstand gegenüberstehen.

Aber schon in der heteropolaren Verbindung verlor sich in einem damals doch überraschenden Maß die Lokalisierung der einzelnen Elektronen. Nirgends sieht man sie klar nebeneinanderliegen, wie die Bausteine in manchem Gewebe, im Kristall, ja selbst im statischen Modell des Kerns.

Das innerlich bewegte Atom. In der Tat wissen wir: die Elektronen bewegen sich durcheinander. Der Übergang vom statischen zum dynamischen Gebilde greift auch in das Bild der Lokalisierung

der Bestandteile ein — die nun nicht mehr im vollen Sinn als neben-
einanderliegende „Bausteine" erscheinen. Das Problem der Raumerfüllung, der Undurchdringlichkeit, erscheint in neuem Aspekt.
Hier werden Grundbegriffe berührt. Wir haben uns in aller Schärfe
klarzumachen, daß ja die primitive Vorstellung, ein Körper, „erfülle"
einen Teil des Raums, in unserer Zeit aus den Prinzipien der Naturwissenschaft verschwunden ist. Die Atomphysik hat wiederholt,
was im 17. Jahrhundert in der Astronomie geschah. Damals war das
große Problem: Was hält eigentlich den Mond von der Erde fern
und die Planeten von der Sonne? Welche abstoßende Kraft
hindert sie, ineinanderzustürzen? Das wird durch das ganze
Jahrhundert diskutiert, bis die Lösung kommt: eine abstoßende
Kraft ist überhaupt nicht da, nur Trägheit ist im Spiel. Wir
haben uns klarzumachen, daß am Beginn der modernen Physik
der grundlegende Gedanke steht, daß der „Gegenstand" der
Außenwelt seine „Gegenständlichkeit", seinen Widerstand gegen
eine an ihm anpackende Kraft, nicht etwa als Undurchdringlichkeit
äußert, sondern als Trägheit. Nur in dieser Funktion tritt der
Körper als Gegenstand in die Prinzipien ein. Es wird der Begriff
des „Massenpunktes" möglich — das geometrische Zeichen —,
der Punkt heißt bei EUKLID $\sigma\eta\mu\tilde{\varepsilon}\iota o\nu$ — allein und eine Zahl —
die Maßzahl der Trägheit — ergeben schon den einfachsten
Gegenstand der klassischen Mechanik. Und gerade von der einfachsten Punktdynamik wird Gebrauch gemacht, um das sperrige
Gebilde, das stationäre Fortbestehen des Planetensystems zu
verstehen.

Wir führen uns das, um die Abweichung vom Statischen aufs
schärfste zu betonen, wieder in einer Gegenüberstellung vor Augen
(Abb. 5). Zunächst die *alte* Idee von KEPLER: er versucht die
Abstände zwischen den Planeten rein geometrisch zu begründen,
indem er annimmt, sie seien durch die Abmessungen der Plato-
nischen regelmäßigen Polyeder diktiert, eine völlig statische Idee,
basiert auf Raumerfüllung, kennzeichnend für die Herrschaft der
Geometrie, wie sie von der Antike als *die* exakte Wissenschaft
überliefert war. Dem stellen wir KEPLERs *spätere* Einsicht, die
dynamische, gegenüber. Seine charakteristische Lösung lautet
bekanntlich, daß die Quadrate der Umlaufzeiten sich verhalten
wie die Kuben der großen Bahnachsen. Um das mit Augen vor
uns zu sehen, idealisieren wir die Bahnen als Kreise, denken uns

die Erde einmal umgelaufen und zeichnen auf, wie weit in derselben Zeit der Mars, der Jupiter, der Saturn usw. umgelaufen ist
(Abb. 6). Ihre Endlagen bilden miteinander eine Spirale, die das
einheitliche Gesetz darstellt. Wir haben so das Zeitliche — auf
das es im Grunde ankommt — ins Geometrische übertragen und
machen davon weiter Gebrauch, um das Gesetz zu erläutern.

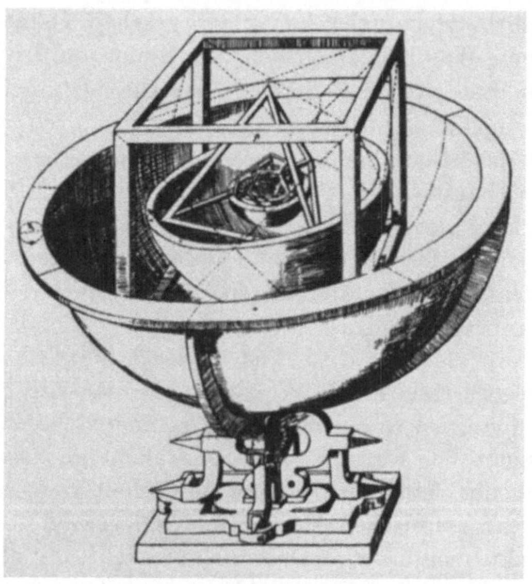

Abb. 5. Keplers erster, — geometrischer — Versuch, die Abmessungen der Planetenbahnen
als gesetzmäßig zu verstehen (Mysterium cosmographicum 1596).

Die linke Teilfigur wählt einfach Planetenbahnen aus, an denen
das Gesetz bequem nachzuprüfen ist. Wenn wiederum der innerste
gezeichnete Planet einmal umgelaufen ist, wird ein 4 mal so weit
entfernter Körper $^1/_8$, ein 9 mal so weit entfernter Körper $^1/_{27}$ und
ein 16 mal so weit entfernter $^1/_{64}$ seines Umlaufs gemacht haben.
So ist das Gesetz bequem der Kopfrechnung halber — indem
4^3 gleich 8^2 ist usw. — dargestellt. Die Spirale der Endlagen gibt
uns anschaulich die verbindliche Form, die das dynamisch Spie-
lende, Abmessungen und Zeiten, verknüpft.

Die Bahnen der Planeten (rechts) fügen sich, der klassischen
Physik gehorchend, nun mit irgendwelchen Entfernungen dem
Gesetz ein — darin äußert sich ja die Stetigkeit. Im Wasserstoff-

atom aber zeigen sich nur die realisiert, die wir (links) bequemen Rechnens halber ausgewählt hatten — die Bahnen vom Radius 1, 4, 9. In der Figur ist hervorgehoben, daß bei ihnen die gleichzeitig überstrichenen Flächen, die vom Radius und Winkel bestimmt sind, sich wie $1:2:3$ verhalten. Diese Flächen (die KEPLERschen Flächenkonstanten der erlaubten Bahnen) sind aber, da die Massen der „Planeten" hier ja gleich sind, unmittelbares Maß einer der wesentlichen Konstanten der Bewegungen: der Drehimpulse.

So zeigen sich wiederum an einer klassisch stetig zu erwartenden Größe ganzzahlige Schritte; eine Homöomerie tritt zu Tage, wie wir sie vorher an Ladung und Masse illustrierten. Die gleichwertigen „Bausteine" finden sich diesmal aber nicht an einer mengenartigen Größe, sondern an einer dynamischen. Das atomistische System zeigt nur Bewegungen, bei denen der *Drehimpuls* ein ganzes Vielfaches einer gegebenen Grundeinheit ist. Diese ist durch PLANCKs Wirkungsquantum gegeben.

Der Drehimpuls hat die Dimension der *Wirkung* — er ist nur eine unter mehreren Wirkungsgrößen, die mitein-

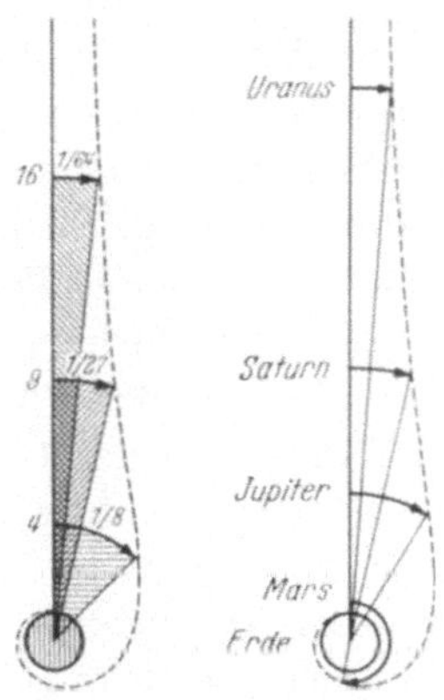

Abb. 6. KEPLERs zweite — dynamische — Deutung (Harmonices Mundi 1619): die in gleichen Zeiten zurückgelegten Bögen fügen sich der links konstruierten Spirale (drittes KEPLERsches Gesetz) ein. Im BOHRschen Wasserstoffatommodell treten nur die links benutzten Fälle auf, in denen die in gleichen Zeiten überstrichenen Flächen — und damit die Drehimpulse — sich wie $1:2:3$ verhalten.

ander die Bewegung vollständig festlegen. Größen dieser Art haben wichtige Eigenschaften der Unveränderlichkeit — nicht nur im Ablauf der Periode, wie KEPLER das zuerst an der Flächenkonstante erkannte, sondern auch gegenüber bestimmten Eingriffen, die die Umlaufszahl abändern (adiabatische Änderungen am System). Damit erfüllen sie das erste Charakteristikum, das wir oben einer Atomistik zuerkannten, sie gehen unverändert durch bestimmte Ereignisse hindurch, sie zeigen *Persistenz*, es sind, wie die hier übliche Ausdrucksweise lautet, „Invarianten" — insbesondere „adiabatische" Invarianten. Wir erläuterten oben an den Mengengrößen, daß solche unveränderlichen Größen nicht untereinander gleich zu sein brauchen. Das gilt, wie uns das Beispiel der Planetenbahnen vor Augen führt, auch für die dynamischen Invarianten. Es ist unter Umständen recht notwendig, scharf klarzulegen, welche Eigenschaften eine Größe bereits kraft zeitlicher Unveränderlichkeit besitzt. Neue Züge treten hinzu, wenn diesen Invarianten die Eigenschaften der Ganzzahligkeit, der Homöomerie, oder wie es hier heißt, der Quantisierung auferlegt werden.

Man findet öfters, daß Erscheinungen der Quantisierung zugeschrieben werden, die schon aus der Invarianz folgen. Wir bewegen uns heute in Fragen, für die scharfe Unterscheidung wichtig ist, denn erst die Homöomerie — also für diese Größen die Quantisierung — entspricht der Individuation, der wir als auffallendem Phänomen lebender Formen nachgehen.

Jede der Wirkungsgrößen der Elektronenbewegungen, deren erstes Beispiel der Drehimpuls war, ist ebenso wie er quantisiert. Die Dimension der Größe „Wirkung", um deren Invarianz und Homöomerie es hier geht, ist Energie × Zeit. Im dauernden Gebilde handelt es sich um rein periodische Bewegungen — die dafür kennzeichnende Zeitgröße ist die Periodendauer T. So wendet sich die Aufmerksamkeit der über eine Periode genommenen Wirkung zu. Man pflegt sie freilich nicht mit T zu schreiben, auf das es eigentlich ankommt, sondern nennt aus historisch begründeter Gewohnheit statt der Schwingungsdauer T gern die Schwingungszahl $\nu = \dfrac{1}{T}$. $\dfrac{E}{\nu} = ET = $ const ist also die Behauptung, die Wirkung je Periodendauer sei invariant — und das gleiche bedeutet $E = $ const $\cdot \nu$ —, die Energie ist der Frequenz proportional.

Ein einfaches Beispiel dafür ist der Mann auf dem Drehschemel, der während des Rotierens seine ausgestreckten Arme an sich zieht. Bei dieser adiabatischen Änderung nimmt die Energie der Rotationsbewegung ebenso wie die Frequenz zu, E ist proportional ν, den verbindenden Faktor bildet der konstant bleibende Drehimpuls $\mathfrak{J}$: $E = \pi \mathfrak{J} \nu$. Solch elementares, leicht rechnerisch darzustellendes Beispiel kann der auch in theoretisch anspruchsvollen Darstellungen oft anzutreffenden Idee entgegenwirken, eine Beziehung $E = $ const ν sei schon „Quantentheorie". Sie spricht nur die Invarianz von E/ν, d. h. von ET aus, ein ganz der klassischen Physik entstammendes Faktum — „Erhaltungssätze" für impulsartige Größen gehören zum klarsten, im Unterricht mit

Vorliebe vorgeführten Bestand der klassischen Mechanik —. Eine Quantisierung erscheint erst dann, wenn von solchen persistenten Größen nur bestimmte, in ganzzahligen Verhältnissen zueinander stehende Werte auftreten.

Die Einschaltung der Bewegung in die der Persistenz und Homöomerie fähigen Größen ist von so großer Wichtigkeit, daß es lohnt zu betonen, wie tief man damit in die ersten Grundlagen der klassischen Physik zurückgreift. Es ist eine der ersten Einsichten der klassischen Mechanik, daß die *Geschwindigkeit* eines Körpers mit in die Beschreibung seines „Zustandes" eingeht.

Erinnern wir uns an den Kern von GALILEIs Erkenntnissen am freien Fall: Die am Körper angreifende Kraft der Schwere bestimmt nicht, wie man bisher oberflächlich angenommen hatte, dessen Geschwindigkeit, sondern die *Änderung* seiner Geschwindigkeit. Das heißt die Geschwindigkeit gehört nicht zur zwangsläufigen Aussage der Differentialgleichung, sie bleibt als „Integrationskonstante" offen, sie darf beliebig angenommen werden, sie gehört ebenso wie die anfängliche Lage zu der willkürlichen Wahl eines „Anfangszustandes", von dem aus das Spiel der Kräfte dann den weiteren Ablauf zwangläufig bestimmt. So wie der Ort des Abwurfs beliebig gewählt werden kann, steht auch die Geschwindigkeit offen, mit der man den Körper abschleudert — erst was nun anschließt, die Beschleunigung im Fall, ist eindeutig durch die Schwerkraft bestimmt. So zählt denn in NEWTONs klassischer Formulierung des GALILEIschen Trägheitssatzes — in NEWTONs erstem „Axiom" — das „moveri uniformiter" zum „status", der bestehen bleibt, wenn vires „impressae", von außen anpackende Kräfte, fehlen. Das überträgt sich vom einzelnen Massenpunkt auf das System. Aus der Aussage für die Translation des einzelnen Massenpunktes werden für Systeme aus Massenpunkten, in denen nur innere Kräfte wirken, „Erhaltungssätze" abgeleitet, die ebenfalls aussagen, daß bestimmte die Bewegung beschreibende Größen unverändert bestehen bleiben, solange es an bestimmten äußeren Einwirkungen fehlt. Zu ihnen gehört als einfachste, in KEPLERs Flächensatz zuerst aufgetretene Größe der Drehimpuls eines von inneren Kräften gegen die auseinanderführenden Trägheitswirkungen zusammengehaltenen bewegten Systems.

Daß ein atomistisches System als „Gegenstand" wirkt, der einen gewissen Raum „erfüllt" und damit in bestimmter Weise als Baustein neben anderen Bausteinen lokalisiert werden kann, rührt also von seiner inneren Bewegtheit her. Das blieb auch erhalten, als sich mit den Einsichten von DE BROGLIE und SCHRÖ- DINGER die scharfe Lokalisierung des einzelnen Elektrons noch weiter auflöste. Zwar bleibt der Begriff des Elektrons als Massen- punkt in bestimmten Gedankenschritten konserviert, die mathe- matische Handhabung der ψ-Funktion aber arbeitet ganz ent- sprechend den klassischen Wellengleichungen mit völlig stetiger räumlicher Verteilung. Die Homöomerie der Menge erscheint nun in der Form, daß eine „Normierungsbedingung" eingeführt wird: Die gesamte anwesende elektrische Ladung muß gleich der Elementarladung — oder einem ganzen Vielfachen von ihr — sein. Die BOHRsche Auswahl von Quantenzuständen ist durch die Ermittlung von Eigenlösungen ersetzt — auf der Mengen- seite aber bleibt es bei der Auswahl: nur ganzzahlige Viel- fache von e_0 sind „erlaubte" Ladungen. Die Homöomerie, sonst ganz unmittelbar mittels der Teilcheneigenschaften eingeführt — es wird gleiche Masse, gleiche Ladung, gleicher Drehimpuls, gleiches magnetisches Moment verlangt — erscheint hier am Er- gebnis einer räumlichen Integration, etwa über die Ladungsdichte. Indem an Atomen mit mehreren Elektronen die Ladungswolken überlagert werden, geht die getrennte Unterbringung des einzelnen noch mehr verloren als am Bild der einander durchkreuzenden Planetenbahnen, an die man vorher in Fortsetzung des BOHRschen Wasserstoff-Planetenmodells denken konnte.

Wir erinnern kurz daran, wie ungeheuer fruchtbar sich der Gedanke, Homöomerieerscheinungen als Lösungen von Eigen- wertproblemen anzufassen, erwiesen hat, von den alten SCHRÖ- DINGERschen Beispielen der Terme von Atomspektren bis zu der Frage nach der Homöomerie der Elementarteilchen, die heut- zutage interessiert. Um das Auftreten der Nucleonen, Mesonen, Elektronen zu verstehen, wird immer wieder versucht, ihre Kenn- werte als Glieder von „Spektren" zu fassen, d. h. auf irgendeiner dy- namischen Basis die Existenz gerade dieser Massen, dieser Drehim- pulse usw. als stationäre Lösungen von Differentialgleichungen zu finden, in denen Energie und Impulse erscheinen. Diese Grundbe- griffe der Dynamik werden immer ins Spiel gebracht — auch da, wo man von jedem scharf gezeichneten, an makroskopische Physik erinnernden Bilde weit abrückt. Man rechnet, soweit sich sehen läßt, allgemein damit, daß die alte Frage, wie es im Gebiet der Atomistik zur Bildung gleichartiger Teilchen (zur Homöomerie) kommt, mit Hilfe einer Dynamik beantwortet werden wird. Eine dominierende Rolle der Dynamik steht aber in ihren begrifflichen Möglichkeiten der biologischen Problematik näher als alles ältere, das rein statisch angelegt war. Daß am lebenden Stoff auch das *Bestehen* von Formen als stationärer Zustand inmitten dauernden Geschehens zu gelten hat, ist ein vertrauter Gedanke[1].

Überatomare Individuation. Wir wenden uns von diesem in die Tiefe führenden Wege jetzt ab und dem Problem zu, das beim Gedanken an lebende Strukturen vor Augen steht: Gut, in der Tiefe der Atomistik finden wir Individuationen — aber wie werden sie nach *oben* hin wirksam ? — Hier, in der Wiederholung gleichartiger Gebilde, die aus kleineren *zusammengesetzt* sind — bis zu den Vielzellern hinauf — liegt die Erscheinung, von der wir ausgingen.

Welche Möglichkeiten bietet der Zusammenbau ? — Ganz klar schiebt sich sofort der geregelte Zusammenbau gleichartiger Partner, der *Kristall*, in den Vordergrund. Er ist, indem er in den Richtungsgesetzen seiner Flächen und Kanten die Ordnung seiner atomaren Bausteine bis ins Greifbare und Sichtbare hinauf festhält, das eindringlichste Zeugnis von Homöomerie überhaupt. Die Möglichkeit der strengen Periodizität des Kristallgitters ruht auf der Gleichheit der Teilchen seiner Bausteine.

Der fehlerfreie Kristall ist daher stets auch ein *reiner* Stoff mit dem ganzen Gewicht, das diesem Begriff zukommt. Kristallisieren ist eines der schärfsten Mittel zu reinigen — vom alten Fraktionieren, bei dem die Fremdstoffe in der Mutterlauge zurückbleiben, bis zum heutigen Zonenschmelzen, bei dem man durch einen schon monokristallinen Stab immer aufs neue Schmelzzonen hindurchführt und die Fremdstoffe weiter und weiter aus dem immer neu sich bildenden Gitter davontreibt. Das Kristallgitter ist — im Gegensatz zu Flüssigkeit oder Gas — grundsätzlich ohne Temperaturbewegung denkbar. Immer wieder ist man auch inmitten der Rechnung formal an diesem Grenzfall interessiert — er ist das Gegenspiel zu dem rein von der statistischen Mechanik der trägen Massen beherrschten idealen Gas.

---

[1] Vergleiche als jüngste prägnante Zusammenfassung maßgebender Züge die an eine Äußerung E. KNOOPS anknüpfende Einleitung zu einem gerade publizierten Vortrag A. BUTENANDTs: Naturwiss. **42**, 141 (1955).

Die bindenden und ordnenden Kräfte sind natürlich an den heteropolaren Kristallen am besten zugänglich. Es steht hier wiederum so wie bei der Bildung der Moleküle: Dort bei den Grundfragen der Wertigkeit und der Konstitution der einfachsten chemisch gesättigten Atomgruppen waren es die extrem polaren Verbindungen, die mit der Entschiedenheit ihres Elektronenaustauschs uns den Weg zum Verständnis des Periodischen Systems bahnten, das Aufbau- und Abschlußprinzip ergaben und damit Grundsätze lieferten, die auch für die weniger entschiedenen polaren Verknüpfungen — für die „Verschränkungen‟ der Elektronengebäude ineinander, wie wir damals sagten — als Leitfaden dienen. Beim Festkörper sieht man sich der analogen Lage gegenüber. Auch hier sind die Salzkristalle am leichtesten zu begreifen. Sie schließen sich einfach der Komplexbildung an, die schon bei den ersten Betrachtungen zum Periodischen System so wichtig war.

Fragt man nun hier ebenso wie damals nach Größe und Verteilung der Kräfte, so wird man überrascht davon, welch selbständige Rolle dabei vielfach den *geraden Ketten* von Atomen zukommt. So zeigt sich die Würfelkantenkette des Steinsalzgitters schon rechnerisch als bevorzugtes Gebilde. Dem entspricht die Erfahrung der Kristallographen, daß vielfach Flächen einer „Zone‟ miteinander auftreten — eine Gesellschaft von Flächen, die eine bestimmte Kette enthalten und in Kanten zusammenstoßen, die diese Kette enthält. Gibt man, wie wir es gerne tun, dem Einkristall die Form einer Kugel, die wir weiter wachsen lassen oder ätzen, so zeigt sich (Abb. 7) die dominierende Rolle einer Kette in der hübschen Form, daß zusammenhängende Gürtel sich abzeichnen, die längs größter Kreise liegen. Sie zeigen an, daß alle Orte, an denen eine bestimmte Kette frei in der Oberfläche liegt, gleiches chemisches Schicksal erleiden.

Wer nun die bedeutende Rolle linearer Anordnungen in den lebenden Gebilden, die Struktur der Polypeptidketten, die Aufreihung der Gene als weitere Aufgaben im Hintergrunde spürt, wird besonders gut verstehen, daß man auch in der Atomistik der unbelebten Welt zunächst dem *einfach* periodischen Gebilde, der Kette im Kristallgebäude, seine Aufmerksamkeit zuzuwenden hat.

So ergibt eine Steinsalzkugel beim Wachsen Zonengürtel, wie sie in Abb. 7 unten links skizziert sind und verrät damit die

entscheidende Rolle der Würfelkantenkette. Unter bestimmten
Zusätzen, wie etwa Glykokoll, nehmen diese Gürtel erhebliche
Breite an, wobei zugleich die Kettenrichtung als Kante kräftiger
Stufen hervortritt. Die Abb. 8 und 9 zeigen die Wirkung der
anderen unter den kubischen Gittern besonders wichtigen Kette,
der Kette kleinsten Abstandes in flächenzentriert kubischen
Metallen, wie Al, Cu, Ag, Au der Würfel-Flächendiagonale an
einer Kupferkugel, die mit Salpetersäure geätzt wurde und nun

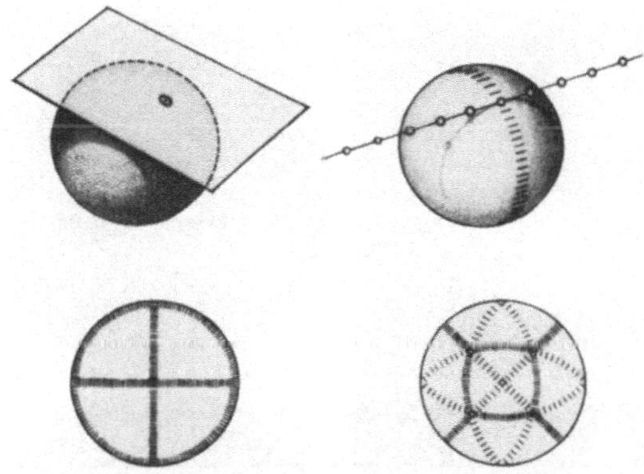

Abb. 7. Oben: Eine Kristallfläche (links) findet sich auf der Einkristallkugel stets nur an
einem Punkt, ihrem „Pol" vorgebildet, eine Kristallkette (rechts) stets auf einem ganzen
um die Kugel führenden Großkreis: ihrer „Zone".
Unten: Zonen zweier wichtiger Ketten kubischer Gitter: links Würfelkante (Steinsalz),
rechts Flächendiagonale (dichtest gepackte kubische Gitter, Al, Cu, Ag, Au).

Zonenkreise der dichtesten Kette (Flächendiagonale) aufweist.
Von diesen zeigen sich aber je nach dem Lösungsbegleiter verschiedene Teile — die obere Reihe, die mit Silberzusatz entstand,
enthält die Teile, die vom Oktaederpol zum Rhombendodekaeder-
pol führen, die untere mit Quecksilberzusatz die ergänzenden
vom Oktaeder- zum Würfelpol führenden Teile der Großkreise.
Das führt zu charakteristischen „Ätzzeichnungen". Es sieht im
ersten Fall so aus, als stecke in der Kugel ein Würfel, im zweiten
scheint er ein Rhombendodekaeder zu enthalten.

Eine Reihe weiterer Erscheinungen bestärkt die Einsicht,
daß selbst in hochsymmetrisch gebauten Kristallgittern die Kette
als selbständiges Bauelement hervortreten kann.

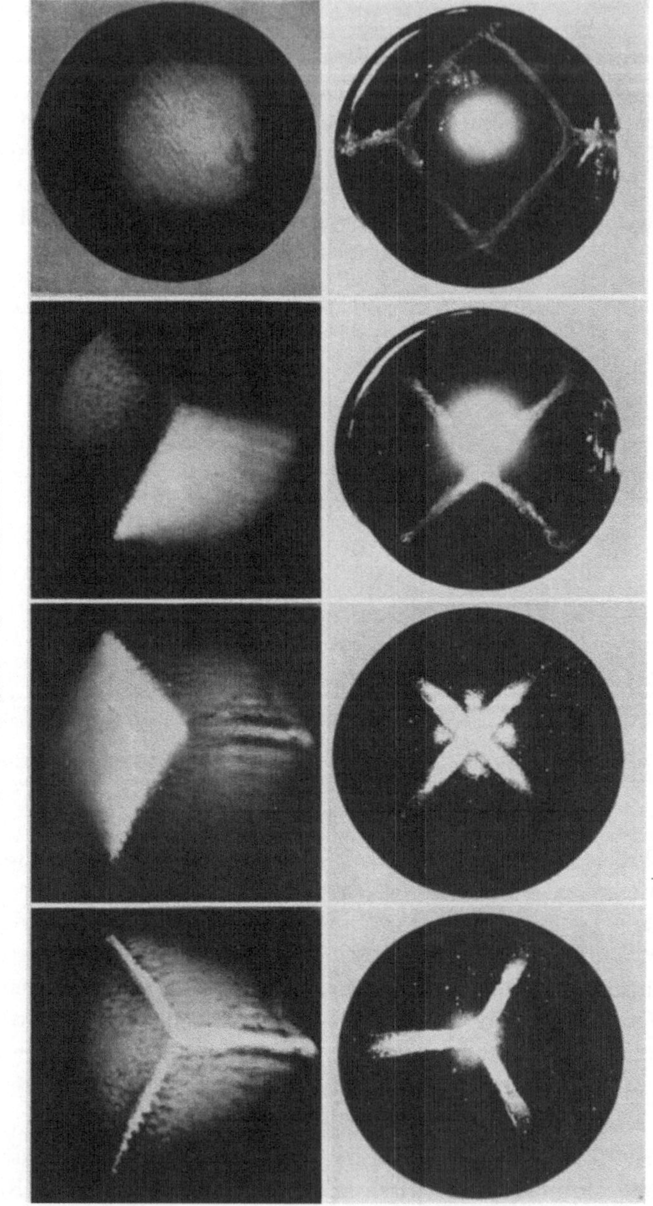

Abb. 8. Cu-Ätzung mit Salpetersäure, Zusatz von Silber.

Abb. 9. Das gleiche mit Zusatz von Quecksilber.

Für das heutige Thema interessierten vor allem die Kräfte in der Kette selbst, und zwar gerade dann, wenn die Kettenglieder einander gleichwertig sind. Natürlich treten auch hier Aufgaben auf, in denen wie bei den Aminosäuren an den Einzelgliedern positive und negative Gruppen vorhanden sind, mit denen sie einander binden. Allein grundsätzlich muß hier zuerst der dem Material nach einfachste Fall behandelt werden, in dem die Glieder einander gleich sind und keinerlei Grund besteht, sie als abwechselnd geladen zu erklären: die homöopolare Bindung. Wie werden gleichgebaute Systeme, in denen elektrostatische Anziehungen und Trägheitskräfte der inneren Bewegungen einander das Gleichgewicht halten, aufeinander einwirken, sobald sie einander so nahekommen, daß ihre Streufelder merklich ineinandergreifen?

Koppelungskräfte. Man hat zwei innerlich *bewegte* Systeme vor sich: Mit den Lagenenergien ruhender Ladungen wird man hier nicht auskommen, die Änderungen der kinetischen Energien, die Trägheitswirkungen der inneren Bewegungen werden ins Spiel kommen, und man weiß von der Mechanik der Kreisel her, daß sie recht überraschende Wirkungen zustande bringen können.

Dort steht, wenn äußere Kräfte eingreifen wollen, stets die Reaktion des hohen Drehimpulses im Vordergrund. Auch hier geht es um ihn, da er, wie besprochen, als Wirkungsgröße zu den Invarianten, den persistenten Größen gehören kann. Hier haben wir die Frage zu stellen, wie es mit dem Auftreten von Kräften steht, wenn zwei in gemeinsamer rein periodischer Bewegung befindliche Partner einander genähert oder voneinander entfernt werden sollen. Werden zwischen ihnen „bindende" oder „abstoßende" Kräfte auftauchen? Da in einem von reinen Lagenkräften zusammengehaltenen System mittlere kinetische Energie und Gesamtenergie fest verknüpft sind, kommt es auf die oben behandelten Beziehungen von E und v an. Die stetige Änderung des Abstandes gehört zu den „adiabatischen" Eingriffen, sie ändert den gesamten Drehimpuls nicht ab. Es geht, wie oben geschildert: Die Größe ET oder $\dfrac{E}{v}$ bleibt erhalten: die mit der Abstandsänderung verknüpfte Änderung $\varDelta v$ der Frequenz — die Frequenzverschiebung durch Koppelung — wird von einer ihr proportionalen Änderung der Energie begleitet sein

$\Delta E \sim \Delta v$. Energieänderung bedeutet aber, daß Arbeit geleistet oder entnommen wurde: die Abstandsänderung ist *Kräften* begegnet.

Das folgt aus der *Persistenz* der Größe Wirkung. Eine Homöomerie, eine Quantisierung kommt nicht vor. Diese Kräfte gehören zu den Erscheinungen, die am klassischen System mit Notwendigkeit auftreten.

Man hat, als man Analogem beim Rechnen an quantenmechanischen Modellen begegnete, gern erklärt, das sei etwas völlig Neues, ein „typisch quantenmechanischer Effekt", dem gegenüber „die klassische Mechanik versage" und der überhaupt eigentlich erst die chemische Bindung erkläre. Eine nüchterne Betrachtung findet ihn aber bereits in der klassischen Physik als Folge ganz allgemeiner Erhaltungssätze und staunt nicht darüber, daß er sich ebenso zeigt, wenn das $\mathfrak{J}$ in der Atomwelt nur als ganzzahliges Vielfaches eines von h gegebenen Grundwertes auftritt. Ebenso wie die Elektrizitätsmenge e ihre bezeichnenden Wirkungen behält, wenn man feststellt, daß jede vorkommende Elektrizitätsmenge ein ganzes Vielfaches von e_0 ist, geht es hier mit der Wirkung.

Wie kam es dazu, daß man glauben konnte, derlei gebe es in der klassischen Physik nicht? — Augenscheinlich hat es eine wesentliche Rolle gespielt, daß man annahm, alles erledige sich durch Betrachtung des bekannten Modells zweier Pendel, die durch eine elastische Feder gekoppelt sind.

Diesem primitiven, gewohnten Beispiel fehlt indes der entscheidende Zug. Ändert man nämlich dort die Entfernung zwischen zwei Pendeln, die durch eine Feder verbunden sind, so ändern sich zwar die Ruhelagen, aber die Kraft, die am zweiten Pendel auftritt, wenn das erste um 1 cm abgelenkt wird, ändert sich nicht, da man annimmt, die Feder wirke streng elastisch, man bleibe innerhalb des Hookeschen Gesetzes. So ist hier der Kopplungskoeffizient *unabhängig* von der Entfernung — die Kopplungsfrequenzen sind es ebenfalls. Das ist der Punkt, auf den es ankommt und in dem das gewohnte Pendelmodell verfehlt ist. Infolge seiner bequemen, aber von der Struktur stetiger Kraftfelder abweichenden Einrichtung treten die charakteristischen Kräfte nicht auf. Sie erscheinen, sobald wir die Koppelung so einrichten, daß sie, wie das für Feldkräfte gilt, mit wachsender

Entfernung schwächer wird (Abb. 10). Hier sind die beiden Pendel an Rädern so aufgehängt, daß sie vor- und zurückschwingen, außerdem aber anziehenden und abstoßenden Kräften folgen können. Ein glatter Kunststoff-Faden geht durch zwei Öffnungen in ihnen hindurch und wird außen durch Federn gespannt. Er sucht, wenn ein Pendel schwingt, das andere mitzunehmen. Diese Kopplungskraft hängt von der Entfernung ab: die Einwirkung ist um so stärker, je näher sie einander stehen. Diese

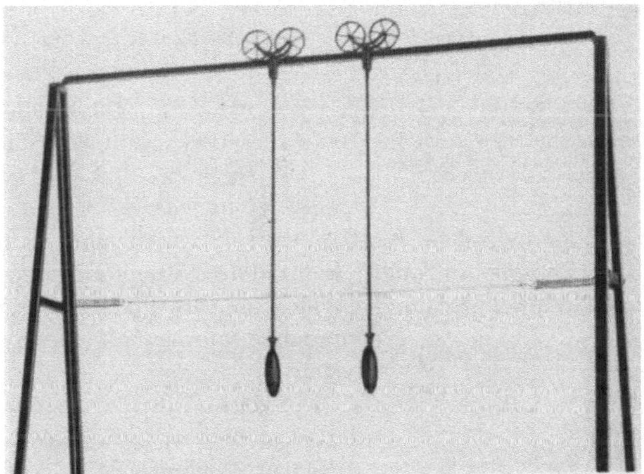

Abb. 10. Gleiche Pendel, deren Koppelung von ihrem Abstand abhängt.

Tatsache der Entfernungsabhängigkeit ist das Entscheidende. Der Grundriß macht sie deutlich (Abb. 11) und zeigt zugleich an den Pfeilen der vom Faden ausgehenden Drucke, warum die Pendel aufeinander zurollen, wenn man beide zugleich nach vorn in Schwingung bringt (symmetrische Grundschwingung) und auseinander, wenn man das eine nach vorn, das andere zugleich nach hinten schwingen läßt (antimetrische Grundschwingung).

Was hier so elementar sichtbar wird, ist völlig allgemein. Man kann gerade so gut (Abb. 12) unmittelbar durch Feldkräfte, etwa elektrodynamisch vorgehen. Zwei gleiche Schwingungskreise, die man magnetisch koppelt, zeigen ebenfalls zwei einfache Schwingungen. In der symmetrischen (Ströme gleichsinnig) ziehen sie einander an, stoßen einander in der höherfrequenten antimetrischen (Ströme gegensinnig) ab. Folgen sie den Kräften, so gehen Energieinhalt und Frequenz proportional miteinander herunter.

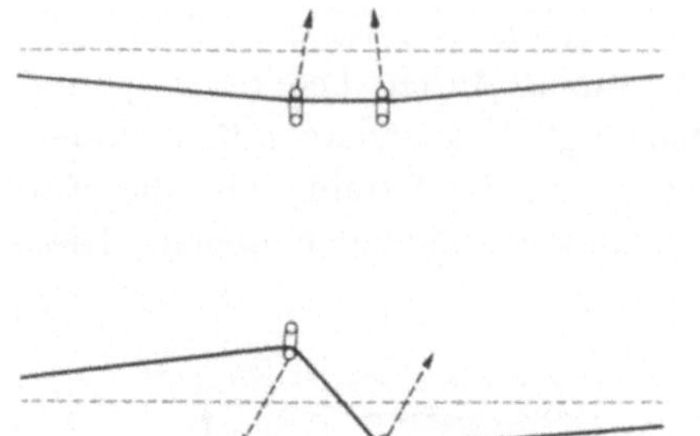

Abb. 11. Wirkungsweise der Koppelung für die beiden reinen Grundschwingungen: in symmetrischer Bewegung (oben) sind die Resultanten der Kräfte einwärts, in antimetrischer (unten) auswärts gerichtet.

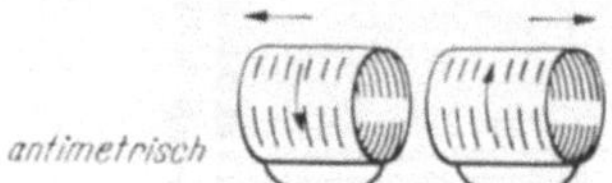

Abb. 12. Zwei Spulen in den Grundschwingungen und bei deren Überlagerung.

Resonanz und Bindung. Es wird die Frage gestellt werden: Wie stehen dazu die vielberufenen Begriffe „Resonanz" und „Austausch"? Auch da müssen wir gewisse begriffliche Unterscheidungen fordern, die nicht immer eingehalten werden. „Re"sonanz bedeutet „Mit"schwingen — es heißt, daß ein schwingungsfähiges System einer anregenden periodischen Kraft ausgesetzt wird und dann am schnellsten Energie aufsaugt, wenn deren Frequenz mit seiner Eigenfrequenz übereinstimmt. Was kann dies Phänomen für den inneren Zusammenhalt eines Systems bedeuten?

Der reine Fall einer Resonanz ist dann gegeben, wenn Energie in Form eines periodischen Kraftfeldes heranströmt, während das davon gespeiste „resonanzfähige" System zugleich dauernd Energie nach anderer Richtung — durch Reibung, durch Ausstrahlung — abgeben muß. Indem diese Abgabe so weit ansteigt, daß sie der Zulieferung das Gleichgewicht hält, reguliert sich das System auf eine gleichbleibende Amplitude ein, die um so höher liegt, je näher die anregende Frequenz der Eigenfrequenz kommt. Der Verlauf der so erreichten Amplituden mit der Frequenz bildet die „Resonanzkurve".

Im Resonanzvorgang geht es also gar nicht um den Dauerzustand eines abgeschlossenen Systems, sondern um ein System,
das, nach beiden Seiten offen, von Energie durchströmt wird.
Vor allem interessiert dabei das Aufschaukeln, das Ansaugen von
Energie aus der herankommenden Bewegung — sehr oft wird
allein daran gedacht. Das geht so weit, daß man oft der Ansicht
begegnet, auch in einem System von zwei gleichen Pendeln müsse
stets Resonanz in diesem strengen Sinn einer Energiewanderung
stattfinden — stets rege ein Pendel das zweite an, werde dann
wieder von diesem angeregt und so fort —, ein dauernder „Austausch“ sei für ein solches System bezeichnend. Der Versuch,
bei dem man in einem solchen Paar nur ein Pendel anstößt und
nun die Energie hin- und herwandert, ist freilich das einfachste,
was man an ihm vornehmen kann — der Vorgang aber, den man
damit einleitet, ist *komplex*. Die einfachsten Vorgänge werden
eingeleitet, wenn man beide Pendel zugleich und gleich weit auslenkt. Ob man sie nun in gleicher Richtung oder in entgegengesetzter Richtung auslenkt — auf jeden Fall setzt eine Bewegung
ein, in der beide Partner die ihnen am Anfang gegebene Amplitude
dauernd beibehalten. — Keine Rede von Austausch. Man hat
Bewegungen von einfacher Periodizität. Die Frequenz ist im
zweiten (antimetrischen) Bewegungstyp höher als im ersten, da
jetzt das Koppelungsorgan gespannt und gestaucht wird, die
Direktionskraft also höher ist, als in der ersten (symmetrischen)
Bewegung, bei der es im gleichen Sinn von den beiden Pendeln
hin- und hergetragen wird. Finden beide Bewegungen zugleich
statt, so kommt es wegen der Verschiedenheit ihrer Frequenz zu
Schwebungen, in deren Minima, wenn obendrein die Amplituden
gleich sind, die einzelnen Pendel abwechselnd ganz zur Ruhe
kommen. Das ist also die Bewegung, die man einleitet, wenn man
ein Pendel allein anstößt: die Überlagerung der *beiden* Grundschwingungen des Systems mit gleicher Amplitude. Demgemäß
heben einander die Kräfte im Mittel auf. Im strengen Fall der
scharfen Resonanz, des vollständigen Austauschs *fehlt* die bindende oder abstoßende Kraft zwischen den Partnern.

Dieses Verschwinden der Kraft bei Resonanzfrequenz demonstriert man gut auch an elektromagnetischen Kreisen. Eine
induzierende Spule stößt die Spule eines beweglich aufgehängten
Schwingungskreises ab oder zieht sie an, wenn die in ihr gegebene

Wechselstromfrequenz über oder unter dessen Eigenfrequenz liegt. Im Augenblick, da man die Resonanzfrequenz passiert, verschwindet die von Anziehung zu Abstoßung wechselnde Kraft, eine als Nullmethode besonders empfindliche Form des Abstimmens.

Mit dem gern gebrauchten Wort „Resonanzkräfte" hat man also vorsichtig umzugehen. Man darf sagen, daß Partner, die aufeinander abgestimmt, also zur Resonanz, zu einem vollen Austausch *fähig* sind, auch Systeme bilden können, in denen sie einander eindeutig anziehen oder abstoßen. In diesen mit konstanter Amplitude und einheitlicher Schwingungszahl ablaufenden inneren Bewegungen — der symmetrischen und der antimetrischen — findet aber keine Energiewanderung, kein Austausch statt, also keine echte Resonanz, man nennt sie besser *Kon*sonanzen. Sie sind unabhängig voneinander, können jede für sich in Gang gebracht werden und laufen unverändert weiter, sie bedeuten also jetzt die persistenten Bewegungsarten. Jede ist ein dynamischer „status uniformiter movendi" im Sinn der Newtonschen Axiomatik. Die Bewegungen der beiden Partner aber — der Pendel etwa — haben ihre Selbständigkeit verloren —, stößt man eines an, so bleibt es nicht allein in Bewegung, wie das vor der Koppelung selbstverständlich war.

Die Verlagerung der Individuation. Die Individuation hat sich also in einer ganz sonderbaren Weise verschoben: vor der Koppelung sahen wir zwei gleiche periodisch bewegte Mechanismen — klar dem Ort nach unterschieden, scharf lokalisierbar. Nach der Koppelung haben wir wieder zwei unabhängig in Gang zu bringende und weiterlaufende Bewegungsarten, also mit vollem Recht zwei dynamische „Individuen" — aber jede von beiden umfaßt jetzt das ganze System. Damit ist etwas aufgetreten, was nur dynamisch möglich ist und augenscheinlich für unser Interesse am Aufbau größerer Ganzheiten die höchste Aufmerksamkeit verdient.

Wir betonen sogleich die Allgemeinheit dieses Phänomens, wir gehen zu mehr als zwei Partnern über. Eine Kette gekoppelter Pendel (Abb. 13) zeigt so viel selbständige persistente Bewegungsarten, als sie Glieder enthält. Die Grundrisse lassen sogleich eine wesentliche Beziehung erkennen: sie gleichen den Grund- und Oberschwingungen einer Saite. In der Tat erhielte man dieses

System von Eigenschwingungen, wenn die Pendelmassen —
ohne Fäden, ohne Mitwirkung der Schwere — allein durch die
koppelnden Federn zu einem linearen Gebilde verknüpft wären.
Da die Federn schwach sein sollen, liegen diese Eigenfrequenzen
des Koppelungssystems natürlich niedrig; gegenüber der Eigenfrequenz der Pendel bringen sie nur geringe Verschiebungen, sie
bilden um sie, spektral gesprochen, eine Feinstruktur. Die Eigenfrequenz der Pendel „spaltet" durch die Koppelung zwischen
ihnen in so viel Komponenten „auf", als Partner vorhanden sind.

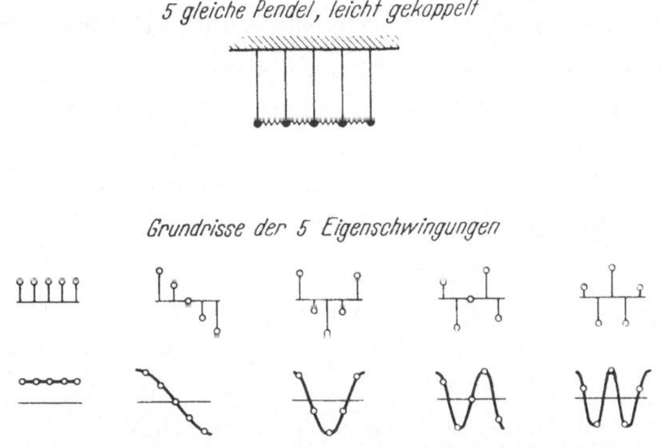

Abb. 13. Kette gleicher Pendel und Grundrisse der Eigenschwingungen des Systems von
Massen und Koppelungsgliedern, die sich an den Pendeln selbst als Feinstruktur über deren
Eigenschwingung lagern.

In Anbetracht der großen Wichtigkeit, die wir in unserem
Aufgabenkreis dieser Erscheinung zuschreiben müssen, erscheint
es besonders glücklich, daß R. Mecke soeben in Versuchen,
deren Publikation im Gange ist, die hier besprochene Erscheinung
an einem Material von beispielhafter Einfachheit im molekularen
Bereich — an organischen Kettenmolekülen, zuerst einfachen
Paraffinketten — gezeigt hat: Die Eigenschwingungen einer
bezeichnenden Gruppe, die sich kettenartig wiederholt, spalten
in eine Anzahl von Komponenten auf, deren Zahl mit der Zahl der
Kettenglieder übereinstimmt.

Charakterisieren wir die Erscheinung möglichst allgemein,
so ist zu sagen, daß n Partner, die fern voneinander als gleichartig
erscheinen und von denen man, wenn man sie statisch zusammen-
baut, erwarten sollte, daß sie als n „Bausteine" nebeneinanderliegen — für sich unverändert und jeder für sich entfernbar —

4*

mit der Bindung aus der rein statischen Beschreibung ihres Schicksals mittels Lagekoordinaten verschwinden und einen Übergang in den Raum der Impulse notwendig machen, indem sie sich zu einem System von n Bewegungen umwandeln, deren jede für sich allein dauernd fortzubestehen vermag — so selbständig wie vorher die Translation eines einzelnen Partners —, deren jede aber das ganze System erfaßt. Man hat eben so viel „Individuen" wie vorher, eben so viel Bewegungsarten, die sich unabhängig voneinander in Gang setzen lassen, aber die Individuation hat sich zu einer Erscheinung am Ganzen transformiert.

Es wird also der als notwendig empfundene, aber meist höchst nebelhaft bleibende Begriff der „Ganzheit" berührt; er hat hier einen scharf definierten Sinn. Ebenso kann man, wenn man will, dem ebenfalls gern diskutierten, aber ebenfalls meist leer bleibenden Satz, daß „ein Ganzes mehr sein könne als die Summe seiner Teile", hiermit einen Inhalt geben.

In einer nüchternen Abwägung der Einzelschritte, die beim Übergang aus der Welt des Atoms in die des lebenden Stoffs notwendig sein werden, ist dies als ein Schritt anzuerkennen, der vorwärts führt. Er entwickelt sich mit Notwendigkeit aus den dynamischen Eigenschaften der Partner. Schon allein die Persistenz — die Invarianz — bestimmter dynamischer Größen läßt ihn auftreten — ein besonderes *Maß* der Invarianten, eine Ganzzahligkeit, Homöomerie, Quantisierung, mag hinzukommen, ist aber nicht Vorbedingung. Er ist, so beliebt diese Vorstellung sein mag, noch kein spezifisches Ergebnis der Quantenmechanik — um der Sauberkeit der Unterscheidung willen haben wir Wert darauf gelegt, ihn stark an klassischen Vorgängen zu demonstrieren.

Wachstum und Reduplikation. Um zu beurteilen, wie weit dieser Schritt führen kann, richtet sich die Aufmerksamkeit nun auf einen der eigentümlichsten Vorgänge am lebenden Stoff: auf das Wachstum. Hat das dynamische Modell besondere Züge, die gerade dafür von Bedeutung sein können?

Am Kristall behandeln wir das Wachstum zunächst einfach statisch: Welcher der bereitstehenden Bausteine ist anzulagern, wo am Gitter ist er anzulagern? Das sind die Fragen, die man in unseren gewohnten molekularen Betrachtungen zum Kristallwachstum stellt und damit zu beantworten sucht, daß man jeweils den Vorgang wählt, der am meisten Energie liefert. Es zeigt sich, daß man so zu geregelter Fortsetzung des Gitters kommt, es zeigt sich auch, daß dabei oft die Kette bevorzugt wird. Über den einzelnen Stoff hinaus zeigt sich auch die *Verknüpfung* von Gittern, die sich miteinander oder eines auf dem anderen abscheiden — die „Epitaxie" — oft klar von Abmessungen und Ladungsverteilungen im Gitter bestimmt. Alle Überlegungen richten sich dabei stets auf die engste Nachbarschaft des anzufügenden Bausteins — bleiben, wenn man so will, im Chemischen befangen. Damit ist ohne Zweifel bereits biologisch Wichtiges berührt. Wenn etwa, um das der molekularen Welt Nächststehende heranzuziehen, Virusteilchen, in eine Zelle eingedrungen, dort das zu deren Fortbau bestimmte Eiweiß zwingen, sich nach ihrem Muster zu ihresgleichen zu ordnen, liegt die Analogie zum Wirken eines Impfkristalls vor Augen, der bereitliegendes molekulares Material anschießen läßt. Und der lineare Bau der Proteine läßt nicht darin zweifeln, daß auch hier der Anbau längs der Ketten wesentlich ist.

So nahe man hier der Begriffswelt der reinen Chemie und Gitterbildung kommt, sie reichen nicht hin —, was sich schließlich ergibt, geht über Molekulares hinaus. Während die am Kristallgitter wachsende Kette am Kristallkörper verbleibt, vermögen die neu entstandenen Virusteilchen — mehr als Moleküle oder Einzelketten — sich von dem als Matrize dienenden älteren abzulösen. Mit der Autoreduplikation aber, mit Wachstum und Teilung hat man zum ersten Male die Erscheinung vor sich, die sich auf höheren Stufen, an verwickelteren Gebilden — am Chromosomenfaden des Zellkerns, an der Zelle als Ganzem — wieder und wieder findet: dieser Vorgang — das „omnis cellula e cellula" des vorigen Jahrhunderts — liegt dem Auftreten gleichartiger Formen in der belebten Welt zu Grunde — der Erscheinung, von der wir ausgingen.

Wir berühren damit wieder die Tatsache, daß eine Individuation, wie sie in den atomistischen Abmessungen *aller* Materie zukommt, in den lebenden Organismen mit *über*molekularen Abmessungen zutage tritt.

Wie steht es damit an den am besten geordneten Gebilden der unbelebten Welt? Gibt es am Kristall Anzeichen für die Bildung oder gar den Abschluß größerer Gesamtheiten? —

Man wird sagen: Nun ja, wir führen überhaupt die ganze Tendenz
der Kristallgitter, glatte Flächen und Kanten bis ins Sichtbare
hinauf zu entwickeln, darauf zurück, daß das Wachstum im Gitter
eine Art von Autokatalyse der Ketten und Netzebenen zeigt.

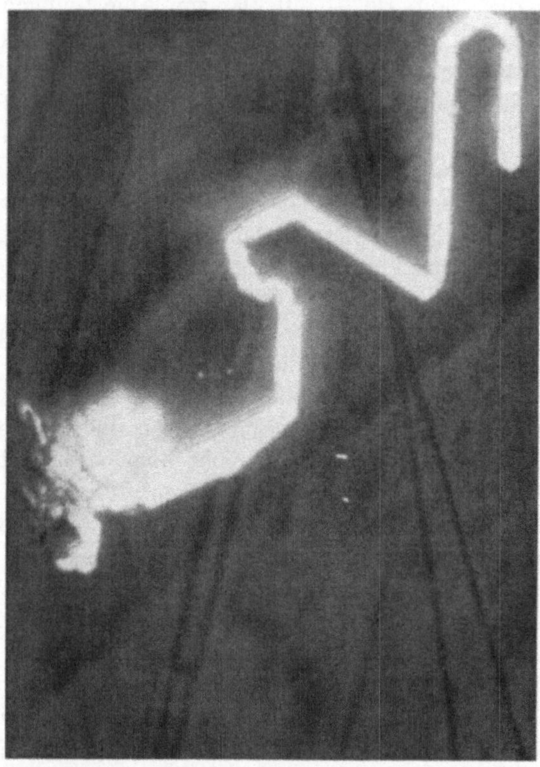

Abb. 14. Silberkristallfaden von wenigen μ Durchmesser, elektrolytisch abgeschieden. Aufnahme K. Walz. Der Faden hält die am Anfang gegebene kristallographische Orientierung fest, auch wenn er die Richtung ändert, in der er anlagert.

Sie zu beginnen, bringt wenig, sind sie aber erst einmal angelegt,
so sind die energetischen Bedingungen, sie in wiederholbaren
Schritten fortzuführen, günstig. Aber gerade dies Prinzip, das
den Kristall bis zu beliebiger Größe fortzuführen erlaubt, entbehrt
die Beschränkung auf bestimmte Abmessungen, das erste Er-
fordernis, einander gleiche Formen auftreten zu lassen.

Zwar treten auch am Kristall öfter zusammenhängende Schichten von weit mehr als molekularen Abmessungen auf: bevorzugte Kristallflächen wachsen oft in Stufen von sichtbarer Dicke — also in Schichten von Tausenden von Netzebenen. Man hat daher oft nach „Überstrukturen" gefragt — allein es hat sich nie ein zwingender Nachweis oder ein zwingendes theoretisches Argument ergeben, derlei für einen reinen Stoff anzunehmen. Offenbar müssen Störungen, Fremdstoffe und Baufehler eingreifen. Wir geben für diese gröberen Strukturen ein Beispiel neuer Art.

In der Absicht, das nach der Molekulartheorie stoßweise ablaufende Kristallwachstum auch von dieser zeitlichen Seite zugänglich zu machen, haben wir das elektrolytische Wachstum feiner, nur wenige Mikron starker Silber-Einkristallfäden untersucht. Sie halten über weite Strecken, über Knicke hinweg, die krystallographische Orientierung fest — was ausgezeichnet mit elektronenmikroskopischer Erfahrung über das Rekrystallisionsvermögen des Silbers übereinstimmt. In der Tat verwandelt sich hier, wie Herr WALZ im Laufe dieses Winters in seiner Diplomarbeit fand, das Bild auf dem Schirm des in den elektrolysierenden Stromkreis eingeschalteten Oszillographen, wenn man zu 10^{-8} bis 10^{-9} Amp. herabgeht, in grobe und gröbere, weit oberhalb der rein thermischen Schwankungen liegende Stöße. Das vermutete Phänomen ist vorhanden. Aber auch auf diesem neuen Weg begegnen wir zunächst natürlich der gröbsten Erscheinung: Diese Stöße lassen eine Feinstruktur erkennen, die weiter ins einzelne führen wird, bringen aber jeweils Elektrizitätsmengen, die Hunderten von Netzebenen entsprechen.

Diese Erscheinungen sind für sich interessant, man muß von ihnen wissen, sie führen aber gegenüber dem Ziel der übermolekularen Individuation offenbar auf Nebenwege. Sie sind nicht das, was wir suchen. Auch theoretisch scheint die Betrachtung statischer Kräfte nichts zu versprechen.

Wie steht es hier mit der *dynamischen* Verknüpfung? Die Kettenschemata Abb. 13 zeigen der Durchsichtigkeit halber als Kopplungsglieder die gewohnten einfachen Federn. Zu einer Diskussion der Kräfte, die in der Kette auftreten, wird man, wie oben beim Paar, entfernungsabhängige Feldkräfte einzuführen haben. Auch hier ist ein elektrodynamisches Modell, eine Kette von Schwingungskreisen der Art von Abb. 12, besonders durchsichtig. Es ist ohne weiteres erkennbar, daß stets die Grundschwingung, die der „symmetrischen" des Paars entspricht, überall einen Beitrag zur Bindung gibt, während in den Oberschwingungen (wie in der „antimetrischen" des Paars, dessen erster und einziger Oberschwingung) so viel Trennstellen auftreten wie Knoten. Insbesondere zerfällt in der ersten Oberschwingung, der zweiten Stufe unter den Energieniveaus der Aufspaltung, das Ganze in zwei Hälften, in deren jeder die Ausschläge, Geschwindigkeiten, Ströme usw. das gleiche Vorzeichen haben. Am Knoten schlägt das Vorzeichen um. Die koppelnden Felder führen also dazu, daß im Bereich zwischen den Knoten Anziehung, über den Knoten hinweg Lockerung auftritt. In einer am statischen Modell fehlenden Weise ist hier am dynamischen eine Unterteilung — im ersten Schritt in zwei Hälften — vorgebildet. Das verdient zum mindesten formal beachtet zu werden.

Dabei gilt, was hier der Durchsichtigkeit halber an der Längsausdehnung der Kette erläutert wurde, natürlich für jede Richtung; auch die Querausdehnung ist also bei der Frage zu beachten, ob ein Faden, der Stein um Stein an einem gegebenen wuchs, von ihm als Ganzes abgesprengt werden kann.

Auch den folgenden Schritt sollte man sich klarmachen. Mit wachsender Länge der Kette werden die Frequenzen tiefer und tiefer. Damit zeigt sich eine Aussicht, weit übermolekulare Abmessungen energetisch ausgezeichnet zu sehen. Es liege in einer kennzeichnenden, etwa endständigen Atomgruppe eine Frequenz vor, die von einer Kettenfrequenz mit wachsender Länge passiert wird. Mit Übereinstimmung der beiden ist eine Aufspaltung der Frequenzen und Niveaus gegeben, wie sie hier an gleichen Partnern besprochen wurde, aber ebenso von ungleichen, aber aufeinander abgestimmten Partnern, etwa zwei Pendeln ungleicher Masse, aber gleicher Länge, von der Ausbreitung von Elektronenwellen zwischen den Netzebenenfamilien eines Kristallgitters, als Anomalien in Bandenspektren also in mannigfacher Form bekannt ist. Die erste Möglichkeit einer Trennung, die hierdurch energetisch betont werden kann, würde aber nach dem, was wir oben überlegt haben, eine Aufteilung in zwei gleiche Hälften sein. Bei welcher Länge die Reihe den kritischen Zustand erreicht, hängt von der Eigenfrequenz der spezifischen Gruppe ab. Wiederum sehen wir uns auf einen Weg hingewiesen, der mit Rücksicht auf die Phänomene bei der Vermehrung der lebenden Organismen Aufmerksamkeit verdient.

Bei allem dem hat man natürlich die Frage im Sinn, ob das, was sich in molekularen Abmessungen zeigt, auch für die Teilung so riesiger Gebilde, wie ganzer Zellen, von Bedeutung sein kann? Man wird sich dabei daran erinnern, daß gerade die natürlichen Vorgänge selbst die entscheidende Phase der Teilung stets in einer niedrigeren Größenordnung zeigen, als sie dem Gesamtgebilde zukommt. Im Ergebnis ist es zwar die ganze Zelle, die sich in zwei geteilt hat, im Kern des Vorgangs aber sind es die Einzelschleifen, an denen die Halbierung und gegebenenfalls die Statistik der Kombinationen sich abspielt — erst um die geteilten ordnet sich wieder das gesamte Material — nun zu zwei Zellen. Ganz unmittelbar ist die Sprache der Molekularwelt, der Chemie, schon angemessen im analogen Vorgang der Vermehrung eines Virus in der lebenden Zelle, bei der ebenfalls das zu teilende Gebilde zum Teil aufgelöst wird und am freigelegten Nucleinsäure-Innenteil die Vermehrung sich abspielt. In der entscheidenden Phase spielt der Vorgang in molekularen Abmessungen.

Wenn eine Gedankenkombination so zwanglos aus bekannten Phänomenen hervorgeht, hat man den damit sich öffnenden Weg fest ins Auge zu fassen — um so bewußter, je abstrakter, je farbloser er vielleicht zunächst erscheint, denn gerade das kann bedeuten, daß er in ein weites Feld von Anwendungen führt.

Zum Abschluß zunächst zwei methodische Bemerkungen.

Es wird nach Erfahrung nicht überflüssig sein zu betonen, daß die äußerste Einfachheit der Beispiele, an denen wir die Entwicklung der Grundbegriffe zu erläutern versuchten, nicht etwa so aufgefaßt werden darf, daß man „gelegentlich mechanische Modelle finden kann, die die eigentlich quantenhaften Erscheinungen auf klassischem Boden zu erläutern vermögen". Das ist eine beliebte Gedankenwendung. Aber die klassischen Gesetze sind nicht so anekdotischer Natur, daß derart allgemeine Zusammenhänge etwa nur an Einzelmodellen zustande kämen — die hier gewählten erläuternden Modelle stehen in Wirklichkeit für Sätze größten Umfanges. Es ist natürlich nicht möglich, hier etwa den Adiabatensatz in der allgemeinsten Form anzuführen, mit der in der reinen Mechanik und Elektrodynamik sein voller

Umfang ausgesprochen wird — dafür stärkt die Repräsentation der Sätze durch konkrete Beispiele die Berührung mit der Wirklichkeit und damit das Bewußtsein vom Inhalt der Aussagen, das in den abstrakten Formen leicht verblaßt.

Ebenso wird es nicht überflüssig sein, einem Mißverständnis in umgekehrter Richtung ausdrücklich entgegenzutreten. Wenn die klare Unterscheidung von Persistenz und Homöomerie mehrfach dazu zwingt, auf beliebte Vorstellungen zu verzichten, nach denen dieses oder jenes Ergebnis eine spezielle Leistung der Quantenmechanik sein sollte, so ändert das nichts an der Tatsache, daß die Erscheinungen, die hier an Vorgängen aus der greifbaren Welt — also auf klassischem Boden — geschildert wurden, wie etwa die Kräfte zwischen schwingenden Gebilden, in der Atomwelt nur in der Auswahl vorkommen, die von der Homöomerie vorgeschrieben wird. Die Einsicht, daß nicht alles quantenhaft ist, was man gern dafür hält, mindert nicht im geringsten die Notwendigkeit, in der Atomwelt die mathematischen Methoden der Quantenmechanik anzuwenden. Freilich reicht das mathematische Schema niemals hin, die naturwissenschaftliche Aussage zu ersetzen — das macht sich besonders geltend, wenn zu Konsequenzen in äußerlich verschiedenen, bisher entlegenen Bereichen vorgeschritten werden soll —, wie es die Lebensphänomene sind.

Abschließend sei einiges noch einmal unterstrichen.

Gegenüber der allgemeinen Frage nach den Beziehungen zwischen Atomistik und Lebenserscheinungen haben wir, wie es beim Eindringen in ein verwickeltes Gebiet nötig ist, bewußt das Augenmerk auf ein sicher zu fassendes Glied der Erscheinungen gerichtet. Das Auftreten einander gleicher Gebilde zeichnet in der greifbaren Welt die lebenden Organismen aus, in der atomistischen Welt gilt diese Gleichheit für jeden reinen Stoff. Damit ist ein sehr einfacher, nämlich rein morphologischer Zug gegeben, und unsere Frage konzentrierte sich dahin: Könnte biologische Individuation aus allgemeiner Atomistik hervorgehen?

Wir zerspalteten die traditionelle Anwendung der Atomistik in der Naturwissenschaft in zwei Funktionen: Persistenz und Homöomerie. Die erste Funktion, das Bestehenbleiben des einzelnen Individuums innerhalb der Ereignisse, macht es möglich, die Ereignisse als gesetzmäßig zu erfassen, ihre charakteristische

Leistung ist die Fruchtbarkeit der reinen klassischen Trägheitsmechanik in der Gastheorie. Die zweite Funktion, das Auftreten derartiger unzerstörbarer Individuen in einer Vielzahl gleichartiger Exemplare, bedeutet, daß in die Atomistik der Begriff des reinen Stoffes und damit der Begriff der Art eingeführt wird — charakteristische Leistung ist der Satz von den festen und multiplen Proportionen. Wir betonten, daß die Gültigkeit des ersten Begriffs, der Persistenz, noch nicht die des zweiten, der Gleichheit von Teilchen untereinander, mit sich bringt. Hingegen setzt man für die Anwendungen der Gleichheit das Dauern des Einzelnen, seine Persistenz, voraus, die Einzelnen gehen als „Individuen" durch eine endliche Zeit, ihre „Lebensdauer". Sie „erleben", ein jedes dasselbe bleibend, eine Reihe von Ereignissen. Erst das Auftreten des zweiten Zuges entspricht dem von uns ins Auge gefaßten charakteristischen Phänomen der lebendigen Welt, das wir mit Individuation bezeichnen.

Die klassische Physik zeigt, so fuhren wir fort, als persistente Größen nicht nur mengenartige, wie etwa Massen oder Ladungen, sondern auch dynamische Größen, wie den Drehimpuls — allgemein Größen von der Dimension Arbeit mal Zeit oder Wirkung. Das geht aus der Grundkonzeption der klassischen Dynamik des 17. Jahrhunderts hervor, nach der die Geschwindigkeiten eines Korpers, oder gründlicher gesagt, seine Impulse, zu seinem „Zustand" gehören. PLANCKs Entdeckung bestand darin, daß er an diesen Größen ebenso eine Homöomerie feststellte, wie sie für die Mengen in den einheitlichen Atomgewichten der Elemente oder in der elektrischen Elementarladung gegeben ist. So treten die Wirkungsgrößen der Atomsysteme als Homöomere — als „quantisiert" — auf, und das Verhältnis dieser Homöomerie zu der der Mengen gehört in der Theorie der Elementarteilchen zu den heute am stärksten in Fluß befindlichen Gebieten der Quantenphysik.

Für die Frage nach der biologischen Individuation ist indes, da die lebenden Gebilde — von den charakteristischen chemischen Verbindungen an aufwärts — in den verschiedensten Stufen immer wieder den Aufbau neuer, größerer gleichartiger Gebilde zeigen, wichtig zuzusehen, wie derartige *Bauten* zu einem Abschluß kommen können. Das erste Beispiel dieser Art lag im Atom selbst, das in den Elektronen eine Reihe gleichartiger Bausteine enthält. Lange — zuletzt noch bei J. J. THOMSON und BOHR — galt das

Periodische System der Elemente als Ergebnis wiederholter Zusammenbrüche zu groß gewordener Elektronengruppen. 1915 wurde im Gegensatz dazu durch einen eingehenden Vergleich der im Periodischen System zusammengefaßten verschiedenen Eigenschaften der chemischen Elemente — der elektrischen, magnetischen, optischen, röntgenoptischen und chemischen — festgestellt, daß vielmehr ein *Aufbau* erfolgt, bei dem die einmal angelegten Anordnungen erhalten bleiben. Die Elektronen kommen bereits innerhalb des einzelnen um einen Kern versammelten Atomkörpers zu einem Abschluß von Gruppen, in deren jede nicht mehr als eine bestimmte Zahl eintreten darf.

Es gelang dann im folgenden Jahrzehnt, jede dieser Gruppen soweit aufzuspalten, daß schließlich jedes Elektronenpaar (Stoner 1924), dann sogar jedes einzelne Elektron (Pauli 1925) ein eigenes System von Bewegungskomponenten nach sämtlichen Freiheitsgraden erhielt. Jede dieser Bewegungsarten zeigt für sich die Homöomerie der zugeordneten Wirkungsgröße gemäß dem Planckschen Quantum. Dies Bild gibt also nicht allein mehr den Abschluß bei einer bestimmten Anzahl, sondern schreibt jedem einzelnen Teilchen seine eigene Rolle innerhalb der dynamischen Gesamtheit zu.

Für die Frage nach der möglichen Struktur lebender Gebilde, d. h. nach dem Aufstieg zu größeren Gesamtheiten, ist augenscheinlich von größter Bedeutung, ob man eine solche Differenzierung der ursprünglichen einzelnen Bausteine innerhalb des Gebäudes aufrecht zu erhalten hat. Hier entwickelt sich an dynamischen Gebilden eine ganz neue, dem Statischen fremde Möglichkeit. Werden gleichartige dynamische Gebilde zusammengebaut, so entfaltet sich, sobald sie merklich aufeinander einwirken, also nicht mehr im strengen Sinn als unabhängige Individuen gelten können, eine neue Art von Individuation: das ganze Gebilde zeigt um so mehr voneinander unabhängige Eigenbewegungen, je mehr Bausteine darin aufgenommen wurden.

Mit dem Zusammenbau, der ja eine Koppelung der Bewegungen bringt, treten Energieänderungen auf, die man z. T. gut als das Wirken bindender oder abstoßender „Kräfte" zwischen den Bausteinen beschreiben kann. Das hängt nicht etwa daran, daß diese Bewegungen einer Homöomerie genügen (quantisiert sind), sondern folgt schon aus dem klassischen Adiabatensatz. Das Auftreten solcher Kräfte ist nicht, wie man vielfach gesagt und wiederholt hat, ein der klassischen Physik fremder „typisch quantenmechanischer Effekt", sondern ein typisch klassisches Ergebnis der Persistenz bestimmter dynamischer Größen.

Im heutigen Zusammenhang interessiert daran vor allem, was über das einzelne Paar von Nachbarn hinausgreift. In ausgedehnten Gebilden von gleichartigen Bausteinen dynamischer Struktur läßt die Aufteilung des Ganzen, die den verschiedenen erlaubten Bewegungszuständen (Grund- und Oberschwingungen) zukommt, auch in den Kräften eine klare Unterteilung auftreten. Das kann z. B. so aussehen, daß die Knoten dieser Bewegungen Stellen geringeren Zusammenhalts, die Bäuche hingegen festere Bindung bedeuten und somit die Möglichkeit einer Teilung in gleichwertige Bestandteile auftritt, ein Zug, der der primitiven Statik völlig fremd ist. Sie kennt nur einfache Entfernungsabhängigkeit. Der mit der zeitlichen Periodizität der inneren Bewegung gegebene Weg zu einer symmetrischen räumlichen Aufgliederung fehlt ihr. Dieser an dem dynamischen Gebilde natürliche Schritt liegt aber in der Richtung einer der wichtigsten Forderungen, die man nach der biologischen Erfahrung an eine Theorie der Strukturbildung der lebenden Wesen zu stellen hat: zu der mit dem Wachstum auftretenden Teilung und der selbständigen Zerlegung des Gebildes, das ein gewisses Maß erreicht hat — zur identischen Reduplikation — muß ein Weg des Verständnisses gefunden werden.

Diskussion.

DECKER (München): Für die Ausbildung gleichmäßiger Größen bei makroskopischen Gebilden gibt VON BERTALANFFI eine einfache Erklärung, die darauf beruht, daß die Stoffaufnahme proportional der Oberfläche, die Stoffverarbeitung proportional der Masse ist. Das führt dazu, daß die Gebilde alle zu einer optimalen Größe heranwachsen. Auch wenn sie unterwegs in ihrem Wachstum gestört werden, holen sie das wieder ein. VON BERTALANFFI nennt das Äquifinalität des biologischen Wachstums.

HALDANE (London): Wir waren von diesen interessanten Beispielen so beeindruckt, daß wir darüber erst ein wenig nachdenken müssen. It is always interesting to have a background. For instance, we used to think we knew what speech was until VON FRISCH showed us an entirely new kind of speech. Now we have something with which to compare it. Similarly I am quite sure that those of us who have been thinking about growth will have new ideas as a result of what Professor KOSSEL has told us.

Vergleichende Betrachtung des stationären Zustandes der nicht-eiweißgebundenen Aminosäuren der Tiere.

Von

MARCEL FLORKIN

Laboratoire de Biochimie, Liége.

Mit 12 Textabbildungen.

Die Vorstellung von einem intracellulären Aminosäurepool gründet sich auf zahlreiche Beobachtungen. Wird einem Organismus eine durch Stickstoffisotop markierte Aminosäure einverleibt, dann findet man dieses Isotop teilweise im Verband eines Eiweißkörpers wieder, und zwar im gleichen Aminosäuremolekül, mit dem es eingeführt worden ist. Man findet es außerdem in anderen Aminosäuren, die entweder in freiem Zustand oder innerhalb einer Proteinstruktur gebunden vorliegen. Man muß also die Existenz eines ,,intracellulären Sammelbeckens von nicht proteingebundenen Aminosäuren" so verstehen, daß diese sich kontinuierlich mit den verschiedenen Proteinen der Zelle umsetzen und auch am Umbau der Aminosäuren teilnehmen. Außerdem werden diesem intracellulären Pool dauernd Aminosäuren durch Abbau entzogen, während synthetische Prozesse ihm neue zuführen.

In Hefezellen nimmt der Gehalt an freien Aminosäuren ab, wenn sie in einem stickstofffreien synthetischen Milieu gehalten werden. Ist der Spiegel der freien Aminosäuren erniedrigt, so ist auch die Fähigkeit, adaptiv Maltozymase zu bilden, vermindert. Sie steigt aber in dem Maße wieder an, wie der Aminosäurepool entweder durch Zusatz von Ammoniumchlorid oder Caseinhydrolysat angereichert wird.

Bei den Tieren, die uns in der Folge beschäftigen sollen, wird die Vorstellung eines intracellulären Aminosäurepools kompliziert durch ihre Vielzelligkeit, die Regulationsmechanismen und den Austausch zwischen den Zellen und dem sie umgebenden inneren Milieu. Es ist nicht weiter erstaunlich, daß der letzte Gesichtspunkt die Forscher zuerst interessiert hat. Schon 1913 haben VAN SLYKE und MEYER gezeigt, daß in den Kreislauf injizierte Aminosäuren von den Geweben zunächst nur aufgenommen und nicht sofort verändert werden. Diese Autoren beobachteten in Versuchen am Hund, daß eine obere Grenze existiert, bis zu der der Stickstoffgehalt gesteigert werden kann, nämlich 75—80 mg Aminostickstoff im Muskel und 150 mg Aminostickstoff in der Leber, bezogen auf 100 g Frischgewebe.

Diese Absorption verläuft sehr rasch, aber niemals vollständig; selbst nach mehreren Hungertagen enthält das Blut noch 3—8 mg Aminostickstoff pro 100 cm³. Es besteht also ein Gleichgewicht zwischen Blut und Gewebe, das den Übergang von Organ zu Organ oder vom mütterlichen zum fetalen Gewebe erklärt. Es handelt sich dabei nicht um ein osmotisches Phänomen, denn die Konzentration des Aminostickstoffs ist in den Geweben 5—10 mal höher als im Blut des Hundes. Nach VAN SLYKE und MEYER sinkt der Aminostickstoff der Hundeleber innerhalb von 3 Std. wieder auf den normalen Wert, wenn er vorher durch Vermehrung des zirkulierenden Aminostickstoffs verdoppelt worden war. Der gleichzeitig erhöhte Aminostickstoffgehalt des Muskels vermindert sich dagegen nicht. Daher rührt die Vorstellung, daß die Säugetierleber die Aminosäuren, die ihr mit dem Blut zugeführt werden, fortwährend umsetzt. Wenn die Leber durch eine experimentelle Aminoacidämie über ihre Stoffwechselkapazität hinaus belastet wird, dann scheidet die Niere die unveränderten Aminosäuren aus. Wird der Druck der Aminosäuren auf Leber und Niere jedoch anomal erhöht, dann stirbt das Tier. Sind die Aminosäuren, die den Geweben angeboten und von ihnen gespeichert werden, wohl Energiereserven von der Art des Glykogens bzw. eine Reserve, die zur Synthese bestimmt ist, oder aber sind es Zwischenprodukte auf dem Weg zum Auf- oder Abbau der Proteine? Um zwischen diesen beiden Möglichkeiten zu entscheiden, haben VAN SLYKE und MEYER unterernährte Hunde beobachtet und gesehen, daß der freie Aminostickstoff ihrer Gewebe durch Hunger nicht vermindert wird. Daraus geht hervor, daß die freien Aminosäuren der Gewebe aus dem Blut oder aus Stoffwechselprozessen innerhalb der Zelle stammen können. Andererseits erhöht eine eiweißreiche Ernährung den Gehalt der Gewebe an freien Aminosäuren nicht.

Man findet in der Literatur eine Reihe von Angaben über den Gehalt an verschiedenen nicht-eiweißgebundenen Aminosäuren in den Geweben und im inneren Milieu, die mit chemischen oder colorimetrischen Methoden gewonnen worden sind. Ich erwähne z. B. die von Hamilton (1954) gefundenen Glutaminwerte im Blutplasma und in den Geweben des Hundes sowie im Blutplasma von Mensch und Schwein; die von Harper (1947) ermittelten Glutamin- und Glutaminsäurewerte im menschlichen Blutplasma, die von Ussing (1943) über die Summe von Valin und Leucin im Gewebe und Blutplasma des Meerschweinchens, die von Christensen, Streicher und Elbinger (1948) über das Glykokoll in Leber und Muskel des gleichen Tieres, die von Christensen, Rothwell, Sears und Streicher (1948) über das Glykokoll in Leber und Blutplasma der Ratte; die von Krebs (1948) über die Glutaminsäure und das Glutamin in der Leber des Schafes; die von Krüger über den Gehalt an Glykokoll in Gewebe und Blut einer Reihe von Tieren; dazu die vielen Bestimmungen des Gehaltes an Glutathion, Carnosin und Anserin.

Zu diesen einzelnen quantitativen Angaben kommen zahlreiche qualitative papierchromatographische Bestimmungen der nicht-eiweißgebundenen Aminosäuren in verschiedenen Geweben. Die Kenntnis der quantitativen Zusammensetzung der nicht-eiweißgebundenen Aminosäuren in Geweben und Körperflüssigkeiten hat sich vor allem durch die Einführung der mikrobiologischen Aminosäurebestimmungen in die analytische Technik erweitert. Hier muß eine vom methodischen Standpunkt wichtige Bemerkung eingeschaltet werden. Die mikrobiologischen Aminosäurebestimmungen geben — wenn sie korrekt durchgeführt werden — zuverlässige Resultate mit einer Fehlergrenze von $\pm$ 5%. Man kann die Resultate, die man von den Hydrolyseprodukten eines Wolframat- bzw. Ultrafiltrats von Blutplasma oder Gewebshomogenaten erhält, als zuverlässig betrachten, wenn die Hydrolyse nicht verschiedene Aminosäuren zerstört oder racemisiert hat und wenn die Gewebsenzyme sofort inaktiviert worden sind. Das gleiche kann man nicht sagen von Bestimmungen, die direkt in Ultra- oder Wolframatfiltraten durchgeführt worden sind. Die hierbei bestimmten „freien Aminosäuren" sind von zweifelhaftem Charakter, wie die Anführungsstriche bereits andeuten. In der Tat hat eine nicht proteinartige Verbindung einer Aminosäure (Peptid,

Amid usw.) nicht unbedingt die gleiche Wirkung bei der Ernährung eines Bacteriums wie die freie, spezifisch notwendige Aminosäure. Deshalb liefert die Bestimmung einer Aminosäure in einem nicht hydrolysierten Ultrafiltrat kein an sich brauchbares Resultat. Wenn man z. B. im nichthydrolysierten Ultrafiltrat die gleichen Werte für eine Aminosäure erhält, dann kann man daraus schließen, daß die betreffende Aminosäure wahrscheinlich nur in freiem Zustand vorliegt. Erhält man aber beispielsweise für die Asparaginsäure im hydrolysierten Ultrafiltrat einen höheren Wert als im nichthydrolysierten, dann war die Asparaginsäure teilweise gebunden. Man weiß, daß das Asparagin in der Ernährung von *Leuconostoc mesenteroides* zwar die Asparaginsäure ersetzen kann, jedoch viel weniger wirksam ist als diese (HAC und SNELL, 1945). Die Analyse des hydrolysierten Ultrafiltrates klärt uns also nicht über den Gesamtgehalt an nicht proteingebundener Asparaginsäure auf. Man kann weder aus der Differenz des so gefundenen Wertes und dem aus der nicht hydrolysierten Probe die Menge gebundener Asparaginsäure ermitteln, noch aus dem Wert der unhydrolysierten Probe auf den Gehalt an freier Asparaginsäure schließen, denn durch das Vorhandensein des zwar schwächer, aber immerhin im Sinne der Asparaginsäure wirksamen Asparagins entsteht ein Erhöhungsfehler.

Für die Glutaminsäure gilt das nicht. Glutamin kann wohl ebenfalls die Glutaminsäure in der Ernährung des *Lactobacillus arabinosus* (POLLACK und LINDNER, 1942) vertreten, aber im Autoklaven wird evtl. vorhandenes Glutamin in die unwirksame Pyrrolidoncarbonsäure umgewandelt. Wie im Falle des Asparagins, das weniger wirksam ist wie die Asparaginsäure, hat sich erwiesen, daß, wenn die Bestimmungen mit *Lactobacillus arabinosus* (Glutaminsäure, Isoleucin, Leucin und Valin) und mit *Leuconostoc mesenteroides* (Asparaginsäure, Cystin, Glykokoll, Histidin, Lysin, Methionin, Phenylalanin) durchgeführt werden, die Peptide weniger wirksam sind als die freien Aminosäuren. Werden dagegen die Bestimmungen mit *Lactobacillus casei* vorgenommen (Arginin, Serin, Tyrosin), dann sind die Peptide wirksamer als die entsprechenden Aminosäuren. Das Vorhandensein von Arginin-, Serin- oder Tyrosinpeptiden im nichthydrolysierten Ultrafiltrat wird also durch eine Abnahme der Werte nach der Hydrolyse angezeigt, während die Anwesenheit von Peptiden der Asparagin-

und Glutaminsäure, des Isoleucins, Leucins, Valins, Cystins, Glykokolls, Histidins, Lysins, Methionins, Phenylalanins oder des Threonins im Ultrafiltrat sich durch eine Zunahme der Werte nach der Hydrolyse kennzeichnet (DUNN und McCLURE, 1950).

Die Anwesenheit des Amids der Asparaginsäure kennzeichnet sich wie die ihrer Peptide durch eine Erhöhung nach der Hydrolyse. Obwohl das Glutamin beinahe die Wirksamkeit der Glutaminsäure hat, wird die Anwesenheit des Glutamins im hydrolysierten Ultrafiltrat ebenfalls durch eine Erhöhung seiner Konzentration angezeigt, denn die Säure wird bekanntlich durch die Hydrolyse aus ihrem Amid freigesetzt, während im nicht-hydrolysierten Ultrafiltrat das Amid im Laufe der Bestimmung zerstört wird, ohne Glutaminsäure freizusetzen.

Diese Überlegungen sind hier so ausführlich dargestellt worden, um hervorzuheben, daß die Untersuchung der hydrolysierten Dialysate eine quantitative Bestimmung darstellt, während das Ergebnis aus dem nativen Dialysat nur qualitativ verwertbar ist. Letzterem kommt jedoch eine besondere Bedeutung zu, weil es über den freien oder gebundenen Zustand der Aminosäure vor der Hydrolyse Auskunft gibt.

Ich glaube, diesen Punkt nun ausreichend betont zu haben, so daß ich darauf verzichten kann, im weiteren Verlauf dieses Vortrags nochmals darauf zurückzukommen. Die ersten ausführlichen Analysen eines Aminosäurepools, unter dem wir die Ansammlung von freien Aminosäuren und ihren nicht-eiweißgebundenen Derivaten verstehen, sind von SCHURR, THOMPSON, HENDERSON und ELVEHJEM (1950) an der Ratte ausgeführt worden. Diese Autoren haben mit der mikrobiologischen Methode die Konzentration von 12 nicht-eiweißgebundenen Aminosäuren in hydrolysierten Wolframatfiltraten von Plasma, Leber, Gehirn, Muskel und Milz bestimmt. Aus diesen Bestimmungen geht hervor, daß der Pool der 12 bestimmten Aminosäuren in den verschiedenen Organen der Ratte nicht die gleiche Zusammensetzung hat. An diesen Ergebnissen ist bemerkenswert, daß die Muskelhydrolysate besonders viel Histidin enthalten, das nicht-hydrolysierte Wolframatfiltrat dagegen wesentlich weniger. In der Milz und in der Leber sind die Gesamthistidinwerte viel geringer als im Muskel und werden kaum durch die Hydrolyse verändert. Dies läßt sich dadurch erklären, daß im Muskel ein Histidinpeptid, nämlich das Carnosin, vorliegt.

Wenn man in der Tabelle von SCHURR und seinen Mitarbeitern das Wolframatfiltrat des Plasmas mit dem des Muskels vergleicht, fällt auf, daß im ersten die Konzentration der meisten Aminosäuren durch die Hydrolyse zunimmt, während im Muskel z. B. nur der Gehalt an Leucin und Histidin ansteigt. Man könnte daraus schließen, daß sich die Aminosäuren im Muskel in freiem und im Plasma in gebundenem Zustand befinden. SOLOMON, JOHNSON, SHEFFNER und BERGEIM (1951) haben die Erhöhung des Leucingehaltes nach der Hydrolyse eines Rattenmuskelfiltrats nicht bestätigt. In ihren Bestimmungen von 9 Aminosäuren (Arginin, Histidin, Lysin, Methionin, Phenylalanin, Leucin, Isoleucin, Valin, Threonin) vor und nach der Hydrolyse des Wolframatfiltrats scheint das Histidin die einzige Aminosäure zu sein, die in gebundener Form vorliegt, was sich durch die Erhöhung seiner Konzentration nach der Hydrolyse zeigt.

Die Ergebnisse der Bestimmungen von verschiedenen Aminosäuren in Plasma und Muskel der Ratte, des Kaninchens, der Katze und des Hahns sind in Tab. 1 zusammengestellt; unsere entsprechenden Ergebnisse im Blutplasma und im großen Lateralmuskel des im Aquarium bei 10° C gehaltenen Karpfens sind in Tab. 2 wiedergegeben. Der Gehalt an Glykokoll und Lysin, die im wesentlichen frei oder zumindest nicht in nennenswerter Menge gebunden vorliegen, ist im Karpfenmuskel deutlich höher als in den Muskeln von Kaninchen, Katze und Hahn. Im Gegensatz zu den letzteren ist Histidin beim Karpfen frei, was JUDAJEW (1950) bereits festgestellt hat. Glutaminsäure, Asparaginsäure und Methionin sind im Ultrafiltrat des Karpfenmuskels zum großen Teil in gebundener Form enthalten, wie sich aus dem Vergleich der Werte vor und nach der Hydrolyse ergibt. Die Methioninwerte schwanken von einer Probe zur anderen erheblich, so daß weitere Untersuchungen hierüber notwendig sind. Die Wiederholung der Bestimmungen mit 6 verschiedenen Proben zeigt, wie in Abb. 1 dargestellt ist, daß der Pool der 15 bestimmten Aminosäuren ein quantitatives Muster repräsentiert, das sich in den verschiedenen Beispielen wiederfindet; die individuellen Schwankungen sind auf uneinheitliches Tiermaterial zurückzuführen. Wenn man das Muster der 15 Aminosäuren im Karpfenmuskel mit dem des Hummers im Meerwasseraquarium bei 10° C vergleicht, begibt man sich auf ein ganz neues Gebiet, wie aus Abb. 2 zu ersehen ist;

Tabelle 1. *Angaben der Literatur über die nicht-eiweißgebundenen Aminosäuren in Muskel und Plasma von Ratte, Kaninchen, Katze und Hahn.*

Milligramm in 100 g frischem Gewebe oder in 100 cm³ Plasma. NH = nicht hydrolysiertes Filtrat oder Dialysat; H = hydrolysiertes Dialysat oder Filtrat.

	Ratte[1]				Ratte[2]		Kaninchen[3]		Kaninchen 2[3]				Katze[4]				Hahn[3]		
	Plasma[5]		Muskel[5]		Muskel[5]		Plas-ma[6]	Mus-kel[6]	Plasma[5]		Muskel[5]		Plasma[7]		Muskel[7]		Plas-ma[6]	Muskel[6]	
	NH	H	NH	H	NH	H	H	H	NH	H	NH	H	NH	H	NH	H	H	NH	H
1. Alanin	—	—	—	—	—	—	6,7	18,0	—	8,2	—	16,9	7,0	7,3	24,7	24,3	4,6	11,1	5,2
2. Arginin	2,6	3,6	6,3	4,5	5,6	6,1	0,9	2,9	2,5	2,2	3,5	3,0	1,4	1,6	2,7	3,0	2,2	1,3	1,3
3. Asparaginsäure	—	—	—	—	—	—	2,1	5,1	0,0	1,7	2,5	7,2	0,1	1,4	3,9	9,8	3,4	2,2	3,2
4. Glutaminsäure	—	—	—	—	—	—	13,1	73,5	3,4	18,3	19,3	60,9	1,8	12,0	36,2	156,0	16,5	10,7	23,0
5. Glykokoll	—	—	—	—	—	—	9,9	44,3	5,2	4,5	40,9	41,2	2,3	3,2	6,7	17,2	4,0	12,3	12,3
6. Histidin	0,6	1,2	6,2	31,8	8,3	31,0	0,7	31,5	2,1	2,0	3,7	61,7	1,4	1,7	3,6	103,0	0,9	1,6	161,2
7. Isoleucin	1,0	1,8	3,0	3,0	3,4	3,8	2,4	1,9	2,1	1,5	2,7	2,9	0,8	0,8	1,7	1,6	2,8	0,9	1,2
8. Leucin	1,9	5,5	2,6	4,2	5,9	5,9	2,7	2,3	1,9	1,8	3,5	3,6	1,6	1,7	2,3	2,6	4,3	1,6	1,6
9. Lysin	3,5	5,6	9,2	9,2	7,2	7,2	2,5	6,8	4,3	4,2	4,4	5,6	2,8	2,8	5,5	9,6	2,1	1,7	2,5
10. Methionin	0,9	1,7	2,2	1,8	1,1	1,1	0,3	1,3	0,5	0,5	2,2	1,9	0,4	—	0,4	—	1,0	1,1	1,0
11. Phenylalanin	0,9	2,8	2,1	2,1	3,8	3,8	1,5	1,7	1,1	1,1	2,1	2,2	0,9	1,0	1,0	1,6	2,3	1,3	1,3
12. Prolin	2,7	7,2	7,1	7,4	—	—	4,4	6,9	3,1	3,1	6,8	6,7	2,3	2,0	3,2	8,5	3,5	3,4	4,0
13. Threonin	4,3	8,0	14,5	14,0	6,4	7,0	1,6	2,7	1,5	1,6	3,8	4,3	1,4	1,6	3,9	4,6	3,0	2,5	2,8
14. Tyrosin	1,8	3,1	4,3	3,8	—	1,0	1,0	1,6	0,9	0,6	2,3	2,2	0,7	0,5	0,8	1,1	1,7	1,5	1,6
15. Valin	2,1	4,1	3,2	3,1	5,1	2,8	2,8	2,7	2,8	2,8	4,3	4,3	2,4	2,4	2,3	2,9	4,1	1,5	1,3
Summe 1—15							52,6	203,2		54,1		224,6		40,0		345,8	56,4		223,5
16. Serin													2,1	2,1	5,4	6,1			
17. Cystin													<0,2	0,9	0,4	0,1			
18. Tryptophan													<0,2	—	<1,05				
19. Ornithin													0,2	0,4	0,4	0,5			

[1] SCHURR, THOMPSON, HENDERSON und ELVEHJEM, 1950. — [2] SOLOMON, JOHNSON, SHEFFNER und BERGEIM, 1951. — [3] DUCHÂTEAU und FLORKIN, 1954a. — [4] TALLAN, MOORE und STEIN, 1954. — [5] Wolframatenteiweißung. — [6] Dialysat. — [7] Pikratenteiweißung.

[1,2,3] Mikrobiologische Methode; [4] Chromatographie mit Dowex 50-X 4 nach MOORE und STEIN.

Tabelle 2. *Cyprinus carpio* (DUCHÂTEAU und FLORKIN, 1954d und e).
Milligramm in 100 cm³ Plasma oder in 100 g frischem Muskelgewebe (Seitenmuskel).
NH = nicht hydrolysiertes Ultrafiltrat; H = hydrolysiertes Ultrafiltrat.

	Plasma 1		Muskel 1		Muskel 2		Muskel 3		Muskel 4		Muskel 5		Muskel 6	
	NH	H	NH	H	NH	H	NH	H	NH	H	NH	H	NH	H
Alanin	14,5	5,6	30,2	36,4	37,7	39,3	27,9	29,7	11,9	20,0		20,0		20,1
Arginin	1,7	2,6	7,8	8,1	5,8	4,3	7,0	5,5	7,7	6,3	6,5	5,3	9,3	8,1
Asparaginsäure	0,0	2,6	2,6	16,4	5,2	15,4	3,3	8,2	2,5	18,7	3,3	20,2	3,1	17,7
Glutaminsäure	2,0	8,7	14,6	26,8	17,6	25,6	10,0	18,4	7,5	22,3	7,3	24,5	6,7	21,0
Glykokoll	5,0	4,3	198,3	191,4	125,3	136,8	152,1	129,5	144,3	156,3	148,6	169,7	143,6	150,5
Histidin	1,3	0,6	32,7	26,2	76,8	68,4	60,6	48,0	85,0	74,9	89,8	88,8	133,0	126,1
Isoleucin	3,7	4,6	4,4	6,9	3,4	4,7	3,9	5,0	4,8	8,0	4,2	7,0	4,2	6,7
Leucin	4,8	5,6	8,1	12,7	6,1	8,2	7,5	8,8	7,8	13,1	6,9	12,0	7,1	11,1
Lysin	3,5	3,5	16,8	27,6	22,2	25,4	28,8	27,7	22,3	30,8	19,2	25,3	41,0	43,2
Methionin	2,8	6,7	4,0	6,9	11,6	34,4	9,6	25,1	4,4	4,8	3,3	4,7	10,6	36,2
Phenylalanin	0,7	1,5	2,6	9,7	1,8	4,9	2,2	5,1						
Prolin	0,0	0,0	4,4	6,0	6,3	6,2	3,8	3,3	2,7	2,9	2,6	2,8	3,1	3,1
Threonin	1,7	2,0	6,1	8,6	6,0	7,7	5,1	6,4	5,3	8,2	5,8	8,7	4,9	7,1
Tyrosin	1,7	1,3	2,1	2,8	2,4	2,4	2,7	2,2	3,2	3,2	4,0	4,5	3,6	4,5
Valin	2,2	3,9	5,0	7,5	4,4	5,2	4,8	5,2	4,4	7,3	4,0	6,0	4,4	6,4
Summe	45,6	53,6	341,5	394,0	331,5	388,9	329,3	328,6						

Die Probe Muskel 1 stammt aus der Muskulatur von 3 Karpfen, aus denen auch das Plasma gewonnen wurde.
Die Muskeln 2, 3, 4, 5 und 6 wurden jeweils einem einzelnen Karpfen entnommen.

sie gibt die zu verschiedenen Zeiten erhaltenen Werte wieder. Die Durchschnittskonzentration der 15 Aminosäuren und ihre quantitative Verteilung ist sehr verschieden von dem, was man

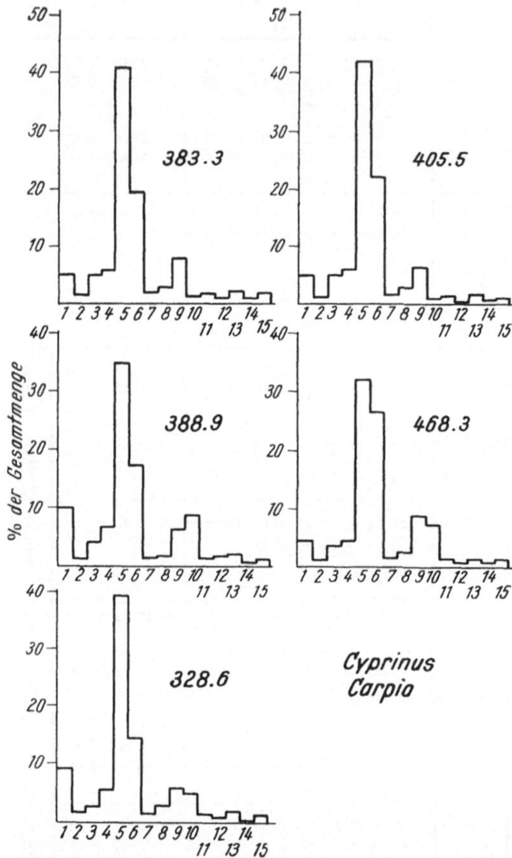

Abb. 1. (DUCHÂTEAU und FLORKIN, 1954 d.) Die entlang den vertikalen Linien eingetragenen Zahlen der Abb. 1—12 stellen die prozentuale Verteilung der Gesamtmenge der 15 bestimmten nicht-eiweißgebundenen Aminosäuren dar (seitlich sind auf jedem Profil die Milligramm in 100 g frischem Gewebe angegeben); die Zahlen, die entlang der horizontalen Linien eingetragen sind, entsprechen den einzelnen Aminosäuren, wie sie in den Tab. 1—6 angeführt sind.

beim Karpfen, der Ratte, dem Kaninchen, der Katze und dem Hahn beobachtet hat. Beim Hummer zeigt der Vergleich der Werte vor und nach der Hydrolyse, daß die Glutaminsäure, die Asparaginsäure und das Tyrosin in den Wolframatfiltraten teilweise in freier Form vorhanden sind. Aus den Kurven der Krabbe

Cancer pagurus, die im Meerwasseraquarium bei 10° und vom Krebs, *Astacus fluviatilis* (Abb. 3), der mit Fleisch im Süßwasseraquarium bei 10° aufgezogen wurde, geht hervor (DUCHÂTEAU und FLORKIN, 1954d), daß es unter gegebenen Bedingungen einen genau definierten Typ in der Zusammensetzung des Pools der 15 Aminosäuren gibt.

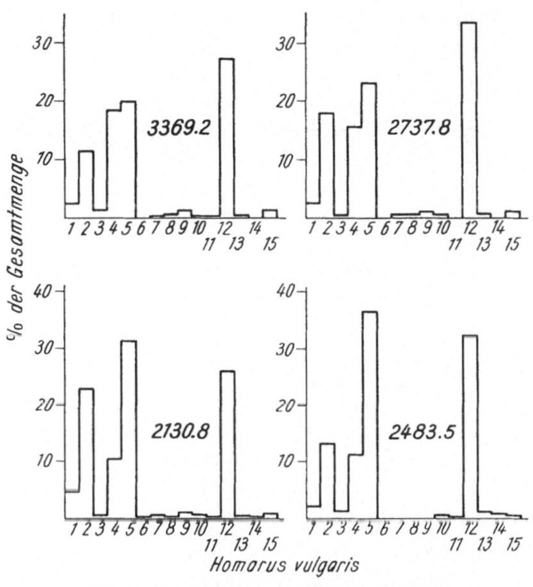

Abb. 2. DUCHÂTEAU und FLORKIN (1954d).

Der Gehalt an nicht-eiweißgebundenen Aminosäuren im Blutplasma der verschiedenen, oben erwähnten Tierarten liegt immer ungefähr im Bereich von 50 mg/100 cm³. Dieser Befund unterstreicht die Tatsache, daß der Plasma-Muskel-Gradient der Konzentrationen der nicht-eiweißgebundenen Aminosäuren bei Katze und Karpfen größer ist als bei Kaninchen und Hahn, und bei den oben erwähnten Crustaceen noch viel größer als beim Karpfen. Wenn man sich an die niedrige Konzentration der nicht-eiweißgebundenen Aminosäuren im Blutplasma dieser Tiere erinnert, dann wird einem beim Betrachten der Tab. 3, in der die molare Konzentration pro 100 g Intracellulärflüssigkeit berechnet ist, besonders klar, wie groß der Plasma-Muskel-Gradient des Aminosäurepools bei den Crustaceen ist.

Nachdem wir diese Ergebnisse erneut überprüft haben, sind wir davon überzeugt, daß der Pool der 15 Aminosäuren in den

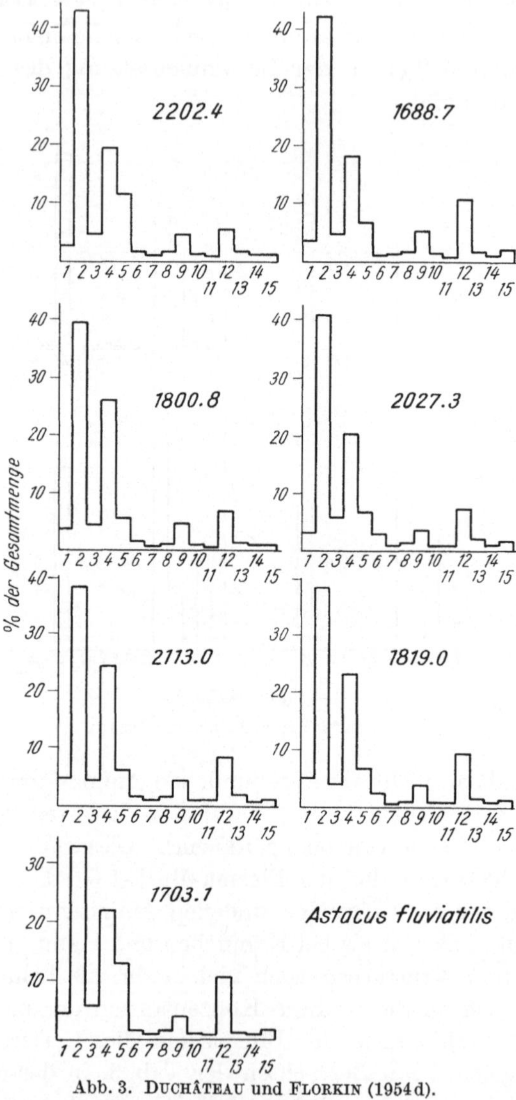

Abb. 3. Duchâteau und Florkin (1954 d).

gestreiften Muskeln des Karpfens, des Hummers, der Krabbe *Carcinus*, und des Krebses spezifisch zusammengesetzt ist. Unter bestimmten Bedingungen hat man das gleiche beim Fußmuskel einer Meeresschnecke, *Buccinum undatum*, und bei den Muskeln des Blutegels, *Hirudo medicinalis*, festgestellt (DUCHÂTEAU und FLORKIN, 1954d). Die Aminosäurepools der Muskeln von gewissen Kiemenmollusken und des *Sipunculus* unterscheiden sich wiederum von den oben beschriebenen (DUCHÂTEAU, SARLET, CAMIEN und FLORKIN, 1952). Das Muskelgewebe jeder Tierart ist ohne Zweifel durch eine für diese charakteristische Zusammensetzung des Aminosäurepools gekennzeichnet. Unsere bisherigen Ergebnisse sprechen dafür, daß es außer der spezifischen Zusammensetzung des Aminosäurepools für jede Art noch eine spezifische Durchschnittskonzentration gibt, die bei den Crustaceen höher ist als bei den Gasteropodenmollusken und bei den letzteren wiederum höher als bei den Wirbeltieren, was jedoch weiterer Bestätigung bedarf.

Die Tatsache, daß die Zusammensetzung des Pools der nicht-eiweißgebundenen Aminosäuren in den verschiedenen Geweben ein und desselben Tieres nicht die gleiche ist, geht schon aus den Untersuchungen von SCHURR und Mitarbeitern (1950), von SOLOMON u. a. (1951) an der Ratte und denen von TALLAN, MOORE und STEIN (1954) an der Katze hervor.

Die Tab. 3 zeigt deutlich, daß in den Muskeln des Krebses der Gehalt an den 15 bestimmten Aminosäuren geringer ist als in den Muskeln der chinesischen Wollhandkrabbe im Süßwasser und des Hummers. Es ist besonders interessant festzustellen, daß der Gehalt an Cl-Ionen im Blutplasma von Hummer, Wollhandkrabbe im Süßwasser und Krebs nach unseren Bestimmungen 45, 26 und 21 mg pro 100 g Serum beträgt. Es scheint also eine Beziehung zwischen der Durchschnittskonzentration der nicht-eiweißgebundenen Aminosäuren in den Zellen und der der Intercellulärflüssigkeit zu bestehen, die durch osmoregulatorische Mechanismen hergestellt wird. Bereits 1901 hat LÉON FREDERICQ beobachtet, daß die Gewebe vieler wirbelloser Meerestiere ärmer an anorganischen Substanzen sind als ihre Körperflüssigkeiten, obwohl sie miteinander im osmotischen Gleichgewicht stehen. Daher sagt der Volksmund, daß das Blut des Hummers beinahe so salzig wie das Meerwasser ist, sein Fleisch dagegen nicht. FREDERICQ hat die Hypothese aufgestellt, daß die Konzentration des inneren Milieus teilweise durch kleine organische Moleküle innerhalb der Zelle im Gleichgewicht gehalten werden muß.

Tabelle 3. *Muskeln von Crustaceen*[1].
mMol Aminosäure in 100 g Intracellulärflüssigkeit

	Homarus vulgaris	*Eriocheir sinensis*[2]	*Astacus fluviatilis*
1. Alanin	2,3 (0,9— 3,1)	5,0	0,8
2. Arginin	6,4 (3,2— 7,2)	1,7	8,3
3. Asparaginsäure	0,2 (0,1— 0,5)	0,6	0,8
4. Glutaminsäure	3,4 (2,5— 6,7)	3,3	3,5
5. Glykokoll	20,1 (13,5—22,3)	8,9	5,2
6. Histidin.	0,1 (0,0— 0,1)	0,1	0,3
7. Isoleucin	0,2 (0,1— 0,2)	0,1	0,2
8. Leucin	0,1 (0,0— 0,3)	0,1	0,3
9. Lysin	0,3 (0,1— 0,5)	0,3	0,7
10. Methionin	0,1 (0,1— 0,2)	0,1	0,1
11. Phenylalanin	0,1 (0,0— 0,1)	0,0	0,1
15. Prolin	10,6 (7,9—12,8)	3,0	1,6
13. Threonin	0,1 (0,1— 0,3)	0,3	0,4
14. Tyrosin	0,0 (0,0— 0,0)	0,0	0,1
15. Valin	0,3 (0,1— 0,7)	0,2	0,3
Summe	44,2	23,9	22,7

Dazu ist zu bemerken, daß man zur Zeit LÉON FREDERICQs
noch nicht wußte, daß Chlorionen nicht zu den üblichen Zell-
bestandteilen gehören. Wenn also die Muskeln des Hummers
weniger salzig sind als sein Blut, so kommt das daher, daß die
Intercellulärflüssigkeit, die die Chloride des Muskels enthält,
nur einen Teil des Muskelvolumens ausmacht. Es ist sicher, daß
nur ein kleiner Teil der intracellulären Anionen aus Chloriden
besteht, im Gegensatz zu den Körperflüssigkeiten. Wahrscheinlich haben die nicht-eiweißgebundenen Aminosäuren in den Zellen
der Crustaceen, in denen sie reichlich enthalten sind, u. a. auch
eine osmotische Funktion. Da, wie wir gesehen haben, im Hummermuskel besonders die Aminosäuren Glykokoll, Prolin, Arginin,
Alanin und Glutaminsäure (die letztere allerdings zu 85% als
Glutamin) vorkommen, können wir annehmen, daß diese Aminosäuren in der Hauptsache eine osmotische Aufgabe haben. Seit-
dem diese Ergebnisse über die Crustaceenmuskeln veröffentlicht

[1] CAMIEN, SARLET, DUCHÂTEAU und FLORKIN, 1951 (ich korrigiere
meinerseits den Wert des Arginins im Krebsmuskel, dessen Konzentration
infolge eines Rechenfehlers in Tab. 1 dieser Arbeit zehnmal zu schwach
angegeben wurde).

[2] In Süßwasser.

worden sind, hat LEWIS 1952 wieder eine Reihe von Daten über die Nerven der Crustaceen erhalten, die eine noch intensivere Betrachtung des Problems gestatten. 1939 beobachteten BAER und SCHMITT am Nerven von *Loligo pealii* ein bedeutendes Ionendefizit in der Intracellularflüssigkeit, die gegenüber dem Blut nur eine Konzentration von 63% aufwies, und andererseits ein bedeutendes Anionendefizit durch einen Überschuß von 0,5 gäq Kationen pro Liter Intracellulärflüssigkeit. Weiterhin machten diese Autoren, deren Ergebnisse im folgenden Jahr durch WEBB und YOUNG (1940) für *Loligo forbesi* bestätigt wurden, auf den hohen Gehalt an Nichteiweiß-Stickstoff des Nerven aufmerksam; er betrug 55% des Gesamtstickstoffs. Außer den Nerven des Tintenfisches wurden auch die des Hummers untersucht. So zeigten SCHMITT, BAER und SILBER (1939), daß die Intracellulärflüssigkeit des Hummernerven 5 mg Nichteiweiß-Stickstoff pro Gramm enthält und daß von diesen 5 mg 2,2 mg auf formoltitrierbaren Stickstoff entfallen.

Die Bestimmung der NH_2- und COOH-Gruppen in den Extrakten von Hummernerven ergibt 0,3 mäq freier Aminosäure pro Gramm Intracellulärflüssigkeit, d. h. 4 g auf 100 g Flüssigkeit. SILBER und SCHMITT (1940), die diese Untersuchungen durchgeführt haben, berechneten, daß das Anionendefizit 0,36 mäq beträgt und nehmen an, daß eine Aminodicarbonsäure durch ihre zweite Carboxylgruppe dieses Defizit deckt. Schließlich findet SILBER 1941 im Hummernerven 3 g freie Aminosäuren in 100 g Intracellulärflüssigkeit; Asparaginsäure ist in einer Konzentration von 1,3 g auf 100 g Flüssigkeit enthalten, der Rest besteht vorwiegend aus Alanin und Glykokoll. Das osmotische Defizit ist ausgeglichen. Was das Säure-Basen-Gleichgewicht betrifft, so wird, wenn die Asparaginsäure ein Äquivalent Kationen neutralisiert, das Anionendefizit zur Hälfte reduziert und beträgt nicht mehr als 0,2 anstelle von 0,36 mäq. Es könnte noch weiter reduziert werden, wenn man berücksichtigte, daß Glykokoll und Alanin mit zweiwertigen Kationen Komplexe bilden können. Bei der Fleckenextraktion aus Papierchromatogrammen der hauptsächlichen Aminosäuren vom Nerven der Schere von *Carcinus maenas* findet LEWIS pro Kilogramm Frischgewicht 138 mMol Asparaginsäure, 35 mMol Glutaminsäure, 33 mMol Alanin, 65 mMol Taurin und sehr wenig (weniger als 5 mMol)

Glykokoll. Aus seinen Resultaten schließt Lewis, daß im Gegensatz zu dem, was wir beim Hummermuskel beobachtet haben, die Glutaminsäure und die Asparaginsäure im Nerven von Carcinus fast ausschließlich als freie Aminosäuren und nur in Spuren als Amide vorkommen. Aus dem Gehalt an anorganischen Bestandteilen im Nerven von Carcinus stellt Lewis das Säure-Basen-Gleichgewicht auf, wobei er annimmt, daß die Aminodicarbonsäuren ein Kationenäquivalent binden. Daraus folgt, daß im Nerven von Carcinus Glutaminat und Asparaginat eine bedeutende Rolle im Säure- Basen- Gleichgewicht spielen und ungefähr zwei Drittel des Kaliums binden.

Beim Aufstellen der Bilanz des osmotischen Gleichgewichtes schließt Lewis, daß sie ungefähr 10% des osmotischen Druckes ausmachen, wenn die anderen Aminosäuren nicht in das Säure-Basen-Gleichgewicht eingreifen. Nach Lewis' Angaben besteht ein beträchtlicher Unterschied zwischen dem Säure-Basen-Gleichgewicht des Nerven und dem des Muskels von Carcinus. Beim Nerven spielen freies Asparaginat und Glutaminat eine große Rolle im Säure-Basen-Gleichgewicht, während im Muskel ein großer Teil des Kaliums durch die Phosphorverbindungen, die zum contractilen Mechanismus gehören, neutralisiert wird. Übrigens haben Engel und Gerard (1935) 66 mMol lösliche Phosphorsäure im Muskel von *Limulus* gefunden, während der Hummernerv nur 13 mMol pro Kilogramm Körpergewicht davon enthält. Man könnte also den nicht-eiweißgebundenen Aminosäuren in den Crustaceenmuskeln eine osmoregulatorische Rolle zuerkennen, entsprechend dem osmotischen Defizit an anorganischen Komponenten im Gewebe, verglichen mit dem inneren Milieu. Ein Vergleich der Aminosäurekonzentration mit der Chlorämie des inneren Milieus bei den untersuchten Tierarten macht diese osmotische Funktion wahrscheinlich. Bevor man aber verallgemeinert, daß der Pool der nicht-eiweißgebundenen Aminosäuren das Ionendefizit gegenüber dem inneren Milieu ausgleicht, müßte man mehr über die Natur dieses Ionendefizits wissen.

Als wir die Kurven der Aminosäurepools in den Muskeln verschiedener Tierarten demonstrierten, haben wir auf gewisse Schwankungen um den typischen Wert herum hingewiesen.

Um die Umwelteinflüsse auf das intracelluläre Aminosäuresystem des Muskels zu untersuchen, haben wir (Duchâteau und

FLORKIN, 1955d) eine Anzahl Wollhandkrabben benutzt, die aus dem Brackwasser des Polders der Schelde stammten. Diese wurden zuerst einige Tage lang in einem Süßwasseraquarium von 10° mit Fischen gefüttert, dann wurde am 27. September eine Anzahl von ihnen in ein Meerwasseraquarium von der gleichen Temperatur übertragen und mit derselben Nahrung weitergefüttert. Am 2. Dezember und am 3. und 4. Januar wurden die Bestimmungen an den Meerwasser- und an den Süßwassertieren durchgeführt. Die Ergebnisse dieser Untersuchungen sind in den Abb. 4 und 5 dargestellt. Sie zeigen, daß die Konzentration der verschiedenen nicht-eiweißgebundenen Aminosäuren bei den Meerwassertieren gegenüber den Süßwassertieren stark erhöht ist; besonders die von Glykokoll und Prolin und am wenigsten die von Arginin. Die Fähigkeit der Wollhandkrabbe, sowohl im Süß- wie auch im Meerwasser leben zu können, scheint also an eine celluläre Osmoregulation gebunden zu sein, deren Mechanismus auf der Anpassung der intracellulären Aminosäurekonzentration, namentlich der des Glykokolls und des Prolins an die Schwankungen des Milieus beruht.

Die Konzentration des Milieus ist nicht der einzige Faktor, der die Art und die Konzentration des intracellulären Aminosäurepools verändert; wie die Abb. 6 und 7 zeigen, hat eine Senkung der Temperatur ebenfalls einen Einfluß darauf, wie an der gleichen Gruppe von Wollhandkrabben festgestellt wurde (DUCHÂTEAU und FLORKIN, 1955c).

Ein Teil dieser Tiere wurde am 27. und 29. September in ein Süßwasseraquarium von 10°, ein anderer in ein ebensolches von 1—3° gebracht; beide Gruppen wurden mit der gleichen Fischnahrung gefüttert. Am 17. November und 1. Dezember wurden die Untersuchungen an den abgekühlten und den Kontrolltieren durchgeführt. Bei den abgekühlten Tieren zeigte sich die Konzentration des Prolins stark erniedrigt. Wieder eine Portion Krabben einer anderen Population, die am 16. Dezember in Wasser von 1—3° gebracht worden war, wurde am 3. Januar untersucht. Nach dieser, gegenüber dem ersten Versuch kürzeren Abkühlungsdauer war die Prolinkonzentration zwar deutlich, aber weniger stark erniedrigt (Abb. 8). Die Analyse des intracellulären Aminosäurepools offenbart also den Einfluß der Umweltbedingungen auf die Charakteristika der Biochemie der Zelle. Art und

Gesamtkonzentration der Aminosäurepools stellen einen stationären Zustand in einem Komplex verschiedener Fermentwirkungen
dar. Die Aufrechterhaltung eines solchen stationären Zustandes

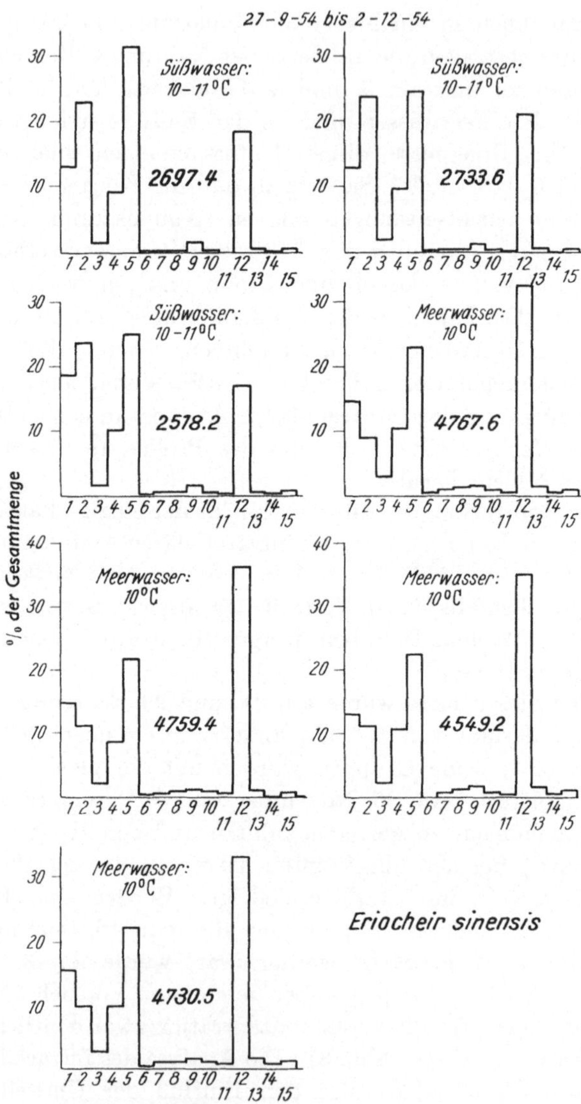

Abb. 4. DUCHÂTEAU und FLORKIN (unveröffentlicht).

stimmt auch mit der Aufrechterhaltung eines Aminosäuregefälles zwischen der Zelle und dem inneren Milieu überein.

Zur Vermeidung von Irrtümern sollte man also anstelle von intracellulären Aminosäurepools besser von den verschiedenen

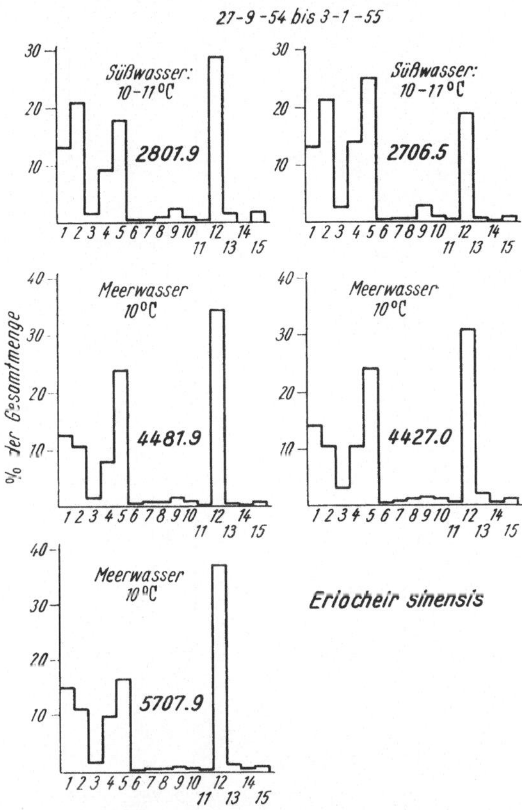

Abb. 5. DUCHÂTEAU und FLORKIN (1955d).

stationären Zuständen des intracellulären Systems von nicht-eiweißgebundenen Aminosäuren sprechen. Dieser stationäre Zustand kommt bei den mehrzelligen Tieren einesteils durch ein verwickeltes Zusammenwirken von enzymatischen Prozessen im Innern der Zelle und andererseits durch das Aufrechterhalten eines Konzentrationsgefälles zwischen Zellen und innerem Milieu zustande. Nach dem, was wir gesagt haben, ist die Gesamtkonzentration des intracellulären Aminosäuresystems bei den

wirbellosen Meerestieren gegenüber den Wirbeltieren oder den
Wirbellosen, die erst sekundär den Bedingungen der Süßwasser-

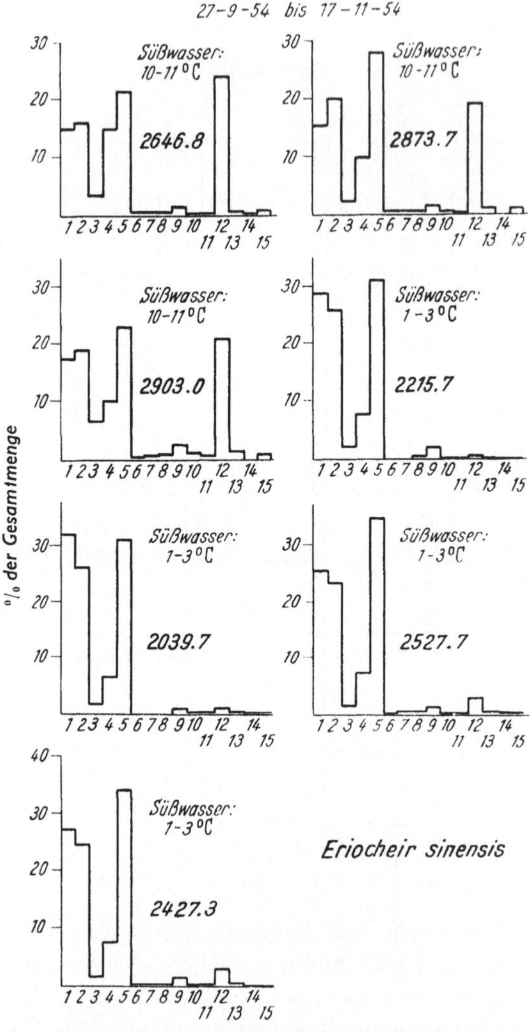

Abb. 6. Duchâteau und Florkin (1955c).

bewohner angepaßt worden sind, erhöht. Wir haben die Möglichkeit einer Beziehung zwischen dieser Aminosäurekonzentration
und dem Grad des Ionendefizits in den Zellen angedeutet.

Da wir von dem Begriff des "turnover" (Umsatzes) noch keine klaren Vorstellungen haben, wäre es verfrüht, die Beziehung zwischen der Konzentration der intracellulären Aminosäure-

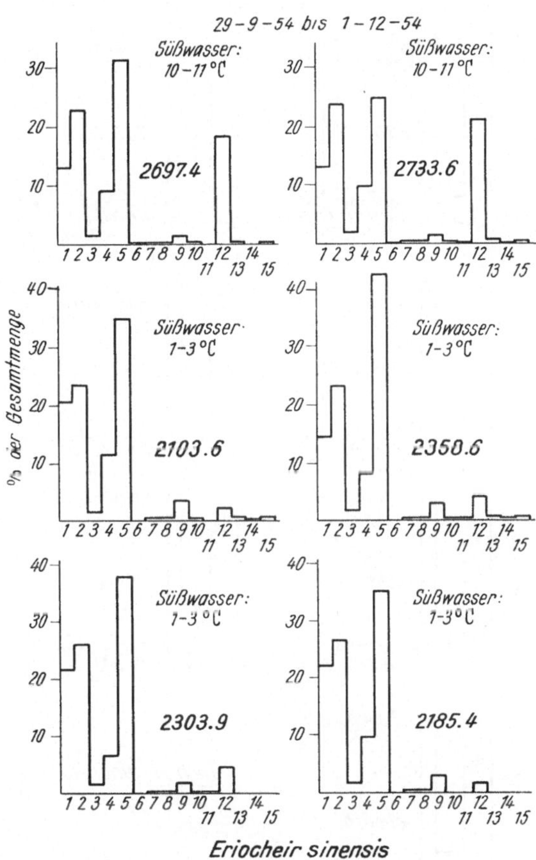

Abb. 7. DUCHÂTEAU und FLORKIN (1955c).

systeme und der Eiweißsynthese vergleichend zu analysieren. Man weiß aber, daß bei den Säugetieren der Umsatz der Plasmaeiweißkörper um so langsamer vor sich geht, je größer das Volumen des Tieres ist (Tab. 21, in TARVER, 1954). Der Umsatz der Eiweißkörper vollzieht sich also um so schneller, je höher der Grundumsatz ist.

LOTSPEICH (1950) ist im Verlauf von Untersuchungen über verschiedene Hormonwirkungen im Bereich des Stickstoffstoffwechsels zu dem Schluß gekommen, daß die Aminosäuren

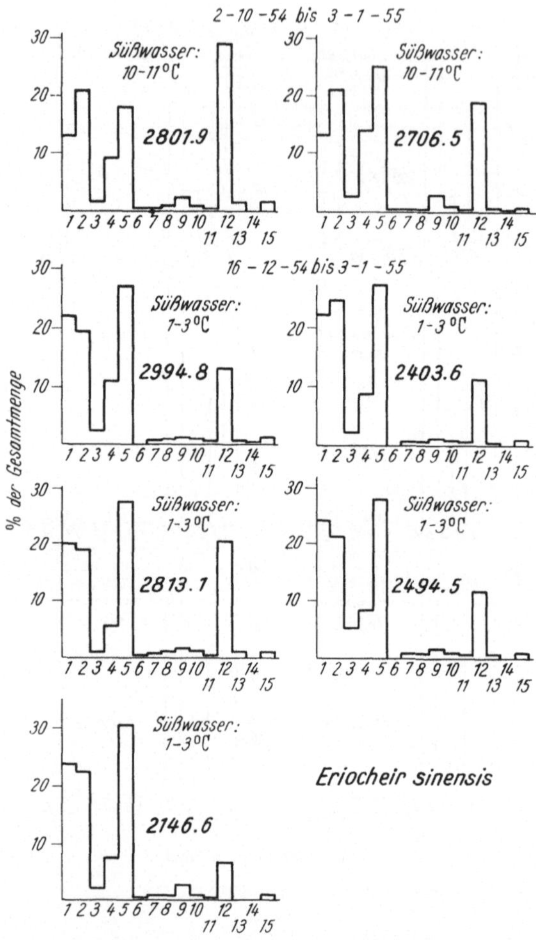

Abb. 8. DUCHÂTEAU und FLORKIN (1955 c).

bei der Eiweißsynthese mit einer Geschwindigkeit aus dem Blut abnehmen, die dem Gehalt der Gewebsproteine an ihnen direkt proportional ist. Man könnte nun annehmen, daß der jeder Kategorie von Zellen eigentümliche Aminosäurepool sogar beim Aufbau der Struktur der Gewebsproteine eine

Rolle spielen würde. Seine Zusammensetzung entspricht aber nicht der der Gewebsproteine, wie aus den Untersuchungen von SOLOMON, JOHNSON, SHEFFNER und BERGEIM (1951) hervorgeht,

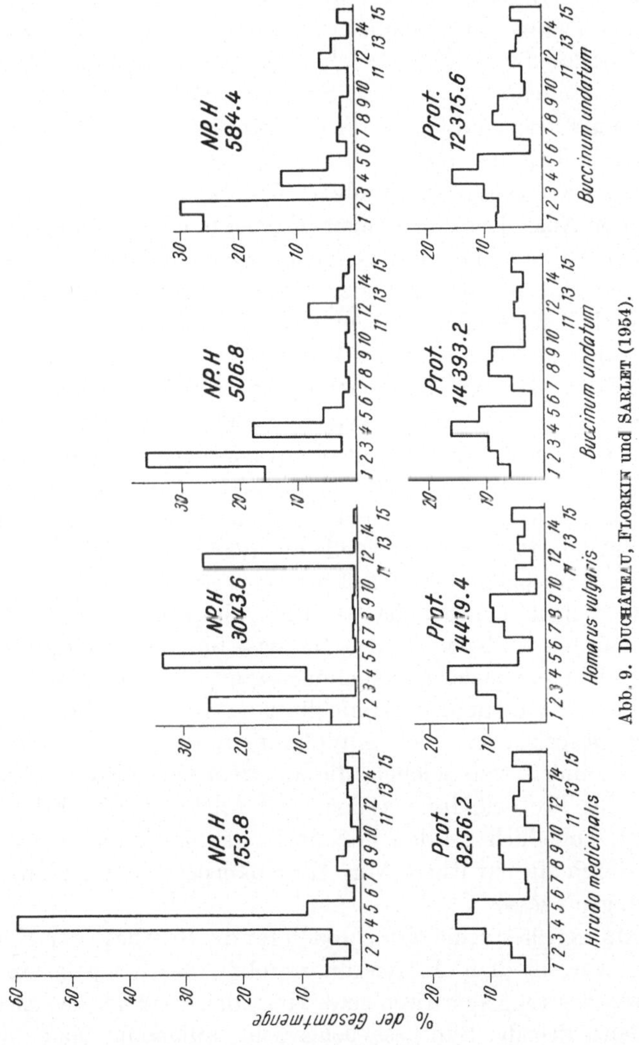

Abb. 9. DUCHÂTEAU, FLORKIN und SARLET (1954).

die 9 Aminosäuren bei der Ratte bestimmt haben. Wir selbst (DUCHÂTEAU, FLORKIN und SARLET, 1954) haben die gleiche Divergenz bei vielen Wirbellosen beobachtet, z. B. bei den Muskeln

des Blutegels, des Hummers und bei der Trompetenschnecke
(Abb. 9). Das bestätigt einesteils die Vorstellung verschiedener
Autoren [besonders Beach, Munks und Robinson (1943) und
Block (1951)], daß die Zusammensetzung der Gesamtproteine
von einer Tierart zur anderen nicht sehr wechselt. Wir bestätigen
diese Vorstellung, stellen ihr aber die große Mannigfaltigkeit in
der Zusammensetzung der Systeme nicht-eiweißgebundener
Aminosäuren gegenüber, die in den Muskeln jeder Tierart einen
besonderen Typ darstellen.

Das ist keineswegs erstaunlich. Jede Zelle enthält in der Tat
eine große Anzahl von Proteinen (Fermente oder andere), die sich
in ihrem Aufbau und ihrer Struktur voneinander unterscheiden.
Jedes hat eine besondere Konzentration und wird mit einer ihm
eigentümlichen Geschwindigkeit auf- und abgebaut. Wir wissen
andererseits aus den schönen Untersuchungen von Velick und
Mitarbeitern, daß im Kaninchenmuskel alle Aminosäuren in der
Aldolase und der Phosphorylase 1,8mal schneller umgesetzt
werden als die in der Glycerinaldehyd-3-phosphatdehydrogenase
(Simpson und Velick, 1954; Heimberg und Velick, 1954).
Wenn man bedenkt, wie viele Tatsachen dafür sprechen, daß die
verschiedenen Proteine einer Zelle aus demselben Aminosäurepool
mit der für jeden Eiweißkörper charakteristischen Umsatz-
geschwindigkeit synthetisiert werden, begreift man, daß der
Aminosäurepool, obwohl er das Material für die Eiweißsynthesen
liefert, nicht die gleiche Zusammensetzung haben kann wie das
Gewebseiweiß; denn das Sammelbecken wird ständig von drei
Quellen gespeist: von den Aminosäuren, die aus dem inneren
Milieu stammen, von solchen, die aus dem verschieden schnellen
Abbau der Proteine frei werden, und solchen, die synthetisiert
werden; schließlich werden ihm auch ständig Aminosäuren entzogen durch die Synthese von Eiweißkörpern und andere Um-
wandlungsprozesse.

Lipmann (1954) schlägt ein Modell für die Synthese von Eiweiß-
körpern vor, in dem Aktivierungspunkte, die für jede einzelne
Aminosäure streng spezifisch sind, längs der Struktur des Enzyms
oder Gens, das die Synthese beherrscht, aufgereiht sind. Jeder
dieser Punkte soll durch eine Übertragung von pyrophosphorylierten Gruppen des ATP auf das Enzym aktiviert werden.
Darauf sollen die pyrophosphorylierten Gruppen am spezifischen

Wirkungspunkt gegen das Carboxyl der Aminosäure ausgetauscht werden. Aufgereiht in der erforderlichen Reihenfolge, würden die aktivierten Carboxylgruppen mit den Aminogruppen der benachbarten Aminosäuren reagieren. Die Synthese einer Peptidbindung erfordert weniger Energie als eine energiereiche Phosphatbindung liefert. Ein Teil dieser überschüssigen Energie könnte nach LIPMANN zur Konzentrierung der stark verdünnten freien Aminosäuren verwendet werden. Dieser Konzentrierungseffekt wurde von LINDERSTRÖM-LANG 1952 in einer seiner "Lane Lectures" vorgeschlagen. Die beträchtlichen Unterschiede der Gesamtkonzentration und der Zusammensetzung der intracellulären Aminosäuresysteme müssen bei solchen Überlegungen zweifellos in Betracht gezogen werden.

Die Insekten sind bisher absichtlich weggelassen worden, weil sie im Bereich der Aminosäuresysteme in Blut und Gewebe ganz besondere Eigentümlichkeiten aufweisen, die man als systematische biochemische Charakteristika ansehen kann.

Es wird mehr und mehr allgemein anerkannt, daß der erhöhte Aminosäurespiegel im Blut der Insekten ein biochemisches Charakteristikum ihrer Klasse darstellt (FLORKIN, 1944). Im Plasma der Insekten kommen die Aminosäuren immer in höheren Konzentrationen vor als bei den besprochenen Wirbeltieren und Wirbellosen. In der Literatur gibt es eine Reihe qualitativer Angaben über die Aminosäuren des Insektenplasmas (USSING, 1946; RAPER und SHAW, 1948; AUCLAIR und PATTON, 1950; FINLAYSON und HAMER, 1949; DRILHON, 1950; LEVENBOOK, 1950; PRATT, 1950).

Schon 1942 haben wir mit colorimetrischen Methoden im Wolframatfiltrat des Blutplasmas von *Dytiscus* 30 mg Histidin und 117—118 mg Tyrosin pro 100 cm³ gefunden (FLORKIN und DUCHÂTEAU, 1942). Um 1946 bestimmte USSING im Blut des Engerlings eine Reihe von Aminosäuren. Wir haben zahlreiche Resultate mit der mikrobiologischen Methode über die Aminosäuren im Plasma der Insekten gewonnen (SARLET, DUCHÂTEAU, CAMIEN und FLORKIN, 1951, 1952; DUCHÂTEAU, FLORKIN und SARLET, 1952; SARLET, DUCHÂTEAU und FLORKIN, 1952; DUCHÂTEAU und FLORKIN, 1953, 1954b, 1955a). Die Durchschnittskonzentration der nicht-eiweißgebundenen Aminosäuren im Plasma der Insekten liegt viel höher als bei 50 mg pro 100 cm³

Tabelle 4. *Plasma von Blut oder Hämolymphe. Hydrolysiertes Filtrat oder Dialysat.*
Milligramm pro 100 cm³.

	Ratte[1]	Kaninchen[2]		Katze[3]	Junger Mensch[4]	Karpfen[5]	Astacus[5]	Hummer[6]	Hydro-philus ausge-wachsen[7]	Puppe von Sphinx ligustri[8]
1. Alanin	3,6	6,7	8,2	7,3	4,8	5,6	10,2	8,7	60,9	103,7
2. Arginin	3,6	0,9	2,2	1,6	2,4	2,6	3,6	1,6	7,5	257,0
3. Asparaginsäure	—	2,1	1,7	1,4	1,2	2,6	2,3	7,0	18,7	8,2
4. Glutaminsäure	—	13,1	18,3	12,0	14,2	8,7	29,8	3,5	195,0	380,1
5. Glykokoll	—	9,9	4,5	3,2	1,8	4,3	6,0	24,0	26,1	54,4
6. Histidin	1,2	0,7	2,0	1,7	1,7	0,6	1,1	3,5	12,9	111,4
7. Isoleucin	1,8	2,4	1,5	0,8	2,9	4,6	6,0	—	25,8	61,8
8. Leucin	5,5	2,7	1,8	1,7	5,1	5,6	3,0	4,2	7,7	82,9
9. Lysin	5,6	2,5	4,2	2,8	5,8	3,5	3,0	2,1	24,7	369,3
10. Methionin	1,7	0,3	0,5	—	0,4	6,7	—	0,0	—	82,1
11. Phenylalanin	2,8	1,5	1,1	1,0	1,5	1,5	1,0	0,2	7,4	38,9
12. Prolin	7,2	4,4	3,1	2,0	5,5	0,0	3,3	6,0	283,0	155,5
13. Threonin	8,0	1,6	1,6	1,6	2,3	2,0	3,3	0,0	17,8	84,2
14. Tyrosin	3,1	1,0	0,6	0,5	2,3	1,3	1,7	3,3	9,2	10,4
15. Valin	4,1	2,8	2,8	2,4	6,5	3,9	6,0	0,0	20,8	114,4
Summe		52,5	54,1	40,0	58,4	53,5	55,0	64,1	717,5	1904,4

[1] SCHURR, THOMPSON, HENDERSON und ELVEHJEM, 1950. — [2] DUCHÂTEAU und FLORKIN, 1954a. — [3] TALLAN, MOORE und STEIN, 1954. — [4] STEIN und MOORE, 1954. — [5] DUCHÂTEAU und FLORKIN, 1954d. — [6] CAMIEN, SARLET, DUCHÂTEAU und FLORKIN, 1951. — [7] SARLET, DUCHÂTEAU, CAMIEN und FLORKIN, 1951. — [8] DUCHÂTEAU und FLORKIN, 1955b.
[1, 2, 4, 5, 6, 7] Mikrobiologische Bestimmungen in Dialysaten oder Wolframatfiltraten; [3] Chromatographische Bestimmung nach MOORE und STEIN in Pikrinsäurefiltraten.

(der Durchschnittskonzentration bei den Tieren anderer zoologischer Gruppen) (Tab. 4). Die Abb. 10 und 11 zeigen außerdem, daß bei *Sphinx ligustri* das System der 14 bestimmten nichteiweißgebundenen Aminosäuren im Plasma der Raupe sich deutlich von dem der Puppe unterscheidet (DUCHÂTEAU und FLORKIN, 1955b).

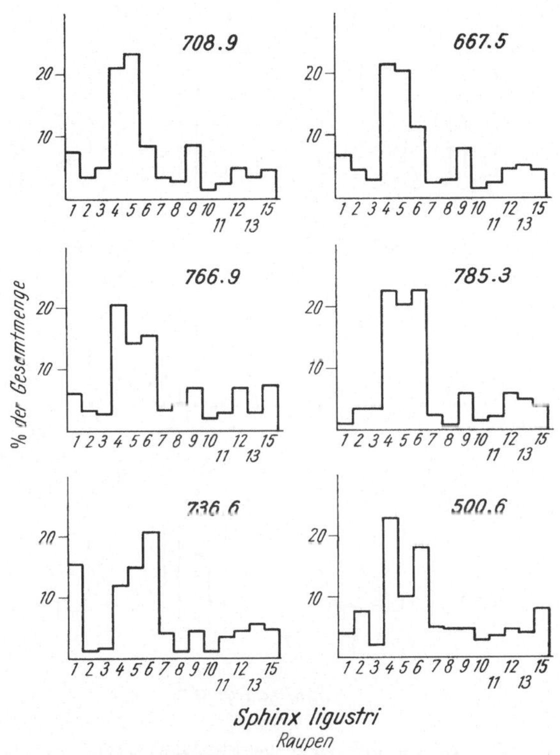

Abb. 10. DUCHÂTEAU und FLORKIN (1955b).

Das Schema der Raupen ist charakterisiert durch die quantitative Bedeutung der Gruppe Glutaminsäure (hauptsächlich Glutamin) —Glykokoll—Histidin, die zusammen regelmäßig mehr als 50% der Summe aller 14 Aminosäuren ausmachen. Bei den Puppen herrscht die Gruppe Arginin—Glutaminsäure (fast ausschließlich als Glutamin) —Histidin—Tyrosin—Prolin vor. Sie macht zusammen 54—67% der Gesamtsumme der 14 bestimmten Aminosäuren aus. Gelegentlich ist die eine oder andere Amino-

säure, die noch nicht genannt worden ist, im Plasma der Raupe
oder der Puppe konzentrierter als gewöhnlich.

Man muß zugeben, daß die 14 Aminosäuren im Plasma der
Hämolymphe der Raupen von *Sphinx ligustri* in typischer und
definierter Weise gemischt sind. Die Merkmale dieses Typs findet

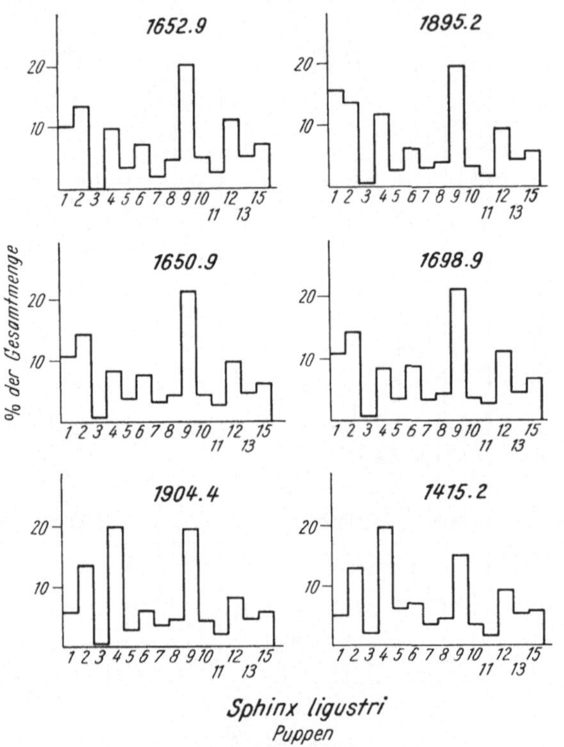

Abb. 11. DUCHÂTEAU und FLORKIN (1955 b).

man auch bei Tieren wieder, die unter verschiedenen Bedingungen
(Jahreszeit, Fütterung) gezüchtet worden sind. Bei der Umwandlung der Raupe in die Puppe wird der Typ durch einen anderen ersetzt, der sich sowohl hinsichtlich der Verteilung der
Aminosäuren wie auch in seinem Gesamtwert stark von dem der
Raupe unterscheidet. Wenn man bedenkt, daß die Puppen, die
die Kurven der Abb. 11 geliefert haben, von sehr verschiedenem
Alter und sehr unterschiedlichem Herkommen sind, so muß man
erstaunt sein über den beständigen Charakter, den diese Schemata

zeigen. Dagegen variieren die der Raupen mehr um den typischen
Wert herum.

Der eindeutige Charakter des Aminosäuresystems im Plasma
der Puppe der Lepidopteren wird auch in unseren Bestimmungen
(DUCHÂTEAU und FLORKIN, unveröffentlicht) an verschiedenen
Versuchsreihen von Puppen von *Laothoe populi*, *Papilio machaon*,
Actias selene (Abb. 12), *Antherea pernyi*, *Lasiocampa quercus* und
Euproctis chrysorrhea gezeigt. Den gleichen Systemtyp trifft

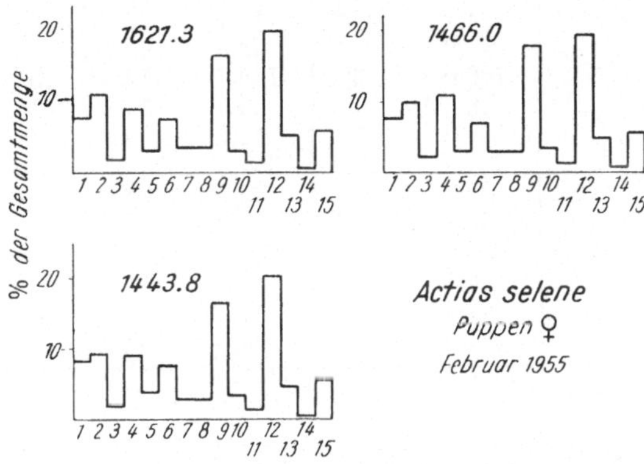

Abb. 12. DUCHÂTEAU und FLORKIN (unveröffentlicht).

man auch bei den Larven von *Aeshna*, bei den ausgewachsenen
Hydrophilus piceus und den Bienenlarven.

In Tab. 5 (DUCHÂTEAU und FLORKIN, 1954b), die sich auf die
Puppen von drei Lepidopteren bezieht, bei denen die Aminosäuren in den Dialysaten des Plasmas der Hämolymphe bestimmt
worden sind, findet man unter den 15 Aminosäuren, die z. T. in
gebundener Form vorliegen, die Glutaminsäure und das Methionin.
In einem der drei Beispiele kommt auch Asparaginsäure vor.
Tab. 6 enthält die Analysen des Aminosäurepools im Hautmuskel-
schlauch der Raupe von *Sphinx ligustri* und des der Seidenraupe
am Ende des 5. Alters (DUCHÂTEAU und FLORKIN, 1955a). Hier
bestehen ganz andere Beziehungen zwischen Plasma und Zellen
als bei den im ersten Teil dieses Vortrags berichteten Fällen.
Bei den Tieren, die keine Insekten sind, erscheint der Pool der
Gewebe im Vergleich zu jenen mehr oder weniger erhöht; wenig
beim Kaninchen und beim Hahn, stark beim Hummer. In den
beiden Beispielen von Insektengeweben, die in Tab. 6 erwähnt

Tabelle 5. *Aminosäuren der Hämolymphe von Puppen von Lepidopteren*
(Duchâteau und Florkin, 1954b).
Milligramm in 100 cm³ Plasma von Hämolymphe. NH = nicht hydrolysiertes Ultrafiltrat, H = hydrolysiertes Ultrafiltrat.

Aminosäuren	Philosamia cynthia		Sphinx ligustri		Eacles magnifica	
	NH	H	NH	H	NH	H
Alanin	258,5	253,0	294,1	294,1	21,2	30,8
Arginin	167,0	165,6	303,9	262,1	235,5	234,6
Asparaginsäure	3,7	11,9	7,2	9,2	3,2	9,6
Glutaminsäure	14,1	95,2	13,1	222,2	27,2	142,0
Glykokoll	48,9	51,9	52,3	44,4	49,0	45,8
Histidin	100,0	89,3	128,8	112,4	135,5	124,2
Isoleucin	78,5	81,5	55,6	54,2	13,1	14,7
Leucin	105,6	108,1	71,2	69,9	14,1	15,4
Lysin	238,5	247,4	381,0	367,3	345,0	345,0
Methionin	22,2	64,4	32,0	65,4	24,0	65,1
Phenylalanin	27,4	28,1	32,0	32,0	6,7	7,7
Prolin	238,9	244,1	183,0	175,8	78,8	80,8
Threonin	76,7	80,0	83,7	81,0	5,8	8,3
Tyrosin	4,8	4,8	5,2	8,5	30,4	40,1
Valin	122,5	127,0	109,8	105,2	33,0	34,9
Summe	1507,3	1652,3	1752,9	1903,7	1022,5	1199,0

sind, ist die Konzentration des Gewebepools niedrig im Vergleich zu der hohen Konzentration des Blutplasmapools. Bei *Sphinx ligustri* enthalten die Gewebe mehr Arginin, was uns nicht erstaunt bei einem Tier, dessen Phosphagen das Phospho-arginin ist; aber neben Arginin und Glutamin sind alle bestimmten Aminosäuren im Gesamtgewebe (einschließlich der intercellulären Zwischenräume) in geringerer Konzentration vorhanden als im Plasma. Wahrscheinlich sind die intracellulären Konzentrationen gegenüber denen des Plasmas und der Intercellulärflüssigkeit noch deutlicher erniedrigt. Bei der Seidenraupe am Ende des 5. Alters sind die Bestandteile des Pools mit Ausnahme von Arginin, Glutamin und vielleicht Tyrosin ebenfalls im untersuchten Gewebe weniger konzentriert als im Plasma. Der hohen Konzentration des Plasmapools steht bei diesen Insekten die niedrige Konzentration der nicht-eiweißgebundenen Aminosäuren im Gewebe (mit Ausnahme des Glutamins, Arginins und des Tyrosins) gegenüber.

Wie das intracelluläre Aminosäuresystem ist auch das der Hämolymphe der Insekten ein Beispiel für stationäre Zustände. Hier ist es vielleicht noch schwieriger, festzustellen, an welcher

Tabelle 6. *Hydrolysierte Dialysate* (DUCHÂTEAU und FLORKIN, 1955a). Milligramm in 100 cm³ Plasma oder in 100 g Gewebe von Raupen.

| | Sphinx ligustri | | Bombyx mori | | | | | |
| | Juli 1953 | | Oktober 1951 | | Juli 1953 | | Juli 1954 | |
	Plasma	Gewebe	Plasma	Gewebe	Plasma	Gewebe	Plasma	Gewebe
1. Alanin	52,8	47,8	42,2	30,0	37,2	37,2	26,2	35,2
2. Arginin	25,6	71,7	34,9	76,7	30,0	64,9	30,4	41,1
3. Asparaginsäure	34,7	24,3	106,0	87,2	96,6	91,2	142,6	70,1
4. Glutaminsäure	147,7	143,0	316,0	379,0	210,5	345,5	218,0	210,9
5. Glykokoll	166,5	94,1	64,6	47,3	55,7	44,7	86,7	49,2
6. Histidin	60,0	22,2	274,3	99,2	164,1	37,5	232,8	39,1
7. Isoleucin	22,7	13,6	11,7	6,2	10,8	13,8	11,8	8,4
8. Leucin	20,5	9,9	14,6	8,0	11,1	14,7	13,9	10,0
9. Lysin	59,1	11,0	77,4	13,2	63,8	10,2	102,3	15,3
10. Methionin	11,9	11,4	7,4	9,3	9,3	12,2	12,7	5,3
11. Phenylalanin	17,6	7,7	9,7	5,6	9,6	12,9	16,5	8,1
12. Prolin	34,1	17,3	33,7	21,3	18,0	12,7	12,1	8,4
13. Threonin	25,6	10,3	68,5	39,5	57,9	34,9	59,9	26,2
14. Tyrosin	96,6	22,8	4,6	7,7	2,2	12,7	3,4	4,4
15. Valin	30,1	15,8	21,1	11,9	17,6	13,4	17,1	10,0
16. Serin	142,0	80,5			159,4	86,2		
Summe 1—15	805,5	522,9	1086,7	842,1	794,4	758,5	986,4	541,7

Kreuzung der Stoffwechselprozesse sich der stationäre Zustand einstellt. Bei den Puppen der Lepidopteren liegt er gewissermaßen im Mittelpunkt des Organismus, wie der intracelluläre stationäre Zustand im Mittelpunkt der Zelle. Er erhält Aminosäuren von den eingeschmolzenen Zellen und gibt sie an neu zu bildende Zellen ab. Das plasmatische Aminosäuresystem durchdringt den gesamten Organismus. Wahrscheinlich ist seine charakteristische Form einer der chemischen Faktoren oder ein Reflex chemischer Faktoren oder beides zugleich, die die latenten Potenzen in jedem Stadium verwirklichen; andererseits ist sie einer der chemischen Faktoren für die Integration des Organismus, über die besonderen Fähigkeiten der Differenzierung hinaus. Gleichgültig, ob Ursache oder Folge, die Konstanz und hohe Konzentration (im Vergleich zu anderen Tieren) eines bestimmten Aminosäuresystems im Plasma der Puppen scheint mit dem Komplex der Vorgänge während der Metamorphose verbunden zu sein. Während des Puppenstadiums schlägt das Aminosäuresystem gleichsam eine chemische Brücke vom Ende des Raupenstadiums zum Auftreten der Potenzen der Imago. Es gibt da, wenn man dies Bild erlauben will, einen reichlich versorgten Kanal von weitem Querschnitt, der unter hohem Druck und in großen Mengen die Aminosäuren den wachsenden Geweben, die das fertige Tier bilden sollen, in dem entsprechenden Verhältnis liefert.

Die Betrachtung der intracellulären Systeme der nicht im Eiweiß gebundenen Aminosäuren hat uns mit einer Sammlung biochemischer Phänotypen vertraut gemacht, die auf dem Niveau einer definierten Zellart den Begriff der Differenzierung verdeutlicht. In dem so einzigartigen und für die Klassifikation so charakteristischen Fall der Insekten führt uns das Studium der nichteiweißgebundenen Aminosäuresysteme im Plasma auf biochemischer Ebene zu der Vorstellung vom Polymorphismus, die für die vergleichende Biochemie der Tiere von größter Bedeutung ist.

Literatur.

Auclair, J. L., et R. L. Patton: Rev. Canad. Biol. **9**, 3 (1950).
Beach, E. F., B. Munks and A. Robinson: J. of Biol. Chem. **148**, 431 (1943).
Bear, R. S., and F. O. Schmitt: Cellul. a. Comp. Physiol. **14**, 205 (1939).
Block, R. J.: Ann. N. Y. Acad. Sci. **53**, 608 (1951).

CAMIEN, M. N., H. SARLET, GH. DUCHÂTEAU and M. FLORKIN: J. of Biol. Chem. **193**, 881 (1951).

CHRISTENSEN, H. N., and J. A. STREICHER: J. of Biol. Chem. **175**, 95 (1948).

CHRISTENSEN, H. N., J. T. ROTHWELL, R. A. SEARS and J. A. STREICHER: J. of Biol. Chem. **175**, 101 (1948).

CHRISTENSEN, H. N., J. A. STREICHER and R. L. ELBINGER: J. of Biol. Chem. **172**, 515 (1948).

DRILHON, A.: C. r. Soc. Biol. (Paris) **144**, 224 (1950).

DUCHÂTEAU, GH., et M. FLORKIN: Arch. internat. Physiol. **61**, 232 (1953).

DUCHÂTEAU, GH., et M. FLORKIN: Arch. internat. Physiol. **62**, 205 (1954a).

DUCHÂTEAU, GH., et M. FLORKIN: Arch. internat. Physiol. **62**, 272 (1954b).

DUCHÂTEAU, GH., et M. FLORKIN: Arch. internat. Physiol. **62**, 293 (1954c).

DUCHÂTEAU, GH., et M. FLORKIN: Arch. internat. Physiol. **62**, 487 (1954d).

DUCHÂTEAU, GH., et M. FLORKIN: C. r. Soc. Biol. (Paris) **148**, 1287 (1954e).

DUCHÂTEAU, GH., et M. FLORKIN: Arch. internat. Physiol. **63**, 35 (1955a).

DUCHÂTEAU, GH., et M. FLORKIN: Bull. Soc. Chim. biol. **37**, 239 (1955b)

DUCHÂTEAU, GH., et M. FLORKIN: Arch. internat. Physiol. **63**, 213 (1955c)

DUCHÂTEAU, GH., et M. FLORKIN: Arch. internat. Physiol. **63**, 249 (1955d)

DUCHÂTEAU, GH., M. FLORKIN et H. SARLET: Arch. internat. Physiol. **60**, 539 (1952).

DUCHÂTEAU, GH., M. FLORKIN et H. SARLET: Arch. internat. Physiol. **62**, 512 (1954).

DUCHÂTEAU, GH., H. SARLET, M. N. CAMIEN et M. FLORKIN: Arch. internat. Physiol. **60**, 124 (1952).

DUCHÂTEAU, GH., H. SARLET et M. FLORKIN: Arch. internat. Physiol. **60**, 103 (1952).

DUNN, M. S., and L. E. McCLURE: J. of Biol. Chem. **184**, 223 (1950).

ENGEL, G. L., and R. W. GERARD: J. of Biol. Chem. **112**, 379 (1935).

FINLAYSON, L. H., and D. HAMER: Nature (London) **163**, 843 (1949).

FLORKIN, M.: L'évolution biochimique. Paris: Masson & Cie. 1944.

FLORKIN, M., et GH. DUCHÂTEAU: Bull. Cl. Sci. Acad. roy. Belgique **28**, 373 (1942).

HAC, L. R., and E. E. SNELL: J. of Biol. Chem. **159**, 291 (1945).

HAMILTON, P. B.: J. of Biol. Chem. **158**, 397 (1945).

HARPER, H. A.: Arch. of Biochem. **15**, 433 (1947).

HEIMBERG, M., and S. F. VELICK: J. of Biol. Chem. **204**, 725 (1954).

JUDAJEW, N. A.: C. r. Acad. Sci. USSR **70**, 279 (1950); zit. Chem. Zbl. **20**, 1747 (1950).

KREBS, H. A.: Biochemic. J. **43**, 51 (1948).

KRUEGER, H. A.: Helvet. chim. Acta **33**, 429 (1950).

LEVENBOOK, L.: Biochemic. J. **47**, 336 (1950).

LEWIS, P. R.: Biochemic. J. **52**, 330 (1952).

LINDERSTRØM-LANG, K. U.: Proteins and enzymes (Lane Medical Lectures). Stanford: Univ. Press 1952.

LIPMANN, F.: In: A symposium on the mechanism of enzyme action, S. 599. Baltimore, Md. 1954.

LOTSPEICH, W. D.: J. of Biol. Chem. **185**, 221 (1950).

Pollack, M. A., and M. Lindner: J. of Biol. Chem. **143**, 655 (1942).

Pratt, J. J. jun.: Ann. Entomol. Soc. Amer. **43**, 655 (1950).

Raper, R., and J. Shaw: Nature (London) **162**, 999 (1948).

Sarlet, H., Gh. Duchâteau, M. N. Camien et M. Florkin: Arch. internat. Physiol. **59**, 473 (1951).

Sarlet, H., Gh. Duchâteau, M. N. Camien and M. Florkin: Biochim. et Biophysica Acta **8**, 571 (1952).

Sarlet, H., Gh. Duchâteau et M. Florkin: Arch. internat. Physiol. **60**, 105 (1952).

Schmitt, F. O., R. S. Bear and R. H. Silber: J. Cellul. a. Comp. Physiol. **14**, 351 (1939).

Schurr, P. E., H. T. Thompson, L. M. Henderson and C. A. Elvehjem: J. of Biol. Chem. **182**, 29 (1950).

Silber, R. H.: J. Cellul. a. Comp. Physiol. **18**, 21 (1941).

Silber, R. H., and F. O. Schmitt: J. Cellul. a. Comp. Physiol. **16k**, 247 (1940).

Simpson, M. V., and S. F. Velick: J. of Biol. Chem. **208**, 61 (1954).

Solomon, J. D., C. A. Johnson, A. L. Sheffner and O. Bergeim: J. of Biol. Chem. **189**, 629 (1951).

Stein, W. H., and S. Moore: J. of Biol. Chem. **211**, 915 (1954).

Tallan, H. H., S. Moore and W. H. Stein: J. of Biol. Chem. **211**, 927 (1954).

Ussing, H. H.: Acta physiol. scand. (Stockh.) **6**, 222 (1943).

Ussing, H. H.: Acta physiol. scand. (Stockh.) **11**, 61 (1946).

Slyke, D. D. van, and G. M. Meyer: J. of Biol. Chem. **16**, 196 (1913).

Webb, D. A., and J. T. Young: J. of Physiol. **98**, 299 (1940).

Diskussion.

Ackermann (Würzburg): Ich möchte aus der geradezu erstaunlichen Fülle des Materials, das Sie uns in dieser kurzen Zeit gebracht haben, nur einen Fall herausgreifen. Häufig sind Aminosäuren nicht die einzigen Stickstoffträger. Bei den Meerestieren kommt in großer Menge Trimethylaminoxyd vor, nicht aber bei den Binnenwasserfischen. Sind Sie auch der Meinung meines Schülers Hoppe-Seyler, daß neben den Aminosäuren auch dieses Trimethylaminoxyd und vielleicht noch das ebenfalls verbreitete Glykokollbetain eine osmoregulatorische Rolle spielen?

Mothes (Gathersleben): Als Botaniker möchte ich mir erlauben, zu den interessanten Ausführungen von Herrn Florkin ein paar Parallelen aus unseren neueren Arbeiten über den Aminosäurenstoffwechsel höherer Pflanzen hinzuzufügen. Ergebnisse von höheren Pflanzen lassen sich nicht ohne weiteres mit solchen von Einzellern oder von Tieren vergleichen, da höhere Pflanzen einen Vacuolenraum besitzen, in dessen wäßrigem Zellsaft Substanzen abgelagert werden können, die vielleicht bei Tieren durch die Nieren oder andere Exkretionsorgane ausgeschieden werden. Trotzdem ist es erstaunlich, daß die Verhältnisse in den höheren Pflanzen ganz ähnlich zu liegen scheinen, wie Sie sie uns hier an verschiedenen Tierklassen vorgezeigt haben. Für einen bestimmten Pflanzentyp, etwa ein bestimmtes Nachtschattengewächs, ist das Aminosäurengemisch unter verschiedenen Lebensbedingungen im wesentlichen gleich, bis auf wenige Aminosäuren, die sehr variabel sind. Ich möchte ein einfaches Beispiel anführen. Wenn wir eine Pflanze im Stickstoffhunger halten, so können wir in ihren Geweben neben dem Eiweißstickstoff immer noch eine Menge löslicher Stickstoffverbindungen, im wesentlichen einfache Aminosäuren, nachweisen. Dieser Aminosäurenbestand ist in seiner Qualität, aber auch in gewissem Ausmaße in den quantitativen Verhältnissen für eine bestimmte Pflanzenart ziemlich konstant. Führen wir einer solchen Pflanze über die Wurzel in größeren Mengen Stickstoff in gebundener Form, also als Ammonium oder als Nitrat, zu, so beobachten wir, zunächst in den Wurzeln, dann aber auch bald in den oberirdischen Organen eine starke Vermehrung der löslichen Stickstoffverbindungen. Dabei kann der allgemeine Grundstock von Aminosäuren in der Quantität vermehrt werden. Auffällig ist aber, daß eine oder nur wenige lösliche Stickstoffverbindungen plötzlich in großer Menge auftreten, die vorher im Stickstoffhunger gar nicht vorhanden gewesen sein müssen. Diese Verbindungen stellen zweifellos so etwas dar wie einen Aminogruppenvorrat, der bei Hunger wieder verbraucht werden kann. Solche Verbindungen, die bevorzugt bei einem Überschuß von Stickstoffbausteinen in Erscheinung treten, sind z. B. Glutaminsäure und Asparaginsäure oder Glutamin und Asparagin. Das ist im Grunde nichts anders als das, was bei PRJANISCHNIKOW als Ammoniakentgiftung oder als Festlegung überschüssigen Ammoniaks in der Pflanzenphysiologie bezeichnet wird. Es ist aber keineswegs so, daß alle Pflanzen Glutamin- oder Asparaginpflanzen sind. Sondern die überwiegende Menge des aufgenommenen und nicht zu Eiweißen verarbeiteten Stickstoffs kann in Allantoin, Citrullin, Alanin usw. festgelegt werden. Die Allantoinbildung z. B. ist charakteristisch für die meisten Ahorngewächse und für die Platanen, für die Borraginaceen und in gewisser Weise für die Roßkastanien, obwohl diese schon mehr einem Mischtyp zugehören. Jedenfalls kann sowohl in den Wurzeln als auch in den Reservestoffbehältern der Bäume oder der ausdauernden Stauden mehr als die Hälfte, ja bis zu 90% des gesamten löslichen Stickstoffs in Form solcher spezieller Verbindungen erscheinen. Diese Festlegung ist art- oder gattungs- oder familienspezifisch. So sind die Betulaceen, die Birkengewächse, Vertreter der Citrullinpflanzen. Eine Hasel oder eine Birke kann im Winter in 1 kg frischen Holzes 1—2 g Citrullin enthalten. Das Interessante ist aber auch hier, daß das Citrullin in der den Birkengewächsen nahe verwandten Rotbuche (Fagaceae) überhaupt nicht vorzukommen scheint oder jedenfalls nur in geringsten Spuren. Dort übernimmt die Funktion des Aminogruppenvorrates das Glutamin und das Asparagin, ein schönes Beispiel für ein familiengebundenes chemisches Merkmal.

Obwohl diese Verbindungen, die als Aminogruppen-Vorratsstoffe angesprochen werden müssen, familienspezifisch in Erscheinung treten, so dürfen wir doch gewisse Mischtypen nicht übersehen. So wird z. B. in der Familie der Papilionaceen im allgemeinen Ammoniak in Gestalt des Asparagins festgelegt. CHIBNALL hat aber schon vor 30 Jahren darauf aufmerksam gemacht, daß unter gewissen Bedingungen Bohnenpflanzen eine große Menge

einer Stickstoffverbindung enthalten, deren Aminogruppen erst nach langer
Hydrolyse als Ammoniak abgespalten werden können. Er nannte diese
Verbindung "amide nitrogen other than asparagine nitrogen". Wir können
heute sagen, daß CHIBNALL damals Allantoin vor sich hatte. Aber Allantoin
entsteht keineswegs immer in Bohnenpflanzen, es entsteht z. B., wenn wir
Bohnenblätter sehr hohen Temperaturen aussetzen oder wenn wir sie sehr
lange hungern lassen. Im Grunde hat CHIBNALL etwas Ähnliches beobachtet;
er schreibt nämlich, daß die Pflanzen, die diesen neuartigen Amidstickstoff
gebildet haben, einige Zeit welk dagestanden haben. Sie hatten also offenbar irgendwelche Schädigungen erlitten, die vielleicht etwas Ähnliches
bedeuteten wie Auslösung eines extremen Hungerzustandes. Man kann also
bei den Leguminosen den Asparagintyp in einen Allantointyp überführen.
Fräulein Dr. ENGELBRECHT hatte in meinem Laboratorium gefunden, daß
in isolierten Wurzeln von Leguminosen, vor allem aber auch in isolierten,
nicht ausgereiften Samen der Bohne viel Allantoin gebildet wird. Mir
scheinen die Dinge so zu liegen, daß in erster Linie die Steuerung des intermediären Kohlenhydratstoffwechsels zu einer bevorzugten Anhäufung dieser
oder jener α-Ketosäure führt, die dann als Ammoniak abfangendes Organ
eine bestimmte Aminosäure oder ein bestimmtes Amid zur Anreicherung
bringt. Die Mannigfaltigkeit kann dabei eine sehr große sein. Wir beobachten bei einzelnen Leguminosen, daß sie viel Prolin in den löslichen
Fraktionen der Stickstoffverbindungen enthalten. Der Engländer FOWDEN
hat mitgeteilt, daß die Erdnuß sich dadurch auszeichnet, daß bei ihr
γ-Methylenglutamin und γ-Methylenglutaminsäure bevorzugt gebildet
werden. Wir stehen zweifellos noch nicht am Ende der Erforschung dieser
Verhältnisse, und die hier gebrachten Beispiele scheinen erst ein Auftakt
zu sein für eine neue Betrachtung der löslichen Stickstoff-Fraktion der
höheren Pflanze.

Es gibt noch andere Bedingungen, unter denen die Zusammensetzung
des löslichen Stickstoffs in einem Blatt wesentlich verändert werden kann.
Eine solche Bedingung ist die Isolation eines Blattes; ein abgeschnittenes
Blatt verhält sich in seinem Stoffwechsel wesentlich anders als ein Blatt,
das mit der ganzen Pflanze in Verbindung steht. Das ist schon lange bekannt; wir wissen, daß die Fähigkeit zur Eiweißsynthese in einem ab-
geschnittenen Blatt stark geschwächt erscheint. Jedenfalls wird in einem
isolierten Blatt, gleichgültig ob es physiologisch jung oder alt ist, auch bei
bester Ernährung nach einiger Zeit die Eiweißbilanz ungünstig verändert,
indem Eiweiß weniger synthetisiert wird und damit bevorzugt abgebaut
erscheint. Die Menge der löslichen Verbindungen wird gleichzeitig erhöht,
zunächst in der gleichen Weise, wie wir es bei vermehrter Stickstoffzufuhr
zur Pflanze schon behandelt haben. Im Zustande der Isolation des Blattes
treten aber nach einiger Zeit neue Stickstoffverbindungen auf, die vorher
überhaupt nicht oder nur in geringer Weise nachzuweisen waren. Zum Beispiel kann bei isolierten Blättern von Cyphomandra Pipecolinsäure in
großen Mengen auftreten, die im normalen Blatt nur schwach oder überhaupt
nicht vertreten ist. CHIBNALL hat schon vor mehr als 15 Jahren auf das
unterschiedliche Verhalten von isolierten und intakten Blättern in bezug
auf den Eiweißstoffwechsel hingewiesen und angenommen, daß von der

Wurzel hormonale Einflüsse auf das Blatt sich auswirken, die den Eiweißstoffwechsel regulieren. In der Tat konnten wir zeigen, daß durch die Bewurzelung von isolierten Blättern die Eiweißsynthese wieder in Gang gebracht werden kann. Isolierte Blätter, die schon in starkem Maße vergilbt waren und dem sicheren Tod ausgeliefert erschienen, ergrünten wieder in völlig normaler Weise, wenn es nur gelang, rechtzeitig die Bildung von Adventivwurzeln am Blattstiel auszulösen. So kann also der Stoffwechsel des isolierten Blattes durch die Wurzeln tiefgreifend beeinflußt werden und die Lebensdauer eines isolierten Blattes um das Vielfache verlängert werden.

Ich fasse zusammen. Auch in den Pflanzen gibt es Aminosäuren oder verwandte Verbindungen, die durch den Sammelbegriff Aminogruppen-Pool charakterisiert werden können. Daneben treten unter pathologischen Veränderungen Verbindungen auf, von denen noch nicht gesagt werden kann, wieweit sie Ursache oder Folge der krankhaften Zustände des Blattes sind.

MOSEBACH (München): Eine weitere physiologische Bedeutung der freien Aminosäuren könnte in der Aktivierung, teilweise auch Hemmung von Fermenten bestehen, wie es EDLBACHER und WISS für viele Aminosäuren gezeigt haben. Zum Beispiel vermag Histidin die D-Aminosäurenoxydase bis zum 50fachen Umsatz zu steigern. Auch bei der Atmung ist es möglich, durch Aminosäuren enorme Effekte zu erzielen, und Pepsin wird von einer ganzen Reihe von Aminosäuren je nach der Pepsinkonzentration aktiviert oder gehemmt. Wenn Aminosäuren zu mehreren nebeneinander vorkommen, können sie sich antagonistisch beeinflussen, so daß zwei Aminosäuren ihren Effekt bei gleichzeitiger Gegenwart verdoppeln oder gegenseitig aufheben. Auch hier können andere Stickstoffverbindungen anstelle der Aminosäuren treten. So aktiviert auch Histamin die D-Aminosäureoxydase; andere Imidazolderivate, wie Methylimidazol, Aminomethylimidazol oder SH-haltige Imidazolringe aktivieren verschiedene Fermente außerordentlich stark. Wenn man in diesen freien Aminosäuren Effectoren von Fermenten sieht, wäre erklärlich, warum bei verschiedenen Situationen das Bild dieser Aminosäuren verschieden ist. Zum Beispiel brauchen die Insekten besonders starke Atmungsaktivatoren, wobei Aminosäuren eingreifen könnten.

BRAMSTEDT (Hamburg): Ich glaube, man darf den freien Aminosäurepool nicht nur unter dem Gesichtspunkt der Osmoregulation sehen. Meines Erachtens könnte der freie Aminosäurepool auch für Untersuchungen über Stammesgeschichte ausgewertet werden. Im Sinne der Abstammungslehre oder der Entwicklungsgeschichte ist ein hoher Aminosäurespiegel zweifellos als primitives Merkmal zu werten, während die höheren Organismen einen quantitativ geringeren Aminosäurepool haben.

WEITZEL (Gießen): Zur Frage der Bedeutung des Aminosäurepools möchte ich darauf aufmerksam machen, daß die freien Aminosäuren alle starke Schwermetallkomplexbildner sind und daher die Eigenschaft haben. Schwermetalle abzufangen. So wird der Strom der Schwermetalle, der vom Serum kommt und in die Zellen geht, durch diesen Aminosäurepool gepuffert und das Eiweiß, darunter auch Fermente, vor dem Angriff der Schwermetalle geschützt. Die Beeinflussung von Fermenten durch beigegebene Aminosäuren ist wohl zum großen Teil darauf zurückzuführen, daß die Metalle an den Fermenten von den Aminosäuren weggefangen werden. Je nach Art des Fermentes kommt es dabei zu Enthemmungen oder zu Hemmungen des Fermentes. Isonicotinsäurehydrazid, das stark kupferbindend ist, wirkt vielleicht dadurch tuberculostatisch, daß es den Tuberkelbacillen das Kupfer wegfängt, das diese zum Wachstum benötigen. Wenn man der Nährlösung der Tuberkelbacillen Aminosäuren zusetzt und sie dann mit Isonicotinsäurehydrazid versetzt, dann wird der Tuberkelbacillus nicht geschädigt, weil die Aminosäuren als Speicher für das Kupfer bürgen und der Tuberkelbacillus sich daraus bedienen kann.

FELIX (Frankfurt a. M.): Wie steht es mit den freien Aminosäuren in den Zellen der Darmschleimhaut? Haben Sie eine Erklärung für den Einfluß der Temperatur auf den Prolingehalt?

Unbekannt: Wie wir gehört haben, findet man einen hohen Aminosäurepool bei phylogenetisch niederen Tieren und einen niederen Aminosäurepool bei höher gestellten Organismen. Ich möchte darauf hinweisen, daß auch in der Embryonalentwicklung ein hochgestellter Organismus zunächst niedrig anfängt. Bei der Entwicklung des Huhnes kann man sehen, daß der Keim am Anfang seiner Entwicklung einen sehr hohen Nichteiweißstickstoff hat und daß dieser Nichteiweißstickstoffspiegel im Verlauf der Differenzierung abnimmt. Man war bisher gewohnt, das so zu erklären, daß am Anfang der Embryonalentwicklung die hydrolytischen Prozesse überwiegen und aus den Reserven des Dotters einen hohen Aminosäurespiegel bieten, im Verlauf der Differenzierung die synthetischen Prozesse immer mehr in den Vordergrund treten und aus diesem Aminosäurepool ihr Material beziehen. Was wir analysieren, ist ein Gleichgewicht zwischen Hydrolyse und Synthese, das sich im Verlauf der Differenzierung zugunsten der letzteren verschiebt.

FLORKIN (Lüttich): With respect to Professor ACKERMANN's question about Trimethylaminoxyd, I don't know very much about it, but I think that undoubtedly it must have an osmotic function in certain cases, in spite of the fact that it is only found in sea animals and even in those which do not have a very high total concentration in their blood.

Now, with respect to Herrn MOTHES' talk about amino acids in plants — a very interesting material —, I have no experience outside of the animals I have studied. These are many and it takes a long time to do all these determinat ons, but I have studied allantoic acid in blood cells of Sipunculus nudus and found a very high concentration there. I quite agree that there are many other nitrogen substances in these cells besides amino acids.

As to Herrn MOSEBACH's idea that these amino acids could be active as effectors, I don't think anybody knows anything about it. It's an open field as well as the eventual importance of purine or pyrimidine derivatives in regulating the concentration of these free amino acids in accordance to what GALE has recently shown; a very interesting new point.

Herr BRAMSTEDT, I have, of course, the same ideas as you have, I think the pool is very high in primitive forms and is small in higher forms but this may simply be, as Herr HOLZER has pointed out to me, the consequence of the higher metabolism and I mentioned the fact that the turnover of the proteins depends on the metabolism of the animal. At any rate it is undoubtedly one of the aspects of the higher animals compared with the lower forms and with respect to the scheme of this pool. It seems that this general form is kept even if the outside medium influences are acting on the organism. But there are changes anyway. These are shown, for instance, in the change of pool concentrations with smaller relative arginine concentrations and higher relative proline concentrations which can be very well understood. The fact that these pools are genetically regulated is quite obvious also I think, as all the phenotypes correspond to given genotypes.

I am sure that Herr HOLZER will agree that the systems of enzymes are regulated by genetic influences. When you have seen that these facts exist, they appear quite natural.

Herrn WEITZEL's question I cannot answer. I don't know anything about it, but it is another interesting suggestion.

If these things are rather matter of fact and appear to be quite natural, they are nevertheless an interesting way of getting to the effect of the changes in the external world or external medium on the chemistry of the cell, and that is what I was after, when I studied these aspects. The fact that you can change this amino acid pattern by temperature and by concentrations of the external mediums demonstrates one of the many ways in which the action of the external medium may be studied.

The free amino acid concentration is much higher in the embryo than in the adult as has been shown by Prof. AGREN in Upsala in recent experiments. CHRISTENSEN already has seen this in other forms and he even went so far, when we published our results on the lobster muscles, to imagine that the high concentration of free amino acids which he finds in tumor cells and particularly in the free ascites tumor cells could be a return to a primitive condition, but I think this is a bit premature, and that it is more reasonable to explain the high concentration of free amino acids in tumor cells by the lower metabolism of these cells.

Zur vergleichenden Biochemie des Stickstoffes.

Von

D. Ackermann

Physiologisch Chemisches Institut, Würzburg.

Bei der Kürze der Zeit bin ich nicht in der Lage, Ihnen ein erschöpfendes Referat über dieses große Gebiet zu geben und muß mich darauf beschränken, gewisse Körperklassen herauszugreifen, die zwar in der ganzen Tierwelt vertreten sind, aber hier gewisse Abwandlungen erkennen lassen je nach der Tierart, um die es sich handelt, und möchte im übrigen nur einige grundsätzliche Betrachtungen bringen.

Ich werde mich dabei auf das mir vertraute Gebiet der biogenen Amine beschränken, kann aber auch nicht jeden mir bekannt gewordenen Körper anführen, ohne Sie zu ermüden, und darf nur das hervorheben, was mir zur Zeit besonders beachtenswert erscheint. Im übrigen verweise ich auf die Tabelle am Schluß.

Mit Recht hat man die biogenen Amine „proteinogene Amine" genannt, denn bei fast jedem ihrer Vertreter läßt sich unschwer eine nahe Verwandtschaft ihres formelmäßigen Aufbaues mit dem einer Aminosäure des Eiweißes feststellen, so daß es naheliegt, ihre Entstehung vom Eiweiß abzuleiten. So ähnlich nun der Aufbau aller Proteine im ganzen Tier- und Pflanzenreich ist und hier immer wieder die gleichen Aminosäuren, wenn auch manchmal unter Fehlen einiger ihrer Vertreter und in wechselnder mengenmäßiger Verteilung wiederkehren, so außerordentlich verschieden liegen die Verhältnisse bei den proteinogenen Aminen. Keines finden wir ausnahmslos in der ganzen Tierwelt, sondern ihr Vorkommen ist immer beschränkt auf einzelne Species, Arten oder Stämme. Dabei besteht natürlich eine nahe Verwandtschaft aller Vertreter jeder chemischen Gruppe untereinander. Greifen wir z. B. die Guanidinderivate heraus, so ist ihre Herkunft vom Arginin ebenso augenscheinlich wie die Möglichkeit des Überganges der einzelnen Guanidinverbindungen ineinander. Warum aber bei der einen Tierart das eine Guanidinderivat auftritt, bei der anderen aber vermißt wird, ist uns vollständig verschlossen.

$$H_2N(CNH)N(CH_3)CH_2COOH \qquad H_2N(CNH)NH(CH_2)_3CHNH_2COOH$$
Kreatin   Arginin

$$H_2N \cdot (CNH)NHCH_3 \, .$$
Methylguanidin

Es liegt natürlich der Gedanke nahe, hierin ein charakteristisches Merkmal für die betreffende Tierart zu sehen und vielleicht in absehbarer Zeit entsprechend der morphologischen Systematik eine biochemische zu entwickeln. Allererste Anfänge schienen sich dafür zu zeigen, als ich mit Fr. KUTSCHER[1] das vorwiegend alternative Vorkommen von Kreatin und Arginin bei Vertebraten und Avertebraten feststellte, und als man dann noch fand, daß sog. Brückentiere, die zwischen den beiden großen Reichen der Tierwelt stehen, wie z. B. Balneoglossus[2], auch hier eine Mittelstellung einnehmen, indem sie sowohl Kreatin wie Arginin enthalten.

Dem Kreatin ähnlich wurde auch das ihm verwandte *Methylguanidin* bisher bei Wirbellosen vermißt, doch wird übrigens bezweifelt, ob das Methylguanidin überhaupt genuin vorkommt[3] und nicht immer ein nachträgliches Kunstprodukt aus Kreatin vorstellt.

So bestreiten neuerdings ROCHE und seine Mitarbeiter überhaupt, daß Methylguanidin ein biologisches Produkt sei, um so mehr, als es ihnen gelang, Kreatin und Kreatinin durch längeres Kochen mit n-Salzsäure, ja sogar mit Wasser allein z. T. in Methylguanidin überzuführen, eine interessante Feststellung, die auch bei genauen quantitativen Kreatin- und Kreatininbestimmungen zu beachten sein wird.

Darüber hinaus konnten wir[4] feststellen, daß im Falle des Haifisches beim ausgewachsenen Tier vorwiegend *Kreatin* vorkommt, beim Embryo aber ausschließlich *Arginin*. Das war auf chemischem Wege eine Bestätigung des biogenetischen Grundgesetzes, wonach der Entwicklungsgang der Wirbeltiere eine kurze Rekapitulation der Phylogenese vorstellt.

Ein ähnliches sehr schönes Beispiel hierfür brachten die Untersuchungen von NEEDHAM[5]. Er studierte chemisch den Entwicklungsgang des Hühnerembryos und beobachtete, daß hier nacheinander verschiedene Formen der Exkretion des Stickstoffes auftreten. In den ersten drei Tagen nach Beginn der Bebrütung erscheint nach Art der Echinodermen oder der Meereswürmer Ammoniak, darauf wie bei den Amphibien Harnstoff, der endlich am achten bis neunten Tage entsprechend dem endgültigen Charakter der Sauropsiden durch Harnsäure abgelöst wird. Diese kann man dann auch in kristallinischer Form in der Allantoisflüssigkeit des Hühnerembryos nachweisen. Ähnliches finden wir auch beim Frosch, der Harnstoff ausscheidet, im Zustande der Kaulquappe aber noch Ammoniak[6].

Needham[5] verdanken wir auch eine einleuchtende Erklärung dafür, warum bei den Sauropsiden statt des Harnstoffes als Stickstoffendprodukt die Harnsäure auftritt, eine Tatsache, die man früher nicht zu erklären vermochte. Er wies darauf hin, daß diese Tiere ihre Eier an der Luft ausbrüten, so daß also während der Entwicklung kein N-haltiges Endprodukt nach außen abgegeben werden kann, und sich schließlich eine hohe Konzentration solcher Substanzen und damit gewissermaßen eine Urämie ergeben müßte. wenn nicht der Stickstoff in Gestalt der schwerlöslichen Harnsäure aus der Lösung beseitigt würde. Demgegenüber haben nach ihm die Eier derjenigen Tiere, die lebendige Junge zur Welt bringen, im Mutterleibe dauernd Gelegenheit zur Stoffabgabe und bedürfen deshalb eines solchen Ersatzes durch Harnsäure nicht.

Man wird andererseits in manchen Fällen vorsichtig sein müssen mit biochemischen Einteilungsversuchen, und wenn z. B. Fr. Kutscher seinerzeit scherzweise die Wirbeltiere als Kreatinaten und die Wirbellosen als A-Kreatinaten bezeichnete, so müssen wir doch heute gestehen, daß hier gelegentlich gewisse Ausnahmen[7] beobachtet werden, und daß dieser Unterschied nicht mit derselben Konsequenz im Tierreich durchgeführt ist wie das Vorhandensein bzw. Fehlen einer Wirbelsäule.

Wenn es daher jemals eine fruchtbare chemische Systematik für die Tierwelt geben sollte, so wird sie oft anders aussehen als die der Zoologen und sich nicht immer in jeder Hinsicht mit dieser decken.

Betrachten wir nun im folgenden die biogenen Amine in einigen Beispielen, so wird auffallen, daß die Zahl derartiger bisher bekanntgewordener stickstoffhaltiger Körper im Reiche der Wirbellosen größer ist als bei den Wirbeltieren.

Eine derartige Einengung im Vorkommen verschiedener Typen von stickstoffhaltigen Körpern, wie man sie bei den höheren Tieren feststellt, konnte W. BERGMANN[8] bei seinen vergleichenden Untersuchungen auf dem Gebiete der Sterine und Fettsäuren beobachten. Er hat eine Reihe neuer Sterine in Schwämmen und anderen niederen Tieren entdeckt und ihre Konstitution aufklären können. Dabei ist er zu der Meinung gekommen, daß hier die Ergebnisse vergleichend biochemischer und morphologischer Untersuchungen sich, wie er sagt, in erstaunlicher Weise unterstützen. BERGMANN glaubt nun in dem Abnehmen der Mannigfaltigkeit unter den Vertretern einer Verbindungsklasse bei den höheren Tieren auf nur wenige Typen oder gar nur einen, ein allgemeines Phänomen der biochemischen Evolution sehen zu können, so besonders auch, wenn er feststellte, daß die Zahl der C-Atome in den Fettsäuren von den Säugetieren und Vögeln mit 14 bis 16 bis zu den Muscheln und Würmern und schließlich den Schwämmen auf 20 bis 28 C-Atome zunimmt, so daß sich also das „Säurespektrum", wie man es nennen könnte, von den primitiven Tieren bis zu den Säugern immer mehr verengt.

Es ist nun allerdings noch nicht gesagt, daß nur bei Wirbellosen gefundene Substanzen den Wirbeltieren völlig fremd sind, denn sie könnten hier in bisher noch nicht faßbaren Mengen vorkommen und bei genauerer Untersuchung doch noch zutage treten.

Das ist z. B. beim *Glykokollbetain* der Fall gewesen, das man als einen Bestandteil der Wirbellosen schon lange kannte, bis es dann auch gelang, die geringen Mengen dieses Betains, die bei Wirbeltieren vorkommen, zu erfassen. Auffallend bleibt dabei oft, in wie verhältnismäßig großen Mengen manche N-haltigen Körper bei den Wirbellosen sich finden. So macht z. B. das erwähnte *Glykokollbetain* bei der Meeresschnecke Patella[9] etwa 40%, bei dem Meereswurm Nereis virens[10] sogar über die Hälfte des gesamten Basenstickstoffes aus. Fragt man sich dabei nun nach der Funktion eines solchen Körpers, so kann man sich des Eindruckes nicht erwehren, daß hier ein Endprodukt des Stickstoffstoffwechsels vorliegt, ein Endprodukt, das sich anhäuft, wahrscheinlich im Zusammenhang mit einer gewissen Trägheit der Ausscheidungsorgane, ähnlich wie die Pflanze gelegentlich gewisse Alkaloide zu stapeln scheint, ohne sie weiter zu verarbeiten.

Speziell für das Glykokollbetain konnten wir unsere Auffassung
bestätigen, als es gelang, die Substanz nicht nur im Körper,
sondern auch im Harn des Haifisches nachzuweisen[11].

Auch für andere Substanzen, wie *Taurin, Trimethylaminoxyd,*
manche Monaminosäuren mag dies gelten, wenn wir sehen, in
wie großen Mengen sie sich im Körper mancher Wirbellosen
anhäufen.

Darüber hinaus besteht natürlich die Möglichkeit, daß Substanzen, die wir bei der einen Tierart finden, in der anderen ver-
missen, nur nicht erfaßt werden können, weil sie nach ihrer
Entstehung sofort wieder der Umformung anheimfallen.

Immer wieder eindrucksvoll ist es, wie schon erwähnt, in wie
naher Beziehung die Formelbilder der einzelnen biogenen Amine
zu Aminosäuren des Eiweißmoleküls stehen, ja man kann sagen,
daß es nur wenige gibt, die sich nicht zwanglos vom Eiweiß ableiten lassen. So zeigt sich auch hier wieder, wie weitgehend das
Eiweiß im Mittelpunkt des biologischen Geschehens steht.

Ich hoffe nun, daß ich sie durch die vielen Formelbilder, die
ich im folgenden zu bringen habe, nicht zu sehr ermüde.

Fassen wir zunächst die Betaine näher ins Auge, eine Körper-
gruppe, die vom Glykokollbetain ihren Namen hat, das zuerst
von Husemann und Manée[12] in der Zuckerrübe Beta vulgaris
und dann von Brieger[13] in der Miesmuschel gefunden wurde.
Es erfreut sich der weitesten Verbreitung und ist neben den Säugetieren noch bei nicht weniger als 23 Tierspecies gefunden worden,
bei einigen allerdings vermißt.

Durch die Arbeiten von F. und M. L. C. Bernheim sowie von
Mann und Quastel[14] ist die Entstehung des *Glykokollbetains* über
Betainaldehyd aus *Cholin* erwiesen.

$$(CH_3)_3N\ CH_2CH_2OH \qquad (CH_3)_3N\ CH_2CHO \qquad (CH_3)_3NCHCOO-$$
$$\quad OH \qquad\qquad\qquad\quad OH \qquad\qquad\qquad\quad +$$

Cholin $\qquad\qquad\qquad$ Betainaldehyd $\qquad\qquad$ Glykokollbetain

Das *Cholin* kommt auch bei Avertebraten, allerdings in nicht
sehr großen Mengen vor. — Fragt man sich nun nach der Herkunft
der zahlreichen übrigen bekanntgewordenen Betaine, so muß man
sich wundern, daß die hier dem Cholin jeweils entsprechenden
Alkohole bisher fast nie zur Beobachtung gekommen sind, und man
muß mit der Möglichkeit rechnen, daß hier doch noch die alte

Anschauung von R. ENGELAND[15] und später ERNST SCHULZE[16] zu Recht besteht, die eine direkte Methylierung der betreffenden Aminosäuren des Eiweißes annahmen. Auch für das Glykokollbetain darf dieser zweite Weg immer noch in Betracht gezogen werden.

Neuerdings ließ sich die interessante Beobachtung machen, daß das Glykokollbetain als Methyldonator[17] fungieren kann.

Daß es außer dem so wichtig gewordenen *Acetylcholin* LOEWYs[18] noch andere biologische Cholinester geben kann, konnten ERSPA-MER[19] und Mitarbeiter feststellen, als sie für das von VINCENT und JULIEN[20] aus dem Hypobranchialkörper von Murex trunculus gewonnene *Murexin* die Formel eines *Urocanylcholins* ermittelten.

$$(CH_3)_3N \quad CH_2CH_2OOC\,CH_3 \qquad (CH_3)_3N \quad CH_2CH_2OOC\,CH_2CH_3$$
$$OH \qquad\qquad\qquad OH$$

Acetylcholin $\qquad\qquad\qquad$ Propionylcholin

$$HC\!=\!CH\ CH:CH \cdot COO\ CH_2CH_2N\ (CH_3)_3 \qquad (CH_3)_3N\ CH_2(CH_3)CH\,OH$$
$$OH \qquad\qquad\qquad\qquad\qquad OH$$
$$HN \quad N$$
$$CH$$

Murexin (Urocanyl-Cholin) $\qquad$ β-Methylcholin

Ganz neuerdings beschrieben GARDINER und WHITTAKER[21] das Vorkommen von *Propionylcholin* in der Milz. Auch ein β-*Methylcholin* ist von MARFORI[22] und Mitarbeitern in Rinder-lymphknoten gefunden worden.

Für das γ-*Butyrobetain* BRIEGERs[23] wird man sich vorzustellen

$$HOOC \cdot CH \cdot CH_2CH_2COOH \qquad CH_2CH_2CH_2COOH$$
$$NH_2 \qquad\qquad\qquad\qquad NH_2$$

Glutaminsäure $\qquad\qquad$ γ-Aminobuttersäure

$$CH_2CH_2CH_2COO\!-$$
$$(CH_3)_3N$$
$$+$$

γ-Butyrobetain

haben, daß zuerst Glutaminsäure zu γ-*Aminobuttersäure* de-carboxyliert wird, eine Möglichkeit, auf die ich[24] schon 1910 bei der ersten Auffindung der γ-Aminobuttersäure in der belebten Natur hinweisen konnte. Hieran braucht sich dann nur eine erschöpfende Methylierung zu schließen.

Das *Carnitin*[25] könnte oxydativ seinerseits wieder aus γ-Butyro-betain entstehen und ferner wäre denkbar, daß es einer weiteren

β-Oxydation unterliegend in Glykokollbetain überginge. Dabei könnte das *Crotonbetain*[26] ein Zwischenprodukt vorstellen.

$$(CH_3)_3\overset{+}{N}CH_2\,CHOH\,CH_2COO— \qquad (CH_3)_3\overset{+}{N}\,CH_2CH:CH\,COO—$$

Carnitin   Crotonbetain

$$(CH_3)_3\overset{+}{N}CH_2CH_2COO—$$

β-Propiobetain

Auch das nächsthöhere Homologe des Glykokollbetains. das *Propiobetain*[27], ist beschrieben worden, das sich analog der Bildung von γ-Butyrobetain statt aus Glutaminsäure über β-Alanin aus Asparaginsäure ableiten läßt. Das Carnitin hat sich interessanterweise als Vitamin B_T der Larven von Tenebrio Molitor[28] erweisen lassen und konnte hier auch durch Dicarnitin[29] ersetzt werden.

Die Reihe der ω-Aminosäuren, zu denen ja die γ-Aminobuttersäure gehört und die man gleichfalls als biogene Amine bezeichnen darf, konnte ich seinerzeit noch vervollständigen, als es mir gelang, durch Saprophyteneinwirkung das β-Alanin[30] aus Asparaginsäure darzustellen und die Salkowskische δ-Aminovaleriansäure nicht nur aus Arginin[31], sondern auch aus Prolin[32], in welchem Falle es ja zu einer Sprengung des Pyrrolidinringes kommt.

$$\overset{\displaystyle NH_2}{HOOCCHCH_2COOH} \qquad —CO_2 \;\; \overset{\displaystyle NH_2}{=CH_2CH_2COOH}$$

Asparaginsäure β-Alanin

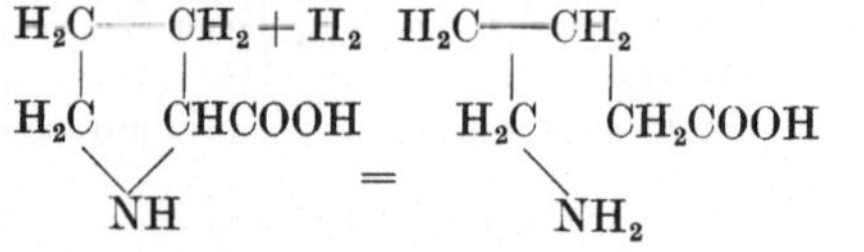

$$\begin{array}{cc} H_2C\!-\!\!-CH_2 + H_2 & H_2C\!-\!\!-CH_2 \\ |\qquad\ | & |\qquad\ | \\ H_2C\quad CHCOOH & H_2C\quad CH_2COOH \\ \diagdown\ \diagup & \diagdown\quad\diagup \\ NH & NH_2 \end{array}$$

Prolin δ-Aminovaleriansäure

Für das *Stachydrin*[33], das wir bei einer Muschelart (Arca Noae) und damit zum ersten Male in der Tierwelt finden konnten, ist der Zusammenhang mit dem Prolin augenscheinlich.

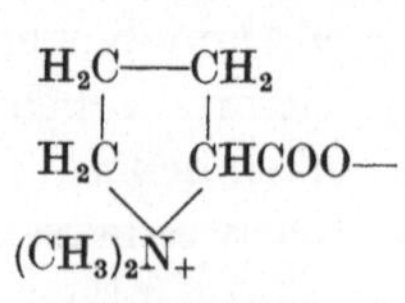

$$\begin{array}{c} H_2C\!-\!\!-CH_2 \\ |\qquad\ | \\ H_2C\quad CHCOO— \\ \diagdown\ \diagup \\ (CH_3)_2\overset{}{N}+ \end{array}$$

Stachydrin

Anders liegen die Verhältnisse bei zwei Betainen, die den Pyridinring enthalten, dem *Trigonellin* und *Homarin*. Das Trigonellin, in der Pflanzenwelt[34] längst bekannt, wurde von LINNEWEH und REINWEIN[35] zuerst als normaler Harnbestandteil festgestellt. Bei Wirbellosen haben wir ihn erst vor kurzem zum ersten Male, und zwar in der Anthozoe Anemonia sulcata[36] gefunden. Während das Vorkommen des Trigonellins wegen seiner nahen Beziehung zu Nicotinsäure und ihren Derivaten, die uns ja von verschiedenen Fermenten geläufig sind, nicht sehr überrascht, läßt sich sein Isomeres, das Homarin, nicht so ohne weiteres mit einem bekannten biologischen Körper in Beziehung bringen, denn das *Homarin*[37] ist ein Derivat der Picolinsäure oder α-Pyridincarbonsäure, und andere Pyridinderivate mit α-Substitution z. B. in Fermenten kennen wir nicht in der Tierwelt. Vielleicht stellt sich später heraus, daß Tiere, die Homarin enthalten, z. B. in ihren Fermenten Pyridinderivate mit α-Substitution führen.

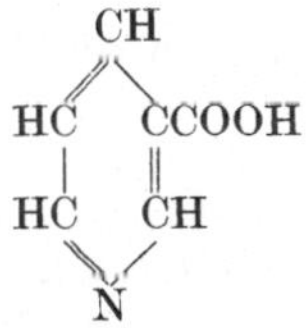

$$
\begin{array}{cc}
\text{Nicotinsäure} & \text{Trigonellin}
\end{array}
$$

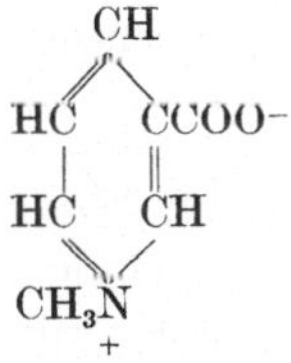

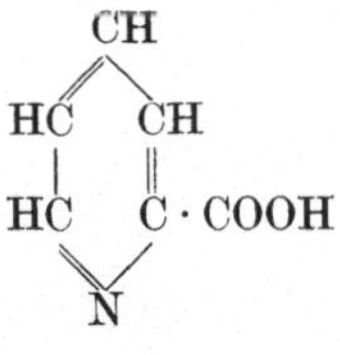

$$
\begin{array}{ccc}
\text{Picolinsäure} & \text{Homarin} & \gamma\text{-Pikolin}
\end{array}
$$

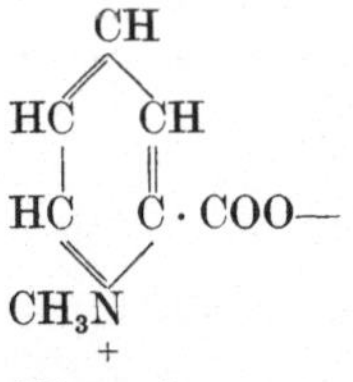

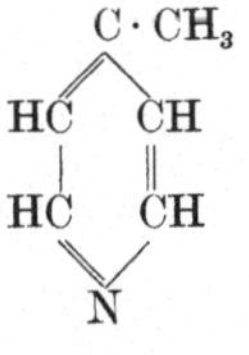

Das Homarin wurde seinerzeit von meinem leider auch als Opfer des Krieges verstorbenen Freunde F. A. HOPPE-SEYLER im Hummer entdeckt.

Vom Eiweiß lassen sich weder Trigonellin noch Homarin direkt ableiten, da ja der Pyridinkern bei keiner der bekannten Aminosäuren des Eiweißmoleküls vorkommt. Auch eine vor Jahren von mir besonders hierauf gerichtete Untersuchung des

Eiweißes von Trigonella foenum graecum auf den Pyridinkern
mußte negativ verlaufen. Inzwischen sind aber die biogenetischen
Beziehungen der Nicotinsäure und des Trigonellins zum Tryptophan und damit zum Eiweiß durch ausgedehnte Versuche eindeutig erwiesen.

Ganz greifbar wird der Zusammenhang mit dem Eiweiß bei
den beiden folgenden Betainen aus der Reihe der Imidazolderivate.
dem *Ergothionein* TANRETs[38] und dem *Zooanemonin*, das *wir*[39]
erst kürzlich aus Anemonia sulcata isolieren konnten. Beide sind
Abwandlungsprodukte des Histidins, wobei im Falle des Ergo-
thioneins außer dem Einbau von Schwefel noch eine Methylierung
der α-Aminogruppe erfolgt, während beim Zooanemonin die
Methylierung am Ringstickstoff stattfindet.

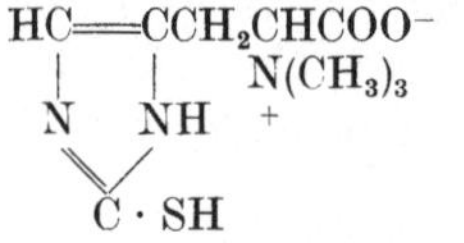

$$HC{=\!=}CCH_2CHCOO^-$$
$$N(CH_3)_3$$
$$N\quad NH\quad +$$
$$C\cdot SH$$

Ergothionein

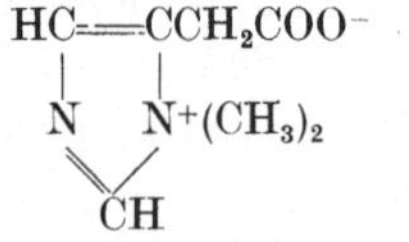

$$HC{=\!=}CCH_2COO^-$$
$$N\quad N^+(CH_3)_2$$
$$CH$$

Zooanemonin

Mit einem in der Biologie bisher neuen Ringsystem sind wir
durch Auffindung des *Spinacins*[40] bekannt geworden, das ich aus
der Haifischleber gewinnen konnte. Es handelt sich dabei um
ein Doppelringsystem aus Imidazol und Tetrahydropyridin.
Nach S. SKRAUP konnte es in einfacher Weise durch Einwirkung
von Methylal auf l-Histidin synthetisiert werden. So wird es
jedenfalls auch im Tierkörper nach Art dieser Mannichreaktion
aus Histidin entstehen.

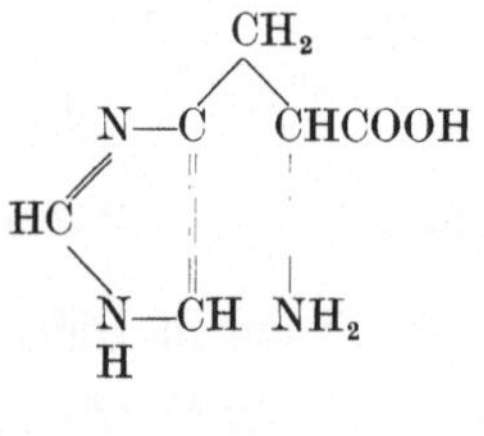

$$CH_2$$
$$N{-}C\quad CHCOOH$$
$$HC$$
$$N{-}CH\quad NH_2$$
$$H$$

l-Histidin

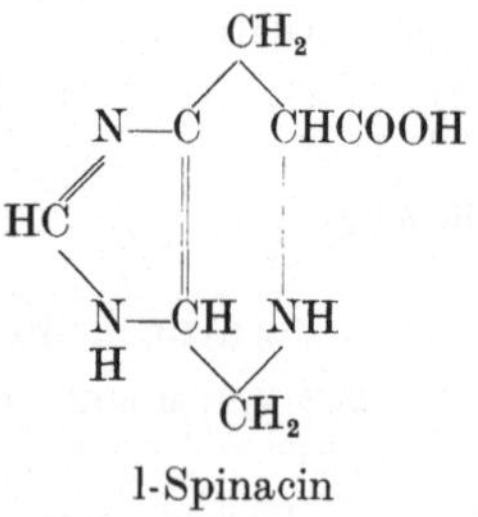

$$CH_2$$
$$N{-}C\quad CHCOOH$$
$$HC$$
$$N{-}CH\quad NH$$
$$H$$
$$CH_2$$

l-Spinacin

Was den Chinolinring angeht, der ja bei den Pflanzenalkaloiden
eine so große Rolle spielt, aber in der Tierwelt nur selten beobachtet wurde, so würde es zu weit führen, wenn ich auf die

schönen Arbeiten von BUTENANDT und seiner Schule eingehen wollte, die ja auch hiermit in Beziehung stehen. Erwähnen möchte ich nur, daß ALDRICH[41] schon vor langer Zeit in dem Analdrüsensekret des Stinktieres α-*Methylchinolin* fand, das ja ein naher Verwandter der altbekannten *Kynurensäure* von LIEBIG[42] ist.

$$
\begin{array}{cc}
\text{CH} \quad \text{CH} & \text{CH} \quad \text{COH} \\
\text{HC} \quad \text{C} \quad \text{CH} & \text{HC} \quad \text{C} \quad \text{CH} \\
\text{HC} \quad \text{C} \quad \text{CCH}_3 & \text{HC} \quad \text{C} \quad \text{CCOOH} \\
\text{CH} \quad \text{N} & \text{CH} \quad \text{N}
\end{array}
$$

α-Methylchinolin   Kynurensäure

Die Zahl der schwefelhaltigen biogenen Amine, die man kennt, ist nur gering. Das *Ergothionein*[38] habe ich bereits erwähnt. Am längsten bekannt ist das *Taurin*[43], das ja zuerst als Teil der Taurocholsäure beschrieben wurde, dann aber vor allem bei sehr vielen Wirbellosen und hier z. T. in überraschend großer Menge gefunden wurde. Schon vor Jahren konnte ich das *Asterubin*[44] als Bestandteil zweier Seesternarten beschreiben. Seinem Bau nach muß es sich vom Taurin ableiten, und zwar über das Zwischenprodukt *Taurocyamin*, aus welchem wir es auch synthetisch gewinnen konnten. Indessen gelang es mir nicht, das Taurocyamin selbst aus tierischem Material zu gewinnen. Dies ist erst kürzlich JEAN ROCHE[45] und seinen Mitarbeitern geglückt, als sie das Taurocyamin aus dem Meereswurm *Arenicola marina* in analysierbaren Mengen isolieren konnten. Ich habe diesen Befund nachgeprüft und voll bestätigen können. Damit ist der Weg für die Entstehung des Asterubins wohl als aufgeklärt zu bezeichnen.

$$
\begin{array}{ccc}
 & \text{NH}_2 & \text{N(CH}_3)_2 \\
 & \text{HN}=\text{C} & \text{HN}=\text{C} \\
\text{NH}_2 & \text{NH} & \text{NH} \\
\text{CH}_2 & \text{CH}_2 & \text{CH}_2 \\
\text{CH}_2 & \text{CH}_2 & \text{CH}_2 \\
\text{SO}_3\text{H} & \text{SO}_3\text{H} & \text{SO}_3\text{H}
\end{array}
$$

Taurin Taurocyamin   Asterubin

Erwähnt sei schließlich noch das *Cysteamin*

$$\text{HSCH}_2\text{CH}_2\text{NH}_2$$

das ich seinerzeit hoffte auf biologischem Wege durch Decarboxylierung aus Cystein zu erhalten, ohne aber dabei Erfolg zu haben. Inzwischen ist es ja durch die Untersuchungen von Brown, Craig und Snell[46] als ein Bestandteil des Coenzyms A erkannt und durch die schönen Untersuchungen von Lynen besonders wichtig geworden.

Dies leitet nun zu anderen Guanidinderivaten über, und auch hier möchte ich wieder auf die Untersuchungen von Roche[45] und seiner Schule hinweisen, die das bisher nur beim Säugetier beobachtete *Glykocyamin*[47] kürzlich zum ersten Male bei Wirbellosen, und zwar bei dem Meereswurm Nereis virens beobachteten, ein Befund, den ich gleichfalls voll bestätigen kann. Darüber hinaus hat nun Roche die überraschende Beobachtung gemacht. daß hier das Glykocyamin ebenso wie bei Arenicola das Taurocyamin an Phosphorsäure gebunden ist und daß hier also neben der Kreatin-Phosphorsäure von Fiske und Subbarow[48] und der Arginin-Phosphorsäure von Meyerhof und Lohmann[49] *zwei neue Phosphagene* vorliegen. Sie nehmen die Stelle der bekannten Argininphosphorsäure und Kreatinphosphorsäure ein, die hier beide fehlen. — Schon Baldwin[50] und Mitarbeiter hatten mit dem Vorliegen besonderer Phosphagene bei Meereswürmern gerechnet.

Phosphagene des

$$HN\!:\!C\!\begin{cases} NHPO_3H_2 \\ NHCH_2COOH \end{cases} \qquad HN\!:\!C\!\begin{cases} NHPO_3H_2 \\ NHCH_2CH_2SO_3H \end{cases}$$

Glykocyamins und Taurocyamins

Ganz besonders interessant ist nun ein *drittes neues Phosphagen*. das wir gleichfalls der Schule von Roche verdanken und das von van Nguyen und Robin[51] ganz kürzlich im Regenwurm (Lumbricus terrestris) gefunden und als *Lombricin* bezeichnet wurde. Es liegt ihm die *Guanido-äthyl-seryl-phosphorsäure* zugrunde. Die Autoren weisen darauf hin, daß es sich im Verdauungskanal neben Arginin findet, im Muskel aber allein vorkommt, so daß sie das Argininphosphagen hier ausschließen können.

Auch eine *Guanido-α-ketovaleriansäure* und eine *Guanidobuttersäure* konnten Roche und Mitarbeiter[52] fermentativ aus Arginin gewinnen.

Phosphagen des Lombricins

$$\text{HN:C} \begin{cases} \text{NHPO}_3\text{H}_2 \\ \text{NHCH}_2\text{CH}_2\text{OPOCH}_2\text{CHCOOH} \end{cases}$$

mit OH an CHCOOH, O an P und NH$_2$ am Ende.

Guanido-Ketovaleriansäure

$$\text{HC:N} \begin{cases} \text{NH}_2 \\ \text{NH} \\ \text{CH}_2 \\ \text{CH}_2 \\ \text{CH}_2 \\ \text{CO} \\ \text{COOH} \end{cases}$$

Guanido-Buttersäure

$$\text{HC:N} \begin{cases} \text{NH}_2 \\ \text{NH} \\ \text{CH}_2 \\ \text{CH}_2 \\ \text{CH}_2 \\ \text{COOH} \end{cases}$$

Während das *Agmatin*, das KOSSEL[53] zuerst im Heringssperma, FR. KUTSCHER[54] in Secale cornutum und wir [55] und andere[56] dann bei Geodia Gygas, Eledone Moschata und Oktopus Vulgaris feststellen konnten, sicher vom Arginin als Decarboxylierungsprodukt abzuleiten ist, stößt man beim *Arcain*[57] hier auf Schwierigkeiten. Wir haben diesen stark basischen giftigen Körper erst einmal, und zwar bei der Muschel Arca Noae auffinden und leicht nach KIESEL synthetisieren können. Er ähnelt in seinem Aufbau und seiner pharmakologischen Wirkung sehr dem Insulinersatzmittel Synthalin, das eine Zeitlang empfohlen wurde, aber nicht mehr angewandt wird, weil die blutzuckersenkende Dosis zu nahe bei der letalen liegt. Beim Synthalin hatte man es mit 10 bzw.

Agmatin

$$\text{HN:C} \begin{cases} \text{NH}_2 \\ \text{NH} \\ \text{CH}_2 \\ \text{CH}_2 \\ \text{CH}_2 \\ \text{CH}_2 \\ \text{NH}_2 \end{cases}$$

Arcain

$$\text{HN:C} \begin{cases} \text{NH}_2 \\ \text{NH} \\ \text{CH}_2 \\ \text{CH}_2 \\ \text{CH}_2 \\ \text{CH}_2 \\ \text{NH} \end{cases} \text{HN:C} \begin{cases} \\ \text{NH}_2 \end{cases}$$

12 Methylengruppen zwischen den beiden Guanidingruppen zu
tun, während beim Arcain ja nur 4 eingebaut sind. Die Entstehung dieses merkwürdigen Körpers wird man sich durch
Transguanylierung zwischen Arginin einerseits und Putrescin
bzw. Agmatin andererseits erklären müssen, so wie es gelang,
Glykocyamin aus Arginin und Glykokoll biologisch aufzubauen.

Erwähnt werden mag an dieser Stelle auch das *Citrullin*[58],
dessen Entstehung aus Arginin auf fermentativem Wege ich
seinerzeit zuerst feststellen konnte. Seine Rolle bei der Harn-
stoffsynthese nach Krebs und Henseleit ist ja allbekannt.

Das interessante *Oktopin* Morizawas[59], das bisher bei fünf
Wirbellosen gefunden wurde und dessen Vorkommen wir bei Eledone
Moschata bestätigen konnten, ist als Zwischenprodukt einer
Umaminierung zwischen Arginin und Brenztraubensäure auf-
zufassen und konnte von Knoop und Martius[60] aus diesen beiden
Körpern durch katalytische Hydrierung gewonnen werden.

$$
\begin{array}{l}
CH_2NHC{\Large<}_{}^{NH} \\
CH_2 \\
CH_2 \quad NH_2 \\
CH_2 \\
HC-NH_2 \\
COOH
\end{array}
\;+\; O{=}C{\Large<}_{CH_3}^{COOH}
\;-H_2O + H_2 - CO_2 =\;
\begin{array}{l}
CH_2NHC{\Large<}_{NH_2}^{NH} \\
CH_2 \\
CH_2 \quad COOH \\
CH_2 \quad | \\
H_2C-NH-CH \\
| \\
CH_3
\end{array}
$$

l-Arginin   Brenztraubensäure   Oktopin

Nur der Eigenart wegen darf ich hier einmal auf ein Guanidinderivat aufmerksam machen, obwohl es bisher nicht in der Tierwelt, sondern einstweilen nur in der Jackbohne von Kitagawa
und Tamiyama[61] gefunden wurde, das sog. *Canavanin*. Hier liegt
ein dem Arginin sehr verwandter Körper vor, nur daß die Seitenkette eine Methylengruppe weniger enthält und zwischen dieser
und dem Guanidinkern ein Sauerstoffatom eingeschoben ist.
.so daß ein Hydroxylaminderivat entsteht. Ich erwähne dies nur.

$$
HN{:}C{\Large<}_{NH-O-CH_2CH_2\underset{\underset{NH_2}{|}}{C}HCOOH}^{NH_2}
$$

Canavanin

um zu zeigen, mit welchen Überraschungen man immer wieder
rechnen muß, so daß man sich bei Neuauffindungen und der an-
schließenden Konstitutionsermittlung nicht zu sehr durch bekannte biologische Formelbilder beeinflussen lassen darf.

Wenn ich noch einiges über die eigentlichen Amine sagen soll,
so will ich auf das von mir[62] zuerst 1910 biologisch dargestellte
Histamin nicht weiter eingehen und nur erwähnen, daß man es
bei niederen Tieren bisher nur im Bienengift[113] und in der Honig-
biene gefunden hat, wohl aber weit verbreitet bei Säugetieren,
ja sogar neuerdings in der Haut einer 3000 Jahre alten Mumie[63].
Ob allerdings der betreffende Ägypter schon bei Lebzeiten in
seiner Haut Histamin gehabt hat, läßt sich nicht mehr feststellen.
Immerhin dürfte genügend Zeit für eine nachträgliche Decarboxylierung von Histidin zu Histamin gewesen sein.

Neben dem Histamin sind noch eine ganze Reihe anderer
fermentativer Abbauprodukte aus Histidin gewonnen worden.

$$\begin{array}{cc}
\text{HC}=\text{CR} & \text{R} \\
\mid \quad \mid & \\
\text{HN} \quad \text{N} & \\
\diagdown \diagup & \\
\text{CH} &
\end{array}$$

Äthanolamin (Histamin)
Essigsäure
Propionsäure
Brenztraubensäure
Acrylsäure (Urocaninsäure)
Milchsaure
Methanol und Methanal

Wohl aber darf ich kurz auf *Spermin* und *Spermidin* eingehen.
Sperminphosphatkristalle sind bereits von Leeuwenhoek[64] 1678
gefunden worden, wie aus einer Abbildung hervorgeht, die diese
Kristalle in typischer Weise zeigt. Die Aufklärung der Konstitution und beim Spermidin überhaupt die Entdeckung ist
Dudley und M. C. und O. Rosenheim[65] zu verdanken. Man
fand die Körper in der Prostata und anderen Organen des Säuge-
tierkörpers. Im Reiche der Wirbellosen wurde das Spermidin
neuerdings von uns zum ersten Male bei der Seidenraupe[66] gefunden und das Spermin in der Tunicatenart Cionia sulcata[67].
Wie beim Arcain ist hier die klassische Fäulnisbase Briegers[68],
das *Putrescin* zugrunde gelegt, nur daß an den beiden endständigen
Methylengruppen nicht zwei Guanidinkerne stehen, sondern die
Reste eines Diamins, das uns bisher noch nie in der belebten
Natur begegnet ist, nämlich des Trimethylendiamins.

$$H_2N(CH_2)_3NH(CH_2)_4NH(CH_2)_3NH_2 \qquad H_2N(CH_2)_3NH(CH_2)_4NH_2$$

Spermin   Spermidin

Das altbekannte *Cadaverin*[68] kann sich zum Ring schließen, wie E. v. EULER[69] feststellte, als er das von ihm zum ersten Male im Harn beobachtete *Piperidin* (Pentamethylenimin) nach oralen Gaben von Cadaverin auf das Zehnfache steigen sah.

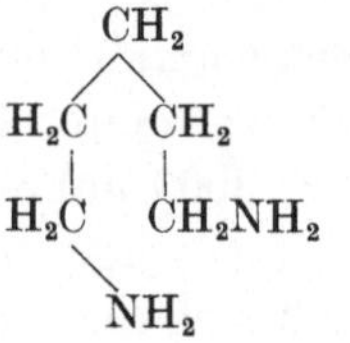

$$\begin{array}{cc}
\text{CH}_2 & \text{CH}_2 \\
\text{H}_2\text{C} \quad \text{CH}_2 & \text{H}_2\text{C} \quad \text{CH}_2 \\
\text{H}_2\text{C} \quad \text{CH}_2\text{NH}_2 & \text{H}_2\text{C} \quad \text{CH}_2 \\
\text{NH}_2 & \text{NH} \\
\text{Cadaverin} & \text{Piperidin}
\end{array}$$

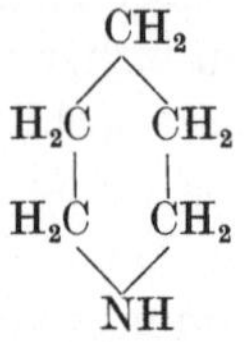

Wenn wir jetzt einen Blick auf die beiden Dipeptide *Carnosin*[70] und *Anserin*[71] werfen, zwei Körper, die sich in der Welt der Wirbeltiere in weiter Verbreitung finden, sehen wir im Falle des Anserins in den Imidazolkern eine Methylgruppe eingebaut. Speziell bei Warmblütern ist indessen die Neigung zu solchen Methylierungen nicht allzu groß, während wir bei den Kaltblütern viel häufiger methylierten Substanzen begegnen, oft sogar in überraschend großen Mengen, wie wir an dem Beispiel des Glykokollbetains gesehen haben.

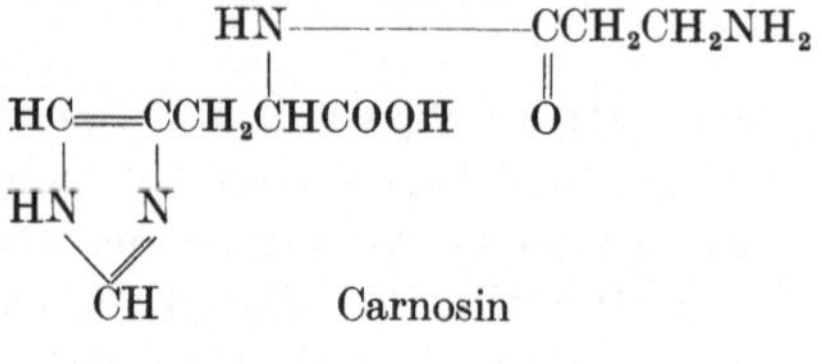

HN———————CCH₂CH₂NH₂
| ‖
HC=CCH₂CHCOOH   O
| |
HN N
CH   Carnosin

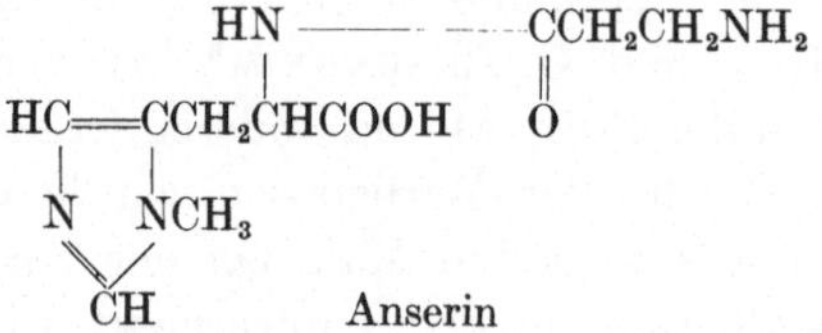

HN————— ———CCH₂CH₂NH₂
| ‖
HC=CCH₂CHCOOH   O
| |
N NCH₃
CH   Anserin

Ähnlich häufig kommen Methylderivate in der Pflanzenwelt vor, und man könnte sich vielleicht der Vermutung hingeben, daß der ja langsamere Stoffwechsel der Kaltblüter und Pflanzen manche Produkte nur allmählich zum Abbau kommen läßt, so daß sie leichter der Methylierung anheimfallen als bei den Warmblütern.

In diesem Zusammenhang möchte ich auf zwei methylierte Substanzen einfachster Konstitution eingehen.

Das *Tetramin* haben wir[72] bisher nur einmal, und zwar in der sog. Pferdeaktinie Actinia Equina beobachten können (entsprechend seiner quartären Struktur hat es ausgesprochene Curarewirkung) und ferner das *Trimethylaminoxyd*. Dieses wurde von Suwa[73] in Kutschers Laboratorium im Haifischmuskel gefunden. Später konnten wir feststellen, daß es sich in allen darauf untersuchten Seefischen[74] und auch anderen Seetieren, z. B. Cephalopoden[75] und Crustaceen[76] findet, und da der Körper leicht fermentativ reduziert wird und dann Trimethylamin entsteht, wissen wir jetzt, wo der bekannte Seefischgeruch herstammt. C. Neuberg[77] hat vor kurzem festgestellt, daß dieser Abbau mit dem Thermobacterium mobile in guter Ausbeute durchzuführen ist. F. A. Hoppe-Seyler[78] vertrat die Anschauung, daß die Anhäufung der großen Mengen Trimethylaminoxyd, die sich im Körper der betreffenden Tiere beobachten läßt, einer Osmoregulation gegenüber dem hohen Salzgehalt des Meerwassers diene, doch ist diese Auffassung nicht unwidersprochen geblieben.

$$(CH_3)_4N\,OH \qquad\qquad (CH_3)_3N:O$$

Tetramin   Trimethylaminoxyd

Dann möchte ich Ihre Aufmerksamkeit noch auf einige Indolderivate lenken, und zwar, weil Sie sehen können, daß durch die vor kurzem erfolgte Auffindung des *Enteramins* oder *Oxytryptamins* (auch Serotonin genannt) in Milz und Darmschleimhaut von Säugetieren, den Hypobranchialdrüsen von Schnecken, den Speicheldrüsen von Tintenfischen und bei anderen Tieren durch Erspamer[79] und seine Mitarbeiter jetzt eine Brücke geschlagen ist zwischen dem Tryptamin Laidlaws[80] und den Phisalix-Bertrandschen[81] und Wielandschen[82] *Bufotenin*, *Bufotenidin* und *Bufothionin*.

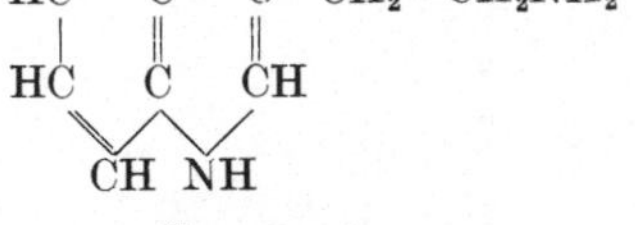

Tryptamin 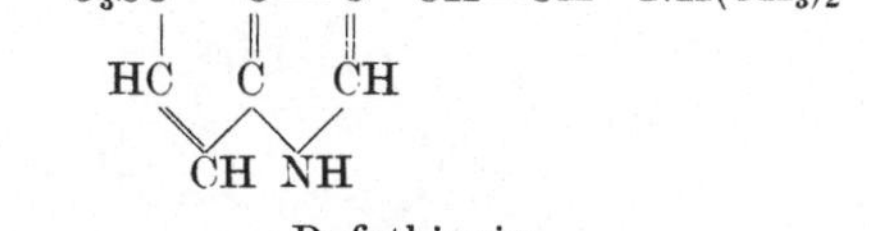   Bufothionin

$$\left.\begin{array}{c}\text{Indolring}\end{array}\right\}\begin{array}{l}CH_2CH_2NH_2 \text{ Oxytryptamin (Enteramin)}\\ CH_2CH_2N(CH_3)_2 \text{ Bufotenin}\\ CH_2CH_2N(CH_3)_3OH \text{ Bufotenidin}\end{array}$$

Dann möchte ich noch die bekannten Formelbilder bringen, die sich um das Adrenalin gruppieren, weil durch die neuerliche Auffindung des *Oktopamins* (l-p-Oxyphenyläthanolamin) durch ERSPAMER[83] eine bisher noch offene Lücke geschlossen ist. — Wir kommen durch Einführung eines Sauerstoffatomes in die Seitenkette ebenso vom *Tyramin*[84] zum *Oktopamin*, wie vom *Oxytyramin*[85] zum *Arterenol*[86], welch letztere beiden Körper wir PETER HOLTZ und seinen Mitarbeitern zu verdanken haben. Schließlich bedarf es ja dann nur noch einer Methylierung, um zum Adrenalin[87] zu kommen.

$$HO-C_6H_4-CH_2CH_2NH_2 \quad \text{Tyramin}$$

$$HO-C_6H_4-CH(OH)CH_2NH_2 \quad \text{Oktopamin}$$

$$(HO)_2C_6H_3-CH_2CH_2NH_2 \quad \text{Oxytyramin}$$

$$(HO)_2C_6H_3-CH(OH)CH_2NH \quad \text{Arterenol}$$

$$(HO)_2C_6H_3-CH(OH)CH_2NHCH_3 \quad \text{Adrenalin}$$

Schließlich bin ich in der Lage, Sie mit einem neuen proteinogenen Amin bekannt zu machen, das Herr Dr. KARLSON[88] vor kurzem bei seinen Untersuchungen über das Verpuppungshormon in der Seidenspinnerpuppe gefunden hat. Es ist das *N-Acetyl-Tyramin*

$$\text{CH}$$
$$\text{HC} \quad \text{CCH}_2\text{CH}_2\text{NHOCCH}_3$$
$$\text{HOC} \quad \text{CH}$$
$$\text{CH}$$

Seine pharmakologische Wirkung wird gerade untersucht. — Man sieht, welche Überraschungen das Studium der niederen Tierwelt noch zu bringen vermag.

Überblicken wir jetzt zum Schluß die ganzen in Betracht kommenden Substanzen, so ist es immer wieder auffallend, daß die wenigsten im Besitze eines asymmetrischen C-Atomes sind. Sie haben das mit vielen Exkretstoffen gemeinsam, die wir z. B. im Harn finden, wie Harnstoff, Harnsäure, Kreatinin, Purine. Hippursäure und manche andere. Ob hier ein tieferer Zusammenhang obwaltet, ist schwer zu sagen. Vielleicht könnte man sich vorstellen, daß Körper ohne asymmetrisches C-Atom etwas schwerer dem Abbau unterliegen.

Was ich Ihnen bringen konnte, mußte mehr wie eine Skizze wirken. Wenn auch die Zahl der N-haltigen Körper, die wir in der Tierwelt kennen, schon eine ziemlich große ist, so sind doch noch viel zu wenig Tierarten untersucht worden, und wir können in diesem Zusammenhang nur von Stichproben sprechen.

Eigentlich ist also eine einigermaßen aufschlußreiche vergleichende Biochemie noch gar nicht zu erwarten. Wir stehen noch im allerersten Anfang. Das, wovon ich berichtete, war vorwiegend deskriptiver Natur. Demgegenüber hat sich Herr Kollege FLORKIN in seinem Vortrage der Aufgabe unterzogen, die funktionelle Seite seinen Ausführungen zugrunde zu legen, ein sehr schwieriges, aber insofern dankbareres Thema, als die funktionelle Betrachtung durch die Logik, die jedem Geschehen zugrunde liegt, von vornherein interessieren muß. Dagegen muß sich der deskriptive Betrachter mit der Freude an einem neuen Funde als solchem

genug sein lassen, denn es kann oft lange dauern, ehe eine Substanz
für das Verständnis des Stoffwechselgeschehens eine Rolle spielen
kann, und er muß damit rechnen, nicht immer besondere Resonanz
zu finden.

Wenn auch die großen Schwierigkeiten, die mit jedem neuen
chemischen Funde verknüpft sind, uns nur langsam vorwärts
kommen lassen, so ist doch die Arbeit auf diesem Gebiet so loh-
nend wie auf kaum einem anderen, denn hier ruhen noch un-
gehobene Schätze!

Immer wieder erstaunlich ist die weitgehende Verwandtschaft
der verschiedenen biologischen Körper miteinander, die so oft
schon entscheidende Hinweise gegeben hat. In dieser Beziehung
ist vielleicht mein Lehrer Albrecht Kossel der Wahrheit ziemlich nahegekommen, wenn er einmal sagte: „Es sieht fast so aus,
als ob im Organismus Alles in Alles übergehen könnte.“

Alle Betrachtungen des Physiologen zielen immer darauf hin,
den Sinn seiner Beobachtungen zu ergründen, und er pflegt erst
zufrieden zu sein, wenn er irgendeine Zweckmäßigkeit für das
Gesamtgeschehen im Organismus erkannt hat. Er mag auch die
sog. Teleologie ablehnen, er wird diesem uns eingeborenen Drange
zur Frage nach dem Zweck nie widerstehen.

Nur zu oft aber läßt sich feststellen, daß hier gewisse Grenzen
gesetzt sind, und zwar aus dem einfachen Grunde, weil die Frage
nach dem Zweck zu eng ist und nicht alles erschöpft, was wir beim
Studium der belebten Natur in Rechnung zu ziehen haben.

Denn die Natur wirkt in der belebten Welt nicht nur als genialer
Konstrukteur sinnvoll arbeitender, unendlich verwickelter Mechanismen, sie wirkt auch, man kann es nicht anders ausdrücken, als
frei schaffender Künstler, der nur demjenigen dient, was wir als
schön empfinden. Mit der Laune eines solchen bildet sie nur nach
dem Prinzip des «l'art pour l'art» die Blüte der Orchidee, die
skurrilen Formen der Zierfische, die eleganten Glocken der
Medusen mit derselben Vollendung und bezaubernden Leichtig-
keit, wie die Strukturen der Gewebe bis herunter zu den nur mit
dem Elektronenmikroskop nachweisbaren Objekten, und jeder
Versuch, hier ausschließlich von Zweckmäßigkeit zu sprechen,
muß scheitern, ja könnte ebensosehr als Beleidigung der großen
Künstlerin wirken, wie etwa, wenn man einem Maler sagte, er
male für Geld.

Wenn nun auch mit dem Auge nicht wahrnehmbar, sondern nur auf dem schwierigen Umwege über das Laboratorium feststellen, so ist meiner festen Überzeugung nach auch in der gesamten chemischen Struktur eines Organismus die Künstlerhand der Natur zu spüren, und wir dürfen uns nicht wundern, wenn es ihrer Laune gefällt, etwa die eine Tierart verschwenderisch mit einem Betain auszustatten, das sie der anderen ganz versagt.

Ein wenig nimmt sie dabei immer noch Rücksicht auf unseren kleinen Menschengeist mit seinem unbezähmbaren Drang nach Systematik.

Biogene Amine der Tierwelt und ihre Entdecker.

Acetylcholin, 1926, LOEWY und NAVRATIL[18].

N-Acetyltyramin, KARLSON[88].

Adrenalin, 1901, ALDRICH und TAKAMINE[87].

Agmatin, 1910, A. KOSSEL[53].

β-Alanin, R. ENGELAND[30].

γ-Aminobuttersäure, 1910, ACKERMANN[24].

δ-Aminovaleriansäure, 1883, E. und H. SALKOWSKI[111].

Anserin, 1929, ACKERMANN, TIMPE und POLLER[71].

Arcain, 1931, KUTSCHER, ACKERMANN und FLÖSSNER[57].

Arterenol, 1947, P. HOLTZ, CREDNER und KRONENBERG[86].

Asterubin, 1935, ACKERMANN[44].

Betainaldehyd, 1933, F. und M. L. C. BERNHEIM[14].

Bufotenidin, 1930, H. WIELAND und F. VOCKE[82].

Bufotenin, 1893, PHISALIX und BERTRAND[81].

Bufothionin, 1937, H. und T. WIELAND und W. KONZ[82].

γ-Butyrobetain, 1886, BRIEGER[23].

Cadaverin, 1885, BRIEGER[68].

Carnitin, 1905, GULEWITSCH und KRIMBERG[25].

Carnosin, 1900, GULEWITSCH und AMIRADZIBI[70].

Cholin, 1849, STRECKER[89].

Colamin, 1901, THUDICHUM[90]; frei im Gehirn: E. MÜLLER[112].

Crotonbetain, 1928, W. LINNEWEH[26].

Cysteamin, 1950, BROWN, CRAIG und SNELL[46].

Dimethylamin, 1885, BOCKLISCH[91].

Dimethylguanidin, 1906, W. ACHELIS[92].

Ergothionein, 1909, TANRET[38] (im Mutterkorn); 1926, BENEDICT, NEWTON und BEHRE[38] (im Blut).

Glykocyamin, 1934, C. J. WEBER[47].

Glykokollbetain, 1886, BRIEGER[13].

Guanidin, 1904, FR. KUTSCHER und OTORI[93].

γ-Guanidobuttersäure, 1953, VAN NGOUYEN, THOAI, ROCHE und ROBIN[52].

γ-Guanido-α-ketovalerinsäure, 1953, VAN NGOUYEN, THOAI, ROCHE und ROBIN[52].

Histamin, 1910, ACKERMANN[62].

Homarin, 1933, F. A. HOPPE-SEYLER[37].

Imidazolbrenztraubensäure, 1944, STUMPF und GREEN[96].

Imidazolessigsäure, 1951, TABOR[95].

Imidazol-Methanal, 1954, ROCHE und Mitarbeiter[97].

Imidazolmilchsäure, 1919, HIRAI[94].

Imidazolpropionsäure, 1910, ACKERMANN[98].

Indol, 1877, BRIEGER[107].

Isoamylamin, 1914, BAIN[99].

Kreatin, 1835, CHEVREUL[100].

Kreatinin, 1844, HEINTZ und PETTENKOFER[101].

Kynurensäure, 1853, LIEBIG[42].

Lombricin, 1954, VAN NGOUYEN, THOAI und ROBIN[45].

Methylamin, 1866, TOLLENS[102].

α-Methylchinolin, 1896, ALDRICH[41].

β-Methylcholin, 1934, MARFORI, NITO und AURISICCHIO[22].

Methylguanidin, 1886, BRIEGER[84].

N-Methyl-Pyridiniumhydroxyd, 1906, FR. KUTSCHER und LOHMANN[103].

Murexin, 1938, 1947, VINCENT und JULLIEN[20]. — ERSPAMER und DORDONI[19].

Myokynin, 1912, ACKERMANN[104]. (Muß nachgeprüft werden. Der Autor.)

Neurin, 1906, FR. KUTSCHER und LOHMANN[105].

Oktopamin, 1952, ERSPAMER[83].

Oktopin, 1927, MORIZAWA[59].

Oxytryptamin, 1940, ERSPAMER[79].

Oxytyramin, 1931, P. HOLTZ und CREDNER[85].

γ-Picolin, 1907, W. ACHELIS und FR. KUTSCHER[106].

Piperidin, 1944, U. S. v. EULER[69].

Propiobetain, 1909, R. ENGELAND[27].

Propionylcholin, 1954, GARDINER und WHITTAKER[21].

Putrescin, 1885, BRIEGER[68].

Skatol, 1877, BRIEGER[107].

Spermidin, 1924, H. W. DUDLEY und M. C. ROSENHEIM[65].

Spermin, 1678, LEEUWENHOEK[64].

Sphingosin, 1901, THUDICHUM[90].

Spinacin, 1937, ACKERMANN und MOHR[40].

Stachydrin, 1933, FR. KUTSCHER und ACKERMANN[33].

Taurin, 1834, TIEDEMANN und GMELIN[43].

Taurocymin, 1953, ROCHE und Mitarbeiter[45].

Tetramin, 1923, ACKERMANN, F. HOLTZ u. H. REINWEIN[72].

Trigonellin, 1906, W. LINNEWEH und REINWEIN[35].

Trigonellinamid, 1943, HUFF und PERLZWEIG[108].

Trimethylamin, 1851, WERTHEIM[109].

Trimethylaminoxyd, 1909, SUWA[73].

Tryptamin, 1812, LAIDLAW[80].

Tyramin, 1886, BRIEGER[84].

Urocyaninsäure, 1874, JAFFE[110].

Zooanemonin, 1953, ACKERMANN[39].

Literatur.

[1] ACKERMANN, D., u. FR. KUTSCHER: Z. Nahr. u. Genußmittel **13**, 180 (1907); Hoppe-Seylers Z. **199**, 266 (1931).

[2] NEEDHAM, J., u. Mitarb.: Proc. Roy. Soc. (London) B **110**, 260 (1932); J. of Exper. Biol. **9**, 212 (1932).

[3] ROCHE, J., R. BARET et Y. ROBIN: C. r. Soc. Biol. (Paris) **148**, 443 (1954).

[4] KUTSCHER, FR., u. D. ACKERMANN: Z. Biol. **84**, 181 (1926).

[5] NEEDHAM, J.: Biol. Rev. **5**, 142 (1930); **13**, 225 (1938); Chem. Embryology, Bd. 2, S. 1132. Cambridge: Univ. Press 1931. — NEEDHAM, J., and D. M. GREEN: Perspectives in biochemistry. Cambridge 1938; zit. nach E. BALDWIN: An introduction to comparative biochemistry. Cambridge: Univ. Press 1949.

[6] BIALCZEWICZ et MINCOVNA: Zit. nach M. L. FLORKIN: Evolution biochimique. Paris: Masson et Cie. 1947.

[7] GUGGENHEIM, M.: Biogene Amine. 3. Aufl., S. 261, 1940,

[8] BERGMANN, W.: Scars Foundation **8**, 137 (1949); Ber. phys.-med. Ges. Würzburg **67** (1954).

[9] ACKERMANN, D., u. R. JANKA: Hoppe-Seylers Z. **298**, 65 (1954).

[10] ACKERMANN, D.: Hoppe-Seylers Z. **299**, 186 (1955).

[11] HOPPE-SEYLER, F. A., u. W. LINNEWEH: Hoppe-Seylers Z. **196**, 47 (1931).

[12] HUSEMANN u. MARMÉ: Liebigs Ann. **3**, Suppl. 245 (1864).

[13] BRIEGER, L.: Ptomaine **3**, 77 (1886).

[14] BERNHEIM, F., u. M. L. C. BERNHEIM: Amer. J. Physiol. **104**, 438 (1933). — MANN, P. J. G., and J. H. QUASTEL: Biochemic. J. **31**, 869 (1937) — MANN, P. J. G., H. E. WOODWARD and J. H. QUASTEL: Biochemic. J. **32**, 1024 (1938).

[15] ENGELAND, R.: Ber. dtsch. chem. Ges. **42**, 2968 (1909); Hoppe-Seylers Z. **67**, 403 (1910); Sitzgsber. Ges. Beförd. ges. Nat. Marburg, 10. Febr. 1909.

[16] SCHULZE, E., u. TRIER: Hoppe-Seylers Z. **67**, 46 (1910).

[17] PLATT, A. P.: Biochemic. J. **33**, 505 (1939). — CHANDLER, J. P., and V. DU VIGNEAUD: J. of Biol. Chem. **135**, 223 (1940). — GRIFFITH, W. H., and D. J. MULFORD: J. Amer. Chem. Soc. **63**, 929 (1941).

[18] LOEWI, O., u. NAVRATIL:: Pflügers Arch. **189**, 239 (1921).

[19] ERSPAMER, V., et F. DORDONI: Arch. int. Pharmacodynamie **74**, 263 (1947); Experientia (Basel) **4**, 226 (1948).

[20] VINCENT, D., et A. JULIEN: C. r. Soc. Biol. (Paris) **127**, 1506 (1938).

[21] GARDINER, J. E., and V. P. WHITTAKER: Biochemic. J. **58**, 24 (1954).

[22] MARFORI, P., G. DE NITO u. G. AURISICCHIO: Biochem. Z. **270**, 219 (1949).

[23] BRIEGER, L.: Ptomaine **3**, 27 (1886).

[24] ACKERMANN, D.: Hoppe-Seylers Z. **69**, 273 (1910). — ENGELAND, R., u. FR. KUTSCHER: Hoppe-Seylers Z. **69**, 282 (1910).

[25] GULEWITSCH, W., u. R. KRIMBERG: Hoppe-Seylers Z. **45**, 326 (1905).

[26] LINNEWEH, W.: Hoppe-Seylers Z. **175**, 91 (1928).

[27] ENGELAND, R.: Ber. dtsch. chem. Ges. **42**, 2457 (1909).

[28] CARTER, H. E., P. K. BHATTACHARYYA, K. R. WEIDMAN and G. FRAENKEL: Arch. of Biochem. **38**, 405 (1952).

[29] LECLERCQ, J.: Biochim. et Biophysica Acta **13**, 160 (1954).

[30] ACKERMANN, D.: Z. Biol. **56**, 87 (1911). — ENGELAND, R.: Z. Nahr. u. Genußmittel **16**, 658 (1908).

[31] ACKERMANN, D.: Hoppe-Seylers Z. **60**, 482 (1909).

[32] ACKERMANN, D.: Z. Biol. **57**, 104 (1911).

[33] KUTSCHER, FR., u. D. ACKERMANN: Hoppe-Seylers Z. **221**, 33 (1933).

[34] JAHNS, E.: Ber. dtsch. chem. Ges. **18**, 2518 (1885).

[35] LINNEWEH, W., u. H. REINWEIN: Hoppe-Seylers Z. **207**, 48 (1932); **209**, 110 (1932).

[36] ACKERMANN, D.: Hoppe-Seylers Z. **295**, 1 (1953).

[37] HOPPE-SEYLER, F. A.: Hoppe-Seylers Z. **221**, 45 (1933); **222**, 105 (1933).

[38] TANRET, C.: Pharmac. Chim. (6) **30**, 145 (1909). — BENEDICT, S. R., E. B. NEWTON and J. A. BEHRE: J. of Biol. Chem. **67**, 267 (1926). — NEWTON, E. B., S. R. BENEDICT and H. D. DAKIN: J. of Biol. Chem. **72**, 367 (1927). — EAGLES, B. A., and T. B. JOHNSON: J. Amer. Chem. Soc. **49**, 575 (1927).

[39] ACKERMANN, D.: Hoppe-Seylers Z. **295**, 1 (1953); **296**, 286 (1954). — ACKERMANN, D., u. R. JANKA: Hoppe-Seylers Z. **294**, 93 (1953).

[40] ACKERMANN, D., u. M. MOHR: Z. Biol. **98**, 37 (1937). — ACKERMANN, D., u. E. MÜLLER: Hoppe-Seylers Z. **268**, 277 (1941). — ACKERMANN, D., u. H. SKRAUP: Hoppe-Seylers Z. **284**, 129 (1949). — SKRAUP, S., u. J. ALT: Hoppe-Seylers Z. **284**, 132 (1949). — NEUBERGER, A.: Biochemic. J. **38**, 309 (1944).

[41] ALDRICH, J. B.: J. of Exper. Med. **1**, 323 (1896). — ALDRICH, Y. B., and W. JONES: J. of Exper. Med. **2**, 439 (1897).

[42] LIEBIG, J.: Liebigs Ann. **86**, 125 (1853).

[43] REDTENBACHER, J.: Liebigs Ann. **57**, 170 (1846). — TIEDEMANN u. GMELIN: Liebigs Ann. **9**, 327 (1834).

[44] ACKERMANN, D.: Hoppe-Seylers Z. **232**, 206 (1935); **234**, 208 (1935). — ACKERMANN, D., u. H. A. HEINSEN: Hoppe-Seylers Z. **235**, 115 (1935). — ACKERMANN, D., u. E. MÜLLER: Hoppe-Seylers Z. **235**, 233 (1935).

[45] NGUYEN-VAN THOAI, JEAN ROCHE, YVONNE ROBIN et NGUYEN-VAN THIEM: C. r. Soc. Biol. (Paris) **147**, 1241 (1953). NGUYEN-VAN THOAI et YVONNE ROBIN: Biochim. et Biophysica Acta **13**, 533 (1954).

[46] BROWN, G. M., J. A. CRAIG and E. E. SNELL: Arch. of Biochem. **27**, 473 (1950).

[47] WEBER, C. J.: Proc. Soc. Exper. Biol. a. Med. **32**, 172 (1934); J. of Biol. Chem. **109**, 96 (1935); **114**, 107 (1936).

[48] FISKE, C. H., u. Y. SUBBAROW: Science (Lancaster, Pa.) **65**, 401 (1927).

[49] MEYERHOF, O., u. K. LOHMANN: Naturwiss. **16**, 47 (1928).

[50] BALDWIN, E., and J. NEEDHAM: Proc. Roy. Soc. (London) B **122**, 197 (1937). — BALDWIN, E., and I. YUDKIN: Proc. Roy. Soc. (London) B **136**, 614 (1950).

[51] NGUYEN-VAN THOAI et YVONNE ROBIN: Biochim. et Biophysica Acta **14**, 76 (1954).

[52] NGUYEN-VAN THOAI, JEAN ROCHE et YVONNE ROBIN: Biochim. et Biophysica Acta **11**, 403 (1953).

[53] KOSSEL, A.: Hoppe-Seylers Z. **66**, 257 (1910).

[54] KUTSCHER, FR., u. R. ENGELAND: Zbl. Physiol. **24**, 479 (1910).

[55] HOLTZ, FR.: Z. Biol. **81**, 65 (1923). — ACKERMANN, D., u. M. MOHR: Hoppe-Seylers Z. **250**, 249 (1937).

[56] IRVIN, J. L., and D. W. WILSON: J. of Biol. Chem. **127**, 565 (1939).

[57] KUTSCHER, FR., D. ACKERMANN u. O. FLÖSSNER: Hoppe-Seylers Z. **199**, 273 (1931). — KUTSCHER, FR., D. ACKERMANN u. F. A. HOPPE-SEYLER: Hoppe-Seylers Z. **199**, 277 (1931). — KUTSCHER, FR., u. D. ACKERMANN: Hoppe-Seylers Z. **203**, 132 (1931). Synthese des Arcains von A. KIESEL: Hoppe-Seylers Z. **118**, 277 (1921); **118**, 284 (1921).

[58] WADA, M.: Biochem. Z. **224**, 420 (1930). — ACKERMANN, D.: Hoppe-Seylers Z. **209**, 66 (1932). — HORN, F.: Hoppe Seylers Z. **216**, 244 (1933).

[59] MORIZAWA, K.: Acta scholae med. Kioto **9**, 285 (1927); Chem. Zbl. **1928 II**, 2479.

[60] KNOOP, F., u. C. MARTIUS: Hoppe-Seylers Z. **254**, 1 (1938); **258**, 238 (1938).

[61] KITAGAWA, M., and T. TAMIJAMA: J. of Biochem. **11**, 265 (1929). — KITAGAWA, M.: J. of Biochem. **25**, 23 (1936).

[62] ACKERMANN, D.: Hoppe-Seylers Z. **65**, 504 (1910). Dtsch. med. Wschr. **1948**, 174.

[63] GRAF, W.: Nature (London) **164**, 701 (1949).

[64] LEEUWENHOEK, A. VAN: Philosophic. Trans. Roy. Soc. London **12**, 1042 (1678).

[65] DUDLEY, H. W., M. C., and O. ROSENHEIM: Biochemic. J. **18**, 1263 (1924). — DUDLEY, H. W., and O. ROSENHEIM: Biochemic. J. **18**, 1263 (1924); **19**, 1032 (1925); **20**, 1082 (1920). — WREDE, F., H. FANSELOW u. H. STRACK: Hoppe-Seylers Z. **163**, 219 (1927).

[66] ACKERMANN, D.: Hoppe-Seylers Z. **291**, 169 (1952).

[67] ACKERMANN, D., u. R. JANKA: Hoppe-Seylers Z. **296**, 279 (1954).

[68] BRIEGER, L.: Ptomaine **2**, 39 (1885).

[69] EULER, U. S. V.: Nature (London) **154**, 17 (1944); Acta physiol. scand. (Stockh.) **8**, 380 (1944).

[70] GULEWITSCH, W., u. S. AMIRADZIBI: Hoppe-Seylers Z. **30**, 565 (1900); vgl. DU VIGNEAUD u. BEHRENS: Erg. Physiol. **41**, 917 (1939).

[71] ACKERMANN, D., O. TIMPE u. K. POLLER: Hoppe-Seylers Z. **183**, 1 (1929). — LINNEWEH, W., A. W. KEIL u. F. A. HOPPE-SEYLER: Hoppe-Seylers Z. **183**, 11 (1929).

[72] ACKERMANN, D., FR. HOLTZ u. H. REINWEIN: Z. Biol. **79**, 113 (1923).

[73] SUWA, A.: Pflügers Arch. **128**, 421; **129**, 231 (1909).

[74] POLLER, K., u. W. LINNEWEH: Ber. dtsch. chem. Ges. **59**, 1362 (1926). — HOPPE-SEYLER, F. A., u. W. SCHMIDT: Z. Biol. **87**, 59 (1927).

[75] HENTZE, M.: Hoppe-Seylers Z. **91**, 230 (1914).

[76] HOPPE-SEYLER, F. A.: Hoppe-Seylers Z. **221**, 45 (1933).

[77] NEUBERG, C.: Bull. Res. Council Israel **4**, 12 (1954).

[78] HOPPE-SEYLER, F. A.: Verh. phys.-med. Ges. Würzburg **54**, 160 (1929).

[79] ERSPAMER, V.: Arch. exper. Path. u. Pharmakol. **196**, 343, 366 (1940); Naturwiss. **40**, 313 (1953); Arch. int. Pharmacodynamie **74**, 113 (1947); **76**, 308 (1948); Acta pharmacol. (København) **4**, 213 (1948); Experientia (Basel) **2**, 369 (1946). — ERSPAMER, V., u. VIALLI: Nature (London) **167**, 1033 (1951); Ricerca sci. **22**, 1420 (1952). — ERSPAMER, V., u. B. ASERO: Ricerca sci. **21**, 2132 (1951); Nature (London) **169**, 800

124   D. Ackermann:

(1952). — Erspamer, V., u. Vialli: Arch. sci. biol. (Bologna) **28**, 101.
122 (1942); Arch. Fisiol. **40**, 239 (1940). — Vogt, W.: Arch. exper.
Path. u. Pharmakol. **222**, 427 (1954).

[80] Laidlaw, P. P.: Biochemic. J. **6**, 141 (1912).

[81] Phisalix, C., et G. Bertrand: C. r. Soc. Biol. (Paris) **45**, 477 (1895):
54, 932 (1902).

[82] Wieland, H., u. F. Vocke: Liebigs Ann. **481**, 215 (1930). —
H. u. T. Wieland u. W. Konz: Liebigs Ann. **528**, 234 (1937).

[83] Erspamer, V.: Nature (London) **169**, 375 (1952). — Erspamer, V., u.
G. Boretti: Arch. int. Pharmacodynamie 88, 296 (1951); Experientia
(Basel) **7**, 271 (1951).

[84] Brieger, L.: Ptomaine **3**, 34 (1886).

[85] Holtz P., u. K. Kredner: Arch. exper. Path. u. Pharmakol. **200**, 356
(1942).

[86] Holtz, P., K. Kredner u. G. Kronenberg: Arch. exper. Path. u.
Pharmakol. **204**, 228 (1947). — Euler, U. S. v.: Erg. Physiol. **46**, 261
(1950).

[87] Aldrich, T. B.: J. of Physiol. **5**, 457 (1901). — Takamine, T.: J. of
Physiol. **27**, 29 (1901).

[88] Karlson (erscheint demnächst).

[89] Strecker, A.: Liebigs Ann. **70**, 149 (1849).

[90] Thudichum, J. L. W.: Die chemische Konstitution des Gehirns. Tübingen 1901.

[91] Bocklisch, O.: Ber. dtsch. chem. Ges. **86**, 1922 (1885).

[92] Achelis, W.: Hoppe-Seylers Z. **50**, 10 (1906).

[93] Kutscher, Fr., u. J. Otori: Hoppe-Seylers Z. **43**, 93 (1904).

[94] Hirai: Acta scholae med. Univ. Kioto **3**, 1 (1919); Chem. Zbl. **3**, 489
(1920).

[95] Tabor, H.: J. of Biol. Chem. **188**, 125 (1951).

[96] Stumpf, P. K., u. D. S. Green: J. of Biol. Chem. **153**, 387 (1944).

[97] Nguyen-van Thoai, P. E. Glahn, J. Hedegaard, P. Manchon and
J. Roche: Biochim. et Biophysica Acta **13**, 87 (1954).

[98] Ackermann, D.: Hoppe-Seylers Z. **65**, 504 (1910).

[99] Bain, W.: Quart. J. Exper. Physiol. **82**, 29 (1914).

[100] Chevreul, M. E.: J. Pharmac. chim. **21**, 23 (1835).

[101] Heintz, W.: Ann. Physik. **62**, 602 (1844); **70**, 466 (1847). — Pettenkofer, M.: Liebigs Ann. **52**, 97 (1844).

[102] Tollens, B.: Z. Chem. **1866**, 516.

[103] Kutscher, Fr., u. A. Lohmann: Hoppe-Seylers Z. **49**, 84 (1906).

[104] Ackermann, D.: Z. Biol. **59**, 433 (1912).

[105] Kutscher, Fr., u. A. Lohmann: Hoppe-Seylers Z. **48**, 1 (1906).

[106] Achelis, W., u. Fr. Kutscher: Hoppe-Seylers Z. **52**, 91 (1907).

[107] Brieger, L.: Ber. dtsch. chem. Ges. **10**, 1027 (1877).

[108] Huff, J., u. W. A. Perlzweig: J. of Biol. Chem. **150**, 395, 483 (1943).

[109] Wertheim, J.: Fortschritte der Tierchemie, S. 480. 1851.

[110] Jaffe, M.: Ber. dtsch. chem. Ges. **7**, 1669 (1874); **8**, 811 (1875).

[111] Salkowski, E., u. H.: Ber. dtsch. chem. Ges. **16**, 1191 (1883).

[112] Müller, E.: Z. Biol. **100**, 49, 249 (1940).

[113] NAGAMITU, G.: Okayama-Igakkai-Zasshi **47**, 3005 (1935); Ber. Physiol.
95, 128 (1936). — ACKERMANN, D., u. H. MAUER: Pflügers Arch. **247**,
623 (1943).

Eingehende Literatur bei M. GUGGENHEIM: Die biogenen Amine. Basel-
New York 1951, und HOPPE-SEYLER-THIERFELDER: Handbuch der
physiolog.- und pathologisch-chemischen Analyse, Bd. III, 10. Aufl.
Beitrag von E. MÜLLER. Berlin-Göttingen-Heidelberg: Springer-Verlag
1955.

Diskussion.

MOTHES (Gatersleben): Ich möchte mir erlauben, zu den schönen
Ausführungen von Herrn ACKERMANN vom botanischen Standpunkt ein
paar Bemerkungen zu machen. Ich finde es besonders wesentlich, daß
Herr ACKERMANN die Bedeutung der vergleichend biochemischen Betrachtungsweise herausgestellt hat. (Es ist nicht nur deshalb wesentlich, weil
unsere Generation in zunehmendem Maße ungeschichtlich wird. Für viele
beginnt die Wissenschaft erst mit unserer Zeit. Man zitiert nicht mehr,
was andere vor uns gearbeitet und gedacht haben, sondern möglichst nur
das, was man demnächst selbst zu veröffentlichen gedenkt.) Der vergleichend biochemische Gesichtspunkt läßt uns erst eigentliche wissenschaft-
liche Tiefe gewinnen, wo sonst nur deskriptives Sammeln von analytischem
Material herrscht. Zum Mitbegründer der vergleichend biochemischen
Methode gehört der Agrikulturchemiker BOUSSINGAULT, der in seiner
«Chimie agricole» zum ersten Male im Gegensatz zur damaligen Auffassung
geäußert hat, daß das Asparagin der höheren Pflanze nichts anderes wäre
als der Harnstoff der Tiere. PRJANISCHNIKOW hat diese Anregungen
BOUSSINGAULTs zu einer großartigen Lehre der Ammoniakentgiftung aus-
gebaut. In Fortführung dieser Gedanken sind unsere Kenntnisse vom
Stickstoffwechsel der höheren Pflanzen wesentlich erweitert worden.
Ich meine, daß die Entdeckung des Allantoins nichts anderes ist als das
Auffinden eines Analogons zur Harnsäure, die bei Vögeln und landlebenden
Reptilien als Ammoniakentgifter erscheint. Bei jenen Tieren wird die
Harnsäure aber ausgeschieden, bei der Pflanze bleibt das Allantoin im Organismus, nicht allein, weil es einen Exkretionsmechanismus im Sinne der
tierischen Nieren nicht gibt, sondern auch, weil Ammoniak jederzeit wieder
in den Stoffwechsel einbezogen werden kann. Dieser Unterschied zwischen
tierischer und pflanzlicher Organisation ist auch von größter Bedeutung
für das Verständnis des Vorkommens der von Herrn ACKERMANN behandelten Amine in Pflanzen und ihrer Analoga, über die hier ein paar Worte
gesagt werden sollen. Es scheint mir nicht ohne Bedeutung, daß die Amine
der Pflanzen relativ häufig in Pilzen und Bakterien vorkommen, daß sie in
höheren Pflanzen aber seltener sind und dann meist beschränkt auf jene
Organe und jene Entwicklungszustände, die durch einen besonders inten-
siven Stoffwechsel ausgezeichnet sind, wie etwa den Kolben des
Blütenstandes des Aronstabes, die schon durch ihre über die Umwelt
erhöhte Temperatur gewisse Parallelen zum tierischen Organismus aufweisen.

In der höheren Pflanze tritt an die Stelle der gewöhnlichen Amine der Typ der echten Alkaloide. Das sind im strengen Sinne auch Amine, bei denen aber ein Ringschluß mit Hilfe des Stickstoffatoms durchgeführt worden ist. Solche Alkaloide werden in Pilzen nur selten gefunden, und man hat angenommen, daß das ein Ausdruck für die geringere synthetische Fähigkeit der niederen Pflanzen ist. Das dürfte aber nicht richtig sein, nicht allein deshalb, weil auch Pilze gelegentlich Alkaloide zu bilden in der Lage sind wie z. B. in den Sclerotien des Mutterkorns, sondern auch, weil wir viele Beweise dafür haben, daß die niederen Organismen in bezug auf ihre synthetisierende Fähigkeit den höheren Pflanzen keineswegs nachstehen. Die Antibioticaforschung und die Erforschung der Chemie der Flechten haben uns gezeigt, daß Pilze zur Produktion einer noch nicht entfernt übersehbaren Zahl von solchen Stoffen befähigt sind, die dem Typ nach auch in höheren Pflanzen vorkommen können. Eine Anreicherung dieser Stoffe erfolgt vor allem in solchen Pilzen oder Pilzteilen, bei denen die Bedingungen eines Landlebens gegeben sind, d. h. wo die Möglichkeit der Exkretion von Stoffwechselprodukten mehr oder minder verhindert oder zumindest erschwert ist. Die submers lebenden Pilze scheinen nicht in dem gleichen Maße zur Produktion solcher sekundären Pflanzenstoffe übergegangen zu sein. Ich möchte auf einen Alkaloidtyp näher eingehen. um daran die Parallelen und das Gegensätzliche zu den Aminen herauszustellen. Das Nicotin galt bis vor kurzem als ein spezifisches Produkt der Tabakpflanze. Man konnte geradezu sagen, enthält eine Pflanze Nicotin, so ist es eine Tabakpflanze. Die modernen Forschungen haben aber gezeigt, daß ein solches, gewiß nicht einfaches Alkaloid im Pflanzenreich sehr weit verbreitet ist. Man fand es bei den Schachtelhalmen und den Bärlappgewächsen, von denen ebenso wie von den Pilzen behauptet wurde, daß sie wegen ihrer primitiven Organisation und wegen ihres großen erdgeschichtlichen Alters die Fähigkeit zur Alkaloidbildung noch nicht erlangt haben sollen. Wir finden aber Nicotin auch in vielen anderen Familien, und was hier besonders interessiert, wir finden es im Bereich der Nachtschattengewächse nicht allein im Tabak, sondern offenbar in allen Gattungen dieser Familie, also auch in der Tomate. Aber im allgemeinen nur in Spuren. Der Tabak ist also nicht dadurch ausgezeichnet, daß er allein Nicotin bildet, sondern daß er große Mengen von Nicotin verträgt. Man kann dieses unterschiedliche Verhalten gegenüber Nicotin sehr leicht dadurch demonstrieren, daß man Pfropfungen ausführt. Wenn man Tabak auf Tomate pfropft, so ist der Tabak fast nicotinfrei, pfropft man aber umgekehrt Tomate auf Tabakwurzel, so ist die Tomatenpflanze nicotinreich. Es ist durch solche Pfropfungen bekannt geworden, daß bestimmte Alkaloide in erster Linie in der Wurzel der Pflanzen gebildet werden und mit dem Säftestrom in die oberirdischen Teile gelangen. Pfropft man eine Tomate oder eine Tollkirsche, die also normalerweise selbst Nicotin in Spuren führen, auf eine nicotinreiche Tabakwurzel, so erkranken die Reiser unter charakteristischen Symptomen, und es kann bewiesen werden, daß diese Erkrankung eine Folge des Einströmens von Nicotin aus der Tabakwurzel ist. Tollkirsche und Tomate führen also normal selbst Nicotin, aber nur in geringen Mengen und können große

Mengen nicht vertragen. Man kann versuchen, durch Mutationsauslösung die Nicotinbildung in den Pflanzen zu steigern. Wir haben solche Versuche durchgeführt, aber keinen durchschlagenden Erfolg beobachtet, weil Nachtschattengewächse, die normalerweise nur Spuren von Nicotin führen, nicht existieren können, wenn sie in Formen umgewandelt werden, die viel Nicotin führen. Merkwürdigerweise beobachteten wir, daß die Composite Zinnia als Reis über einer Tabakwurzel gut wächst und blüht. Für diese Pflanze scheint also das Nicotin der Unterlage kein Gift zu sein. Dieses Rätsel wurde in einfacher Weise geklärt, indem mein Mitarbeiter Herr SCHRÖTER fand, daß Zinnia auch ungepfropft erhebliche Mengen von Nicotin enthält. Diese Pflanze gehört also zu jenen, die wie der Tabak das Nicotin nicht allein selbst bilden, sondern die an große Mengen von Nicotin gewöhnt sind. Das Vorkommen von sekundären Pflanzenstoffen ist also nicht nur bestimmt durch die Fähigkeit, solche Stoffe zu synthetisieren, sondern auch dadurch, solche Stoffe zu vertragen. Es ist nicht leicht, eine Pflanze auf die Steigerung bestimmter chemischer Merkmale hin zu züchten oder ihr neue Merkmale einzuverleiben. Entscheidend ist für das Auftreten solcher Merkmale, daß die Pflanze den Faktorenkomplex Resistenz gegenüber solchen Merkmalen gleichzeitig mit entwickelt. Wir kommen damit zu dem von Herrn ACKERMANN angerührten Problemkreis der Zweckmäßigkeit. Die Stoffe, die wir beobachten, sind nicht alle notwendig; wir können sie nur beobachten, wenn sie das Leben nicht unmöglich machen. Im Zuge der Entwicklung neuer Pflanzenformen wird sicherlich mancherlei erzeugt, das chemisch interessant und neuartig ist, das sich aber doch unserer Beobachtung entzieht, weil dadurch diese Pflanzen schon in der Jugend zugrunde gehen. Denn nicht jede Neuschöpfung ist geeignet, das Leben zu erhalten oder zu fördern. Ich möchte das Bild von Herrn ACKERMANN weiterspinnen und sagen: Das ist ein schlechter Künstler, der seine Bilder unter dem Gesichtspunkt malt, daß sie gut verkauft werden, aber ein Künstler, der überhaupt kein Bild verkauft, geht zugrunde. Es ist wahrscheinlich, daß das Nicotin in der großen Menge, in der es im Tabak auftritt, ohne Bedeutung für die Pflanze ist, es ist aber keineswegs geklärt, ob Nicotin in sehr kleinen Mengen von Bedeutung für das Pflanzenleben ist. Einer meiner Mitarbeiter, Dr. RAMSHORN, konnte zeigen, daß Nicotin in dem Wuchsstoffkomplex als Auxin und Antiauxin eine große Rolle in Pflanzen spielen kann.

Im übrigen wäre auch auf eine Reihe von Einzelbeispielen des Parallelismus des tierischen und pflanzlichen Stoffwechsels noch hinzuweisen. Ich möchte mich kurz fassen. Ich erinnere noch einmal an das Homarin. Das ist ein α-substituiertes Pyridin und steht damit in enger Beziehung zur Pipecolinsäure, die in Pflanzen weitverbreitet ist. Es ist sehr wahrscheinlich, daß auch das Homarin wie diese Pipecolinsäure vom Lysin abzuleiten ist. Im tierischen Stoffwechsel würde der ungesättigte Charakter der Verbindung verstärkt in Erscheinung treten, während im pflanzlichen Stoffwechsel die zunächst gebildete Dehydropipecolinsäure hydriert wird. Im Gegensatz zu diesen α-substituierten Pyridinen und Piperidinen scheinen die β-substituierten wie die Nicotinsäure und das Trigonellin Beziehungen zum Tryptophan bzw. Kynurenin zu haben. Man kann solche Parallelen zwischen tierischem und pflanzlichem Stoffwechsel an zahlreichen Beispielen aufweisen. Ich möchte nur noch erinnern an das Bufotenin mit seinem gleichzeitigen Vorkommen in Kröten und in Pilzen. Solche Beispiele weisen auf die generelle Uniformität des Stoffwechsels von Tieren und Pflanzen hin, wenn schon die Pflanze mit ihrer besonderen Organisation, mit ihrer mangelnden Exkretion, mit ihren Vacuolen und andersartigen Abstellräumen größere Möglichkeiten der Anreicherung solcher sekundären Stoffe besitzt.

HALDANE (London): In seinem sehr interessanten Vortrag ist Herr ACKERMANN bis zur Quelle wissenschaftlicher Biologie zurückgegangen. Schon ARISTOTELES hat die Tiere biochemisch klassifiziert. Er sprach von Tieren, die eine Wirbelsäule und Hämoglobin enthalten und von blutlosen Tieren. Heute wissen wir, daß Hämoglobin auch von einigen Avertebraten und in einigen Pflanzenwurzeln gebildet wird.

Die biochemische Klassifizierung ist sehr nützlich, aber vielleicht nicht so nützlich wie die morphologische. Der Grund dafür ist meiner Ansicht nach der, daß es leichter ist, Hämoglobin neu zu bilden als eine Wirbelsäule. Die vergleichende Genetik kann uns dazu einiges lehren. Neurospora bildet auf einem großen Umweg Nicotinsäure aus Anthranilsäure. Diese wird erst in Indol umgewandelt und dann mit Serin zu Tryptophan verknüpft und weiter zu Kynurensäure und 3-Oxyanthranilsäure umgewandelt, woraus schließlich Nicotinsäure entsteht. Bei Aspergillus hat PONTECORVO gefunden, daß dieser Pilz Oxyanthranilsäure direkt aus Anthranilsäure ohne Umweg über Tryptophan bildet.

I think that a discussion of the data of comparative biochemical genetics will be essential in the discussion of the metabolic relationships of these substances. Now I want to say a very little about biochemical systematic characters and I would like to introduce you to a principle which I think my wife was the first to innonciate in the recent ornithological conference. If we wish to consider a systematic character it is very important to remember that the toxonomist is an animal and that the behavior of the toxonomist is a part of animal behavior. Now we classify animal behavior largely on their visual character and as to birds, birds are largely visual and auditory animals and Herr LORENZ particularly has shown that they distinguish between species on very similar grounds to what we do, on visual and auditory characters. And one of the functions of the visual and auditory differences between species is to make specific recognition possible. Now supposing we were dogs, that is to say, that our basis to recognize was to a large extent biochemical rather than visual or auditory. We shall very naturally distinguish species on their biochemical character and, with all reverence to Prof. ACKERMANN's last statements, it seems to me at least possible that some of the biochemical differences between related animal species may have a use, if I may be allowed that word, in the possibilities of biochemical recognition. We know that this is the case for some of the volatile substances produced by mammals, they enable sexual recognition and above all specific recognition to take place. I want to suggest the possibility that some of the peculiar metabolic products of invertebrates may play a part in interspecific recognition.

I know that this is not being shown in most cases. People have attempted to isolate the substances which are responsible for recognition and occassionally succeeded. They have isolated the various substances of which Prof. ACKERMANN spoke on quite different grounds. Now some years ago I made the point which I believe is correct, that the hormones of higher animals are phyllogenetically descended, if I may use the word, from the substances which are used for intercellular communication in protozoa. A mass of cells merely aggregated together and incapable of chemical communication would not be an organism but the protozoa already can communicate with biochemical substances. I want to suggest, therefore, that substances which are in that chemical composition not so very unlike the well known hormones, may serve at least in some cases for interspecific communication. We know from the work, for example, of BRETTSCHNEIDER and DE WITT that this can occasionally happen even in vertebrates and I want to suggest very humbly to Prof. ACKERMANN that he may have discovered conceivably at least some of the means of communication between individuals as well as between cells in the organisms which he has studied.

LOHMANN (Berlin-Buch): Herr ACKERMANN äußerte die Vermutung. daß die proteinogenen Amine deshalb angereichert würden, weil sie überwiegend optisch inaktiv sind und optisch inaktive Stoffe weniger leicht angegriffen werden als optisch aktive. Auch sonst unterscheidet man gern labile und stabile Verbindungen. Ich glaube diese Unterscheidung ist in der Biologie nicht erlaubt, da die Labilität einer Verbindung von den jeweils vorhandenen Fermenten abhängt. So kann z. B. Kreatin- oder Argininphosphat in einem Organismus „labil", in einem anderen „stabil" sein.

MENNE (Rostock): Ist bekannt, ob Glykocyaminphosphorsäure und die anderen neuen Phosphagene von ROCHE energiereiche Phosphatbindungen darstellen in ähnlicher Weise wie Kreatinphosphorsäure? Außerdem möchte ich noch etwas über den Stoffwechsel des Kreatins sagen. Während beim Kind etwa bis zum 4. Jahr vorwiegend Kreatin ausgeschieden wird, scheidet der Erwachsene hauptsächlich Kreatinin aus. Bei Muskelstoffwechselstörungen, Dystrophia musculorum progressiva, scheidet das Kind bis zum 6. Jahr nur wenig Kreatin aus und erst mit der dann erfolgenden Umstellung des Stoffwechsels steigt die Kreatinausscheidung an. Wie beim kindlichen Wachstum überwiegt auch beim Krebswachstum die Ausscheidung von Kreatin über die von Kreatinin. Es scheint daher eine enge Beziehung zwischen Kreatinstoffwechsel und Wachstum zu bestehen.

HOFFMANN-OSTENHOF (Wien): Bei niederen Tieren konnte ich ein Enzym nachweisen, das die Phosphatübertragung von Metaphosphat auf ADP katalysiert. Metaphosphat könnte daher möglicherweise in Hefe, Bakterien und vielleicht auch in Algen die Rolle der Phosphagene übernehmen. Über die Rolle von Metaphosphat bei Pflanzen ist mir nichts bekannt.

BERGMANN (Yale-Universität, New Haven, Conn.): Herr Kollege ACKERMANN war so freundlich, in seinem schönen Vortrage einige Arbeiten

zu zitieren, die wir an der Yale-Universität gemacht haben, und Herr
Kollege Felix hat mich gebeten, etwas dazu zu sagen. Zunächst möchte
ich feststellen, daß unsere eigenen Arbeiten in nicht geringem Maße durch
die schönen Untersuchungen von Kutscher und Ackermann angeregt
worden sind. Nur habe ich mich als Windaus-Schüler zunächst mit vergleichenden Untersuchungen über das Vorkommen von Sterinen im Tierreich befaßt. Im Gegensatz zu der Ubiquität des Cholesterins bei den
Vertebraten finden sich besonders unter den niederen Avertebraten Sterine
in großer Mannigfaltigkeit. So haben wir aus Schwämmen etwa fünfzehn
verschiedene Sterine isoliert, unter ihnen, und das ist wichtig, auch Cholesterin. Unter den Zölenteraten trifft man auch noch einige der anderen
Sterine an, aber in den höheren Tierklassen werden sie immer seltener,
bis sie schließlich in den Vertebraten fast ganz durch das Cholesterin ver-
drängt sind. Man erkennt also eine Entwicklung in Richtung eines beinahe
exklusiven Gebrauches des Cholesterins. Vielleicht könnte man auch
annehmen, daß unter den vielen Sterinen, mit denen die Natur anfangs
experimentiert hat, das Cholesterin sich am geeignetsten erwiesen hat,
in anderen Worten, daß man es mit einem "survival of the fittest sterol"
zu tun hat. Vor zehn Jahren habe ich in einem Vortrag in Boston der
Überzeugung Ausdruck gegeben, daß es sich bei den biogenen Aminen
vielleicht ebenso verhält. Es erschien mir z. B., daß die bekannte Tabelle
der Phosphagenverteilung im Tierreich aus Baldwins Buch zu einfach ist,
daß sich bei dem Übergang von den Avertebraten zu den Vertebraten der
Stoffwechsel nicht einfach von dem Argininphosphagen auf das Kreatin-
phosphagen umgestellt hat. Es erschien mir viel logischer anzunehmen,
daß man unter den niederen Tieren biogene Amine in großer Mannigfaltigkeit antreffen würde und daß man es mit einer Entwicklung in der Richtung
des beinahe exklusiven Gebrauches des Kreatinphosphagens zu tun hat.
Die neueren Untersuchungen von Baldwin und Yudkin und vor allem
von Roche scheinen die Annahme zu unterstützen.

Ich möchte in diesem Zusammenhange dann auch noch einen Fall
erwähnen, der den Wert vergleichender chemischer Untersuchungen für
den Zoologen illustriert. Bekanntlich werden die vier Klassen der Echinodermen oft auf Grund leicht erkennbarer Ähnlichkeiten in zwei Gruppen
vereinigt. Die sternähnlichen Asteroiden und Ophiuroiden einerseits und
die rundlichen Echinoiden und Holothurien andererseits. Vergleichende
Untersuchungen über die Embryologie der Klassen, wie z. B. die von Fell
in Australien, deuten jedoch auf andere Verwandtschaftsverhältnisse hin,
nämlich auf einen Zusammenhang zwischen Asteroiden und Holothurien,
und Echinoiden und Ophiuroiden. Fell sieht dies als eine *Reductio ad
absurdum* an, welche zeigt, wie unzulänglich vergleichende embryologische
Untersuchungen sind, denn solche Verwandtschaftsverhältnisse können
einfach nicht wahr sein. Nun haben wir gefunden, daß die chemischen
Untersuchungen die embryologischen durchaus unterstützen. So enthalten
die Echinoiden und Ophiuroiden beide Sterine, die eine Doppelbindung
an der gleichen Stelle wie das Cholesterin tragen. Die Asteroiden und
Holothurien dagegen enthalten die leicht erkennbaren Sterine, welche eine
Doppelbindung in der C7—C8-Stellung tragen. Die Situation ist ähnlich

in der Verteilung von Arginin und Kreatin. Es ist kaum zu glauben, daß die Parallelität der chemischen und embryologischen Ergebnisse auf Zufall beruht. Worauf die biochemische Bedeutung der Sterinverschiedenheit beruht, läßt sich noch nicht sagen. Ich glaube jedoch nicht, daß sie im Sinne einer vorhergehenden Bemerkung von Professor HALDANE einfach als irgendwelche Erkennungsmerkmale anzusehen sind.

Ein willkommener Zufall hat uns dann auch zum Studium von Substanzen geführt, die man vielleicht auch zu den biogenen Aminen rechnen könnte. Aus einem Meeresschwamm von den Bahamas erhielten wir durch einfache Extraktion größere Mengen eines Kristallgemisches, welches sich als ein Gemisch bisher unbekannter Nucleoside erwies. Am häufigsten ist das, welches wir Spongothymidin genannt haben und welches sich überraschenderweise als das Arabinosid des Thymins erwiesen hat. Es ist begleitet vom Spongouridin, dem Arabinosid des Uracils. Ein drittes, das Spongosin, erwies sich als das Ribosid eines O-Methylguanins, wahrscheinlich identisch mit dem O-Methyläther des Crotonosids. Obwohl wir bisher noch nicht bewiesen haben, daß diese Nucleoside, wie wir glauben, Fragmente einer höheren Einheit, also Nucleinsäure sind, so warnt ihr Vorkommen doch jetzt schon die Biochemiker und Zoologen vor der *a priori* Annahme, daß alle Nucleinsäuren der Tierwelt den Typen RNS oder DNS angehören.

Die Schwämme sind jedoch ganz ungewöhnliche Tiere, die man eigentlich nicht in einer allgemeinen Tabelle tierischer Entwicklung unterbringen kann. Sie sind wohl keine Urahnen anderer Tierformen, sondern eine sehr frühe Abzweigung vom Hauptstamm der Evolution. Vielleicht liegt der Schlüssel dazu in der Struktur der Nucleinsäuren der Schwämme. Sollte in diesen in der Tat beide Zucker, Arabinose und Ribose vorkommen, so würde durch die jeweilige Orientierung der 2-Hydroxylgruppe der „Helix" im Sinne von PAULING ein von anderen Nucleinsäuren ganz verschiedenes Format erhalten. Vielleicht sind solche in genetisches Material eingebaute Nucleinsäuren Mutationen höchst unzugänglich, was wiederum erklären könnte, warum die Schwämme in ihrer Entwicklung sozusagen in eine Sackgasse geraten sind.

ACKERMANN (Würzburg): Herr MOTHES hat gezeigt, wie sich Botanik, Zoologie, Medizin usw. ergänzen und bedingen. Schon CLAUDE BERNARD hat gesagt, die Natur kennt keine Anatomie und Physiologie. Herr MENNE, ich glaube bestimmt, daß diese Phosphatverbindungen von Glykocyamin, Taurocyamin und Lombricin ungefähr dieselbe Rolle spielen wie die bekannten Phosphagene.

Vergleichende Biochemie der C_1-Körper.

Von

H. M. RAUEN.

Physiologisch-Chemisches Institut der Universität Münster/Westf.

Mit 23 Textabbildungen.

Ordnen wir die biochemischen Reaktionen, die organische Verbindungen oder Radikale mit einem einzigen Kohlenstoffatom einbeziehen (im folgenden kurz C_1-Körper genannt), nach dem Oxydationsgrad dieser Verbindungen oder Radikale, so grenzen sich drei Funktionsbereiche gegeneinander ab. Wir bezeichnen sie als Transcarboxylierung, Transformylierung und Transmethylierung. Der erste Funktionsbereich ist, vom vergleichend-biochemischen Gesichtspunkt aus gesehen, wenn wir also das Lebensganze ins Auge fassen, relativ isoliert und hat nur wenige funktionelle Bindeglieder zu den beiden anderen. Diese sind dagegen funktionell so eng miteinander verbunden, daß man sich gefragt hat, ob nicht die Transmethylierung obligat über die Transformylierung geht.

Wenn überhaupt eine Bewertung der drei Funktionsbereiche erlaubt ist, so kommt der Transcarboxylierung, falls man damit die teleologische Sicht nicht zu weit treibt, für den Bestand des Lebensganzen bei weitem die größte Bedeutung zu.

Transcarboxylierung.

Wir verstehen unter diesem Funktionsbereich ganz allgemein a) die Anlagerung von CO_2 oder einem auf gleicher Oxydationsstufe stehenden Derivat an eine bereits vorhandene organische Molekel unter Bildung einer Carboxylgruppe bzw. eines negativen Carboxylations, b) den Transfer dieser Gruppe vom Träger A auf einen anderen Träger B und c) die Abspaltung einer Carboxylgruppe unter Freisetzung von CO_2. Die Transcarboxylierung umfaßt also nach dieser Definition den gesamten Transfer von

C_1 auf der Oxydationsstufe von CO_2, wo auch immer er im Bereiche des organischen Lebens abläuft.

Welches Ausmaß diese Transcarboxylierung, gemessen an der Menge des einbezogenen C_1, auf dieser Erde hat, soll Abb. 1 deutlich machen. Sie gibt den Kreislauf des Kohlenstoffs schematisch wieder. In dem Reaktionskomplex der Photosynthese werden von allen grünen Pflanzen auf der Erdoberfläche zusammen im

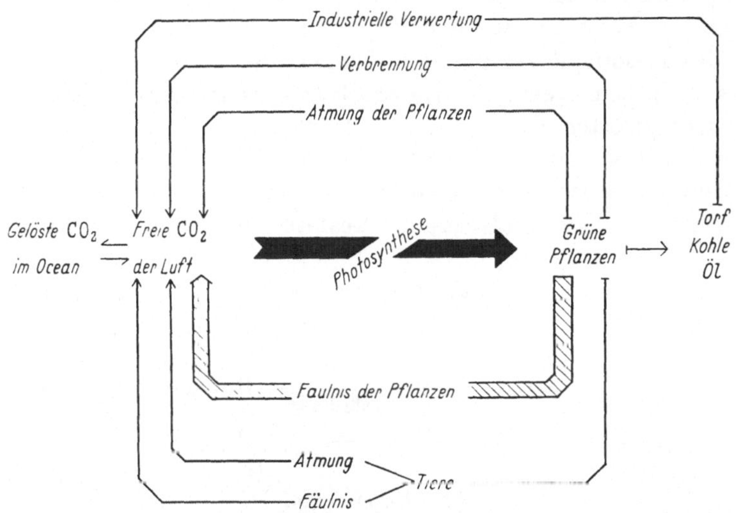

Abb. 1. Kreislauf des Kohlenstoffs [nach W. E. Loomis: The enzymes II/2, 1053 (1951)].

Jahr 10^{11} Tonnen CO_2 verbraucht. Rechnet man die schwer zu schätzende Menge an CO_2 hinzu, die von Pflanzen und Bakterien im Ozean und von den Bakterien im Erdboden pro Jahr gebunden wird, dann ist der Schluß berechtigt, daß die CO_2-Assimilation die gewaltigste chemische Reaktion auf der Erdoberfläche ist.

Das anorganische CO_2 wird zum Aufbau organischer Zellsubstanz verwendet. Es ist im biochemischen Sinne energieleer, die organischen Zellsubstanzen im Verhältnis zu ihm jedoch energiereich. CO_2-Assimilation ist also ein endergonischer Vorgang. Die C_1-Einheit der Glucose enthält z. B. 112 kcal/Mol. Wenn im Rahmen der CO_2-Assimilation das C_1 in den organischen Molekelbestand aufgenommen ist, muß sich unmittelbar oder mittelbar die Zufuhr von Energie anschließen. Sie wird in Form von Elektronen geliefert, die mit Hilfe von Protonen sozusagen an das C_1 angekittet werden. Woher die Elektronen und Protonen stammen, ob aus dem Wasser unter Verwertung von Schwingungsenergie oder von chemischer Bindungsenergie zu ihrer Separierung oder aus anderen Wasserstoffdonatoren als dem Wasser, das bleibe zunächst dahingestellt.

Bei den grünen Pflanzen, die unter allen Lebewesen am meisten CO_2 verbrauchen, ist der erste Vorgang die *CO_2-Inhalation*. Darunter verstehen wir den CO_2-Strom, der durch die Stomata in das Mesophyll eintritt, die Zellmembran durchdringt und in das Zellplasma gelangt. Wasserpflanzen nehmen außer dem im Wasser gelösten CO_2 noch die Anionen von Carbonaten und Bicarbonaten auf. Auf das CO_2 in der Zelle, das mit dem Intrazellularwasser zu reagieren beginnt, wirkt das Ferment Carboanhydratase. Es katalysiert die Reaktion nach dem Schema *a* in

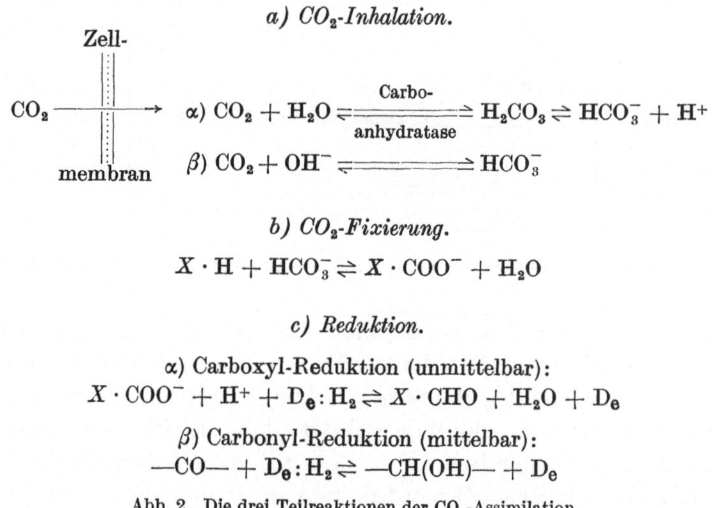

a) CO_2-Inhalation.

$$\alpha)\quad CO_2 + H_2O \underset{\text{anhydratase}}{\overset{\text{Carbo-}}{\rightleftharpoons}} H_2CO_3 \rightleftharpoons HCO_3^- + H^+$$

$$\beta)\quad CO_2 + OH^- \rightleftharpoons HCO_3^-$$

b) CO_2-Fixierung.

$$X \cdot H + HCO_3^- \rightleftharpoons X \cdot COO^- + H_2O$$

c) Reduktion.

α) Carboxyl-Reduktion (unmittelbar):
$$X \cdot COO^- + H^+ + D_\ominus : H_2 \rightleftharpoons X \cdot CHO + H_2O + D_\ominus$$

β) Carbonyl-Reduktion (mittelbar):
$$-CO- + D_\ominus : H_2 \rightleftharpoons -CH(OH)- + D_\ominus$$

Abb. 2. Die drei Teilreaktionen der CO_2-Assimilation.

Abb. 2. Kinetische Messungen lassen nicht zwischen den Reaktionsgleichungen α und β unterscheiden. Unterhalb p_H 7,5 ist $[OH^-]$ so klein, daß β gegenüber α zu vernachlässigen ist. Zwischen p_H 10 und 11 tritt β mehr in den Vordergrund und oberhalb p_H 11 überwiegt β über α. Die Fermentkatalyse hängt von der Anwesenheit anorganischer Anionen ab. HPO_4^{--} und $H_2BO_3^-$

beschleunigen sie. Die gesamte Kinetik unterhalb von p_H 7,5 in Gegenwart eines anorganischen Anions für die Fermentkatalyse der Konzentration $[B^-]$ gehorcht der Gleichung

$$\frac{d\,[CO_2]}{d\,t} = (-\,k_n[CO_2] + k_0[H_2CO_3])\,(1 + l\,[B^-])\;.$$

k_n = Geschwindigkeitskonstante $CO_2 + H_2O \rightarrow H_2CO_3$ in Abwesenheit von Katalysator;

k_0 = Geschwindigkeitskonstante $H_2CO_3 \rightarrow CO_2 + H_2O$ in Abwesenheit von Katalysator;

l = katalytischer Koeffizient von B^-.

Die Carboanhydratase ist in photosynthetisierenden Gewebeteilen allgemein vorhanden, in nicht photosynthetisierenden fehlt sie gewöhnlich. Sie ist im Cytoplasma lokalisiert. Die tierischen Carboanhydratasen unterscheiden sich von den pflanzlichen durch ihre unspezifische Hemmbarkeit mit Sulfonamiden. Zn^{++} ist essentieller Bestandteil dieser Fermente.

Die *CO_2-Fixierung* besteht nach der allgemeinen Formulierung *b* in Abb. 2 in einer Reaktion zwischen einem Vehikel $X \cdot H$ mit einem beweglichen H-Atom und HCO_3^- unter Wasserabspaltung. Hierbei entsteht ein Carboxylat-Ion. Dem Bindetypus nach handelt es sich um eine C—C-Knüpfung. N—C-Knüpfung, wie z. B. bei der Carbaminosäurebildung oder der Reaktion Ornithin $\rightarrow$ Citrullin, wollen wir hier nicht erörtern. Vergleichende Untersuchungen zeigten, daß zur CO_2-Fixierung alle Lebewesen befähigt sind. Da Carboxylierungen schwach endergonische Reaktionen sind, verlaufen sie entweder nicht sehr weit, oder es müssen ihr energieliefernde Prozesse beistehen.

In einigen Fällen folgt der Carboxylierung unmittelbar die *Reduktion* des Carboxylats zum endständigen Carbonyl, wozu nach der Formulierung unter *c α* in Abb. 2 durch einen Elektronendonator $(D_e:H_2)$ $2e + 2\,H^+$ geliefert werden müssen. In anderen Fällen wird, wie unter *c β* allgemein formuliert, ein intrachenares Carbonyl zum Carbinol reduziert. Dieses Carbonyl kann durch Kondensation einer ein Carboxylat enthaltenden Molekel mit einer anderen organischen Molekel entstanden sein. In den bedeutendsten Carboxylierungsreaktionen ist jedoch, wie später näher ausgeführt, die Carboxylierung mit der Reduktion eines intrachenaren Carbonyls unmittelbar verknüpft.

Der denkbar einfachste Fall wäre die direkte Reduktion des CO_2 bzw. HCO_3^- durch molekularen Wasserstoff als Elektronendonator. Dieser Fall ist in der Natur tatsächlich nachweisbar. Viele Einzeller der Coli- und Aerogenes-Gruppen, Clostridium aceticum u. a. besitzen ein Ferment, Hydrogenase, das nach der Formulierung in Abb. 3 molekularen Wasserstoff formal in $2e + 2 H^+$ spaltet, von denen $2e + 1 H^+$ sofort von einem Pyridinnucleotid aufgenommen werden.

H_2 als Elektronendonator.

$$H_2 \underset{\text{genase}}{\overset{\text{Hydro-}}{\rightleftharpoons}} 2 H^+ + 2e$$

$$DPN^+ + 2 H^+ + 2e \rightleftharpoons DPNH + H^+$$

Formiat-Hydrogenlyase.

$$CO_2 + DPNH + H^+ \rightleftharpoons HCOOH + DPN^+$$

Gesamtvorgang.

$$n CO_2 + m H_2 \rightarrow CH_3COOH + \text{Zellmaterial}$$

Abb. 3. CO_2-Assimilation chemoautotropher Bakterien (Clostridium aceticum, Coli-, Aerogenes-Gruppe u. a.).

Das Ferment Formiathydrogenlyase vermag unter Verwendung von hydriertem Pyridinnucleotid CO_2 direkt zu Formiat zu reduzieren. Legt man isotopenmarkiertes Hydrogencarbonat zugrunde, so sind nicht nur die eigentlichen Zellbestandteile markiert, sondern auch die sich im Kulturmedium vieler Einzeller dieser Gruppen anhäufende Essigsäure, und zwar sowohl in der CH_3 - als auch der HOOC-Gruppe. Der Gesamtvorgang läßt sich nicht stöchiometrisch, sondern nur, wie in Abb. 3 angedeutet, ganz allgemein formulieren.

Die ursprüngliche Vermutung, es handele sich bei dieser Reaktionsfolge um eine $C_1 + C_1$-Knüpfung, hat sich nicht bestätigt. Sie ist wesentlich komplizierter, als man annahm. Abb. 4 gibt diejenige Hypothese wieder, die nach den heutigen Kenntnissen möglich scheint. Bekannt sind Ausgangsprodukt ($CO_2 + 2 H$) und Endprodukt ($CH_3 \cdot COOH$). Die in Klammern liegenden Reaktionsfolgen wurden in Anlehnung an bereits bekannte zusammengestellt. Es mag sein, daß sie nicht alle zutreffen. Als erste Reaktion finden wir die Addition von Formiat an Glycin. Sie wird uns später noch einmal begegnen, da sie eine der Hauptreaktionen im Funktionsbereich der Transformylierung ist.

Viele andere Lebewesen vermögen ebenfalls Formiat zu verwerten. So finden wir die Isotopenmarkierung von als Formiat zu Kulturmedien von Rhizopus zugesetztem ^{14}C in der —CH_3 der

Milchsäure, des Äthanols und der —CH= des Fumarates wieder. Aspergillus niger kann Formiat in Citrat überführen. Ob es sich in den letztgenannten Fällen um eine unmittelbare Einvernahme von Formiat handelt, wird neuerdings bezweifelt. Höchstwahrscheinlich wird Formiat zunächst zu CO_2 oxydiert und dieses über eine der nun folgenden Carboxylierungsreaktionen in das Stoffwechselgeschehen eingebracht.

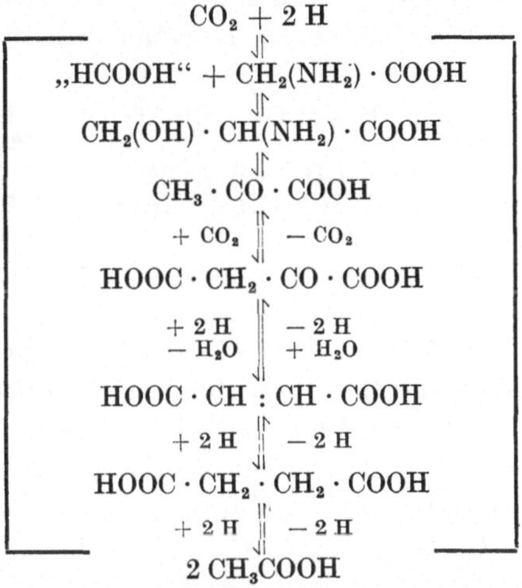

Wir unterscheiden vier verschiedene Carboxylierungsreaktionen (Abb. 5), die sich in eine homologe Reihe von $C_2 + C_1$ bis zu $C_5 + C_1$ ordnen lassen. Zwei davon sind dem Reaktionstyp nach α-Carboxylierungen und zwei andere β-Carboxylierungen, wobei man von einem Carbonyl ausgeht und aufzählt, wo die neue Carboxylgruppe sitzt. Den β-Carboxylierungen kommt quantitativ und ihrer Verbreitung nach eine größere Bedeutung zu als den α-Carboxylierungen.

$$CO_2 + 2\,H$$
$$\text{,,HCOOH''} + CH_2(NH_2) \cdot COOH$$
$$CH_2(OH) \cdot CH(NH_2) \cdot COOH$$
$$CH_3 \cdot CO \cdot COOH$$
$$+\,CO_2 \quad\quad -\,CO_2$$
$$HOOC \cdot CH_2 \cdot CO \cdot COOH$$
$$\begin{array}{cc} +\,2\,H & -\,2\,H \\ -\,H_2O & +\,H_2O \end{array}$$
$$HOOC \cdot CH : CH \cdot COOH$$
$$+\,2\,H \quad\quad -\,2\,H$$
$$HOOC \cdot CH_2 \cdot CH_2 \cdot COOH$$
$$+\,2\,H \quad\quad -\,2\,H$$
$$2\,CH_3COOH$$

Abb. 4. Hypothetischer Reaktionsweg der Bildung von Essigsäure aus CO_2 und H_2 durch Clostridium aceticum, C. thermoaceticum, C. cylindrisporum, Butyrobact. rettgeri, Diphreoceus glycinophilus u. a. Keine $C_1 + C_1$-Addition!

Den α-*Carboxylierungstyp* $C_2 + C_1$ kann man mit Fermentextrakten aus Clostridium butylicum bzw. Escherichia coli nachweisen. Beide Lebewesen können durch das Hydrogenase-

1. $C_2 + C_1$; Pyruvat durch α-Carboxylierung.
2. $C_3 + C_1$; Oxalacetat durch β-Carboxylierung.
3. $C_4 + C_1$; α-Ketoglutarat durch α-Carboxylierung.
4. $C_5 + C_1$; Isocitrat über Oxalsuccinat durch β-Carboxylierung.

Abb. 5. Grundtypen der CO_2-Assimilation (CO_2-Fixierung + Carboxyl-Reduktion) chemoheterotropher Bakterien, tierischer Gewebe und Pflanzen (?).

Hydrogenlyase-System (vgl. Abb. 2) CO_2 zu HCOOH reduzieren und dieses dann zu bestimmten Stoffwechselreaktionen verwerten. Sie können aber auch CO_2 direkt anlagern (Abb. 6), benötigen hierzu jedoch einen C_1-Acceptor sowie einen Elektronendonator

in Form eines hydrierten Pyridinnucleotids. Als C_1-Acceptor wirkt
ein C_2-Körper, der *nicht* Acetylphosphat ist, ihm jedoch chemisch
nahesteht. Synthetisches Acetylphosphat fungiert nicht als
C_1-Acceptor. Der natürliche C_1-Acceptor geht jedoch beim Auf-
arbeiten der Kulturmedien in Acetylphosphat über. Im Falle
der $C_2 + C_1$-Reaktion mit Escherichia coli wird auch die Möglichkeit der direkten Reaktion von aus CO_2 zunächst gebildetem

$$a) \quad H_2 + CO_2 + CH_3CO \cdot X = CH_3 \cdot CO \cdot COOH \, [+ H_3PO_4]$$
Clostridium butylicum

$$b) \quad 1. \; CO_2 \rightarrow HCOOH$$
$$2. \; HCOOH + CH_3COX = CH_3 \cdot CO \cdot COOH \, [+ H_3PO_4]$$
Escherichia coli

Abb. 6. Reaktionsschemen der α-Carboxylierung $C_2 + C_1$.

$HCOOH$ mit dem aktiven C_2-Körper ins Auge gefaßt (Abb. 6b).
In jedem Falle entsteht als Reaktionsprodukt Pyruvat und an-
organisches Phosphat. Die α-Carboxylierung nach dem Reaktionstyp $C_2 + C_1$ ist nicht sehr weit verbreitet.

Sehr viel bedeutungsvoller und weiter verbreitet ist die
β-Carboxylierung $C_3 + C_1$. Wir kennen zwei Reaktionsarten

1. Wood-Werkman-Reaktion durch Pyruvatcarboxylase.
(Micrococcus lysodeicticus, Taubenleber, Petersilienwurzeln u. a.)

$$H_3C \cdot CO \cdot COO^- + HCO_3^- \underset{Mg^{++},\,ATP}{\overset{Protein}{\rightleftharpoons}} {}^-OOC \cdot CH_2 \cdot CO \cdot COO^- + H_2O$$

2. Ochoa-Reaktion durch malic enzyme. (Taubenleber, Ochsenretina,
Diaphragma, Petersilienwurzeln u. a. Pflanzenteilen.)

$$a) \; H_3C \cdot CO \cdot COO^- + HCO_3^-$$
$$b) \; {}^-OOC \cdot CH_2 \cdot CO \cdot COO^- + TPNH + H^+$$

$$\underset{Mn^{++}}{\overset{Protein}{\rightleftharpoons}} \begin{bmatrix} {}^-OOC \cdot CH_2 \cdot CO \cdot COO^- + H_2O \\ {}^-OOC \cdot CH_2 \cdot CH(OH) \cdot COO^- + TPN^+ \end{bmatrix}$$

Abb. 7. Reaktionsschemen der β-Carboxylierung $C_3 + C_1$.

(Abb. 7), die durch verschiedene Enzymsysteme katalysiert werden. Die eine, Wood-Werkman-*Reaktion*, besteht in der Carboxylierung von Pyruvat zu Oxalacetat durch das Mg^{++} benötigende
Ferment Pyruvatcarboxylase. Die zur C_1-Kondensation notwendige Energie kann auf verschiedene Weise zugeführt werden.
Mit Pyruvatcarboxylase aus Taubenleber wird sie durch ATP

geliefert. Mit dem das analoge Ferment enthaltenden Extrakt aus
Micrococcus lysodeicticus — bei dieser Reaktion hemmt ATP
ein wenig — wird sie durch Oxydation eines Umwandlungs-
produktes, vermutlich Fumarat, bereitgestellt. Die zweite Reaktion, OCHOA-*Reaktion*, besteht in der reversiblen Carboxylierung
einer Oxosäure durch ein hydriertes Pyridinnucleotid. Das die
OCHOA-Reaktion katalysierende Ferment wird auch im Deutschen
vielfach nach der Namengebung durch OCHOA *malic enzyme*
genannt. Es benötigt Mn^{++}. Die Reaktion besteht, wie in Abb. 7
geschrieben, aus zwei Teilreaktionen, die nicht getrennt ablaufen,
so daß Oxalacetat als Zwischenprodukt nicht abgefangen werden
kann. An der Fermentoberfläche spielt sich sowohl die endergonische Carboxylierung in β-Stellung als auch die exergonische
Hydrierung der Oxogruppe durch den Elektronendonator TPNH ab.

Da in der Taubenleber sowohl Pyruvatcarboxylase als auch
malic enzyme vorhanden ist, sind beide wohl auch nebeneinander
wirksam. Vermutlich ist es so, daß viel ATP die Carboxylierung
in Richtung Oxalacetat und viel TPNH die Carboxylierung in
Richtung Malat lenkt. Viel ATP ist bei reichlicher O_2-Zufuhr
vorhanden, wenn die Atmungskettenphosphorylierung gut läuft,
viel TPNH dagegen im zeitweiligen Zustand der Hypoxie.

Es fällt auf, daß die Aktivität von malic enzyme im grünen
Pflanzengewebe höher ist als im nichtgrünen.

Der nächste Carboxylierungstyp in der homologen Reihe, die
α-Carboxylierung $C_4 + C_1$, kann mit Enzymsystemen in Extrakten
aus einigen Bakterien nachgewiesen werden. Er besteht in der
Reaktion von Succinat mit Hydrogencarbonat unter Einbeziehung
eines Elektronendonators, wie Abb. 8 wiedergibt. Hierbei entsteht α-Ketoglutarat. Diese Reaktion ist von geringer Bedeutung.

Enzymsysteme aus Bakterien.

$$^-OOC \cdot CH_2 \cdot CH_2 \cdot COO^- + HCO_3^- + H^+ + 2[H]$$
$$= {}^-OOC \cdot CH_2 \cdot CH_2 \cdot CO \cdot COO^- + 2\,H_2O$$

Abb. 8. Reaktionsschema der α-Carboxylierung $C_4 + C_1$.

Die zweite OCHOA-Reaktion, *β-Carboxylierung* $C_5 + C_1$, ist
dagegen viel wichtiger und in allen daraufhin untersuchten Lebewesen nachzuweisen. Analog der β-Carboxylierung $C_3 + C_1$ wird
α-Ketoglutarsäure in β-Stellung zum Carbonyl carboxyliert
(Abb. 9), wobei formal intermediär Oxalsuccinat entsteht. Dieses

ist jedoch ebensowenig wie Oxalacetat bei der ersten OCHOA-Reaktion nachzuweisen. Unmittelbar mit der endergonischen Carboxylierung ist die exergonische Reduktion der Oxogruppe durch den Elektronendonator TPNH gekuppelt. Es entsteht Isocitrat. Analog zum malic enzyme wird das die β-Carboxylierung katalysierende, Mn^{++} oder Co^{++} benötigende, Fermentsystem *isocitric enzyme* genannt.

Auch die isocitric enzyme-Aktivität ist im grünen Pflanzengewebe höher als im nichtgrünen.

OCHOA-Reaktion durch isocitric enzyme. (Einzeller, Pilze, Pflanzen, Tiere.)

a) $^-OOC \cdot CO \cdot CH_2 \cdot CH_2 \cdot COO^- + HCO_3^-$

b) $^-OOC \cdot CO \cdot \overset{COO^-}{\underset{|}{CH}} \cdot CH_2 \cdot COO^- + TPNH + H^+$

$$\xrightarrow[Mn^{++} \text{ oder } Co^{++}]{Protein} \quad \begin{cases} ^-OOC \cdot CO \cdot \overset{COO^-}{\underset{|}{CH}} \cdot CH_2 \cdot COO^- + H_2O \\ ^-OOC \cdot CH(OH) \cdot \overset{COO^-}{\underset{|}{CH}} \cdot CH_2 \cdot COO^- + TPN^+ \end{cases}$$

Abb. 9. Reaktionsschema der β-Carboxylierung $C_5 + C_1$.

Es ergibt sich somit, daß der Reaktionstyp $C_1 + C_1$ nicht vorkommt, die Carboxylierungen von $C_2 + C_1$ bis zu $C_5 + C_1$ nach dem α- oder dem β-Typ prinzipiell zwar ablaufen können, die β-Carboxylierungen jedoch graduell vorherrschen und unter ihnen wiederum die OCHOA-Reaktionen die größte Bedeutung besitzen. Aus thermodynamischen Gründen sind die Ausbeuten an den Reaktionsprodukten bei diesen vier Carboxylierungsreaktionen nur gering; die Gleichgewichte liegen weit auf der Seite der decarboxylierten Verbindungen. Theoretisch kann man die Ausbeuten erhöhen, indem man die Konzentration an Elektronendonator, d. h. TPNH, erhöht. Praktisch aber beobachtet man nicht selten eine Hemmung der Reaktion durch zuviel TPN^+. OCHOA umgeht diese Schwierigkeit, indem er wenig TPN^+ zusetzt, jedoch TPNH stetig regenerieren läßt. Zu diesem Zweck koppelt er die Elektronen verbrauchenden, durch malic enzyme oder isocitric enzyme katalysierten Reaktionen mit einer Elektronendonator-Reaktion, wie in Abb. 10 wiedergegeben. Solange noch Glucose-6-phosphat durch Glucose-6-phosphat-dehydrogenase zu oxydieren ist, verlaufen die Ochoa-Reaktionen weiter. Die Ausbeuten an Malat oder Isocitrat sind höher als ohne diese Elektronendonator-Reaktion.

Durch diese sinnreiche Kopplung von Elektronendonator- und Elektronenacceptor-Reaktion wird der letzteren Energie zugeführt, die aus *chemischer Bindungsenergie* stammt. Das ist die eine Möglichkeit der Energiezufuhr zu derjenigen Reaktion, die im Mittelpunkt der CO_2-Assimilation steht. Die andere Möglichkeit ist, die Energie aus *Schwingungsenergie* zu nehmen. Demzufolge hat es sich eingebürgert, bei der CO_2-Assimilation zwei

1. Elektronendonator-Reaktion.

Glucose-6-phosphat $+$ TPN$^+$ $\rightleftharpoons$ 6-Phosphogluconsäure $+$ TPNH $+$ H$^+$

2. Elektronenacceptor-Reaktionen.

a) $\left.\begin{array}{l}\text{Pyruvat} + \text{HCO}_3^- \\ \text{Oxalacetat} + \text{TPNH} + \text{H}^+\end{array}\right] \rightleftharpoons \left[\begin{array}{l}\text{Oxalacetat} + \text{H}_2\text{O} \\ \text{Malat} + \text{TPN}^+\end{array}\right.$

Ochoa-Reaktion durch malic enzyme.

b) $\left.\begin{array}{l}\alpha\text{-Ketoglutarat} + \text{HCO}_3^- \\ \text{Oxalsuccinat} + \text{TPNH} + \text{H}^+\end{array}\right] \rightleftharpoons \left[\begin{array}{l}\text{Oxalsuccinat} + \text{H}_2\text{O} \\ \text{Isocitrat} + \text{TPN}^+\end{array}\right.$

Ochoa-Reaktion durch isocitric enzyme.

Abb. 10. Modell für die CO_2-Fixierung heterotropher Bakterien, tierischer Gewebe und Pflanzen (?).

Reaktionskomplexe zu unterscheiden: die *Chemosynthese* und die *Photosynthese*.

Es ist bekannt, daß Chloroplasten beim Belichten TPN$^+$ und DPN$^+$ reduzieren. Mischt man Chloroplasten aus Spinatblättern, Zuckerrübenblättern oder Sonnenblumenblättern mit malic enzyme aus Weizenkeimen oder Taubenleber, mit TPN$^+$, Mn^{++} und Pyruvat und belichtet, so erhält man eine reiche Ausbeute an Malat. Verwendet man isocitric enzyme und α-Ketoglutarat, so erhält man viel Isocitrat. Die Herkunft von Chloroplasten oder malic bzw. isocitric enzyme ist gleichgültig, ein Zeichen dafür, daß dieses Reaktionskopplungs-System offenbar weit verbreitet ist.

Außer Zweifel sind die beschriebenen Versuchsanordnungen mit der chemogenen und photogenen Elektronenlieferung einfache und übersichtliche Modelle für die CO_2-Assimilation, sei es in Bakterien oder in grünen Pflanzen. Es fragt sich nur, ob die

β-Carboxylierungen $C_3 + C_1$ und $C_5 + C_1$ wirklich die Haupteintrittspforten für das CO_2 in den Stoffwechsel sind. Die Endprodukte dieser Reaktionen, Malat und Isocitrat, sind Partner des Tricarbonsäurecyclus. Das gesamte Fermentsystem, das die einzelnen Reaktionen dieses Cyclus katalysiert, wird bekanntlich als Cyclophorasesystem bezeichnet.

Diese Frage beantwortet sich in *prinzipieller* Hinsicht durch den Nachweis des Cyclophorasesystems in Einzellern und photosynthetisierenden Pflanzen. In tierischen Geweben, besonders in der Leber, ist das Cyclophorasesystem in den Mitochondrien lokalisiert. In der Tat gelang es, auch aus etioliertem Phaseolus aureus und aus Pisum sativum Partikel zu isolieren, die das Cyclophorasesystem enthalten. Auch in Chlorella, Bakterien und Pilzen und vielen höheren Pflanzen ist dieses Fermentsystem vorhanden, da der Citronensäurecyclus in ihnen abläuft. Der Weg von den Di- über die Tricarbonsäuren und von diesen auf bekannte Weise zu den Kohlenhydraten, den Fettsäuren und den Kohlenstoffgerüsten der synthetisierbaren Aminosäuren wäre also auch in Bakterien, Pilzen und höheren Pflanzen möglich.

Die vorher gestellte Frage nach der möglichen Haupteintrittspforte für das CO_2 über den Citronensäurecyclus beantwortet sich in *gradueller* Hinsicht für die nicht-photosynthetisierenden Bakterien und Pilze einerseits und die photosynthetisierenden Pflanzen andererseits in verschiedener Weise. Quantitativ mag der Weg über die besprochenen Carboxylierungen für die Einzeller ausreichen, vielleicht auch noch für niedere Vielzeller, wie es z. B. bei Aspergillus niger nachgewiesen wurde. Obgleich er auch in höheren Pflanzen möglich ist, reichen doch diese Reaktionen für eine den Bedarf deckende CO_2-Zufuhr bei weitem nicht aus.

Läßt man die Photosynthese in Anwesenheit von $H^{14}CO_3^-$ ablaufen und isoliert dann die gebildeten organischen Säuren chromatographisch, so enthält Malat am meisten ^{14}C, die anderen Verbindungen, insbesondere die Tricarbonsäuren nur sehr wenig. Diese und andere Beobachtungen zeigen, daß der Tricarbonsäurecyclus nur Nebeneintrittspforte für CO_2 in den Stoffwechsel photosynthetisierender Pflanzen sein kann.

Die *Haupteintrittspforte* für CO_2 ist in einer ganz anderen Richtung und der C_1-Acceptor in einer anderen Substanzklasse zu suchen. Calvins neue Untersuchungen zeigen, daß neben dem seither als erstem stabilem Produkt der Photosynthese angesehenen Glycerinsäure-3-phosphat noch ein vorhergehendes erstes labiles Produkt der Photosynthese nachzuweisen ist. Dieses gehört der Kohlenhydratreihe an. Abb. 11 gibt die Formulierung der ersten Reaktion nach CALVIN wieder. An die Endiolgruppierung des Ribulosediphosphates wird Hydrogencarbonat kondensiert, wobei

I. CO_2-Fixierung zum „Ersten Produkt" (CALVIN).

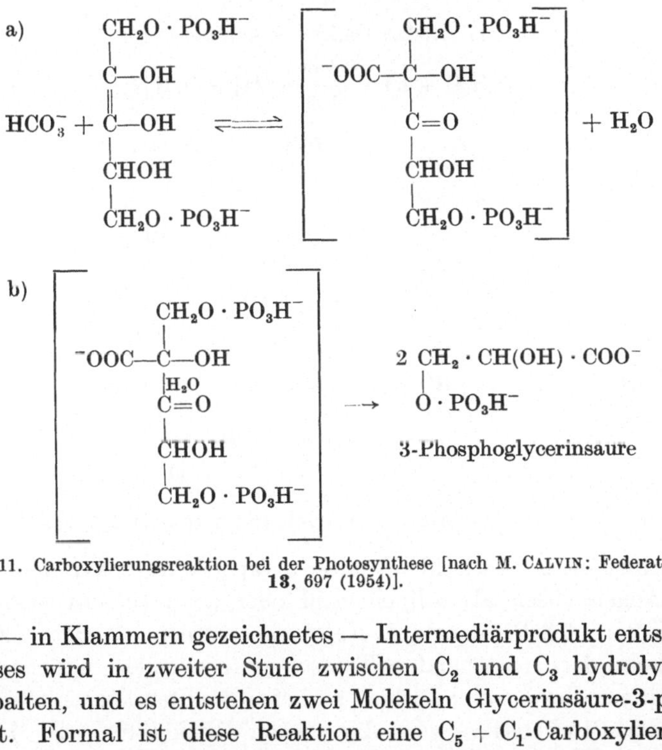

Abb. 11. Carboxylierungsreaktion bei der Photosynthese [nach M. CALVIN: Federat. Proc. **13**, 697 (1954)].

ein — in Klammern gezeichnetes — Intermediärprodukt entsteht. Dieses wird in zweiter Stufe zwischen C_2 und C_3 hydrolytisch gespalten, und es entstehen zwei Molekeln Glycerinsäure-3-phosphat. Formal ist diese Reaktion eine $C_5 + C_1$-Carboxylierung, jedoch unter Verwendung eines ganz anderen Acceptors als bei dem oben besprochenen Reaktionstypus. Diese Carboxylierung scheint mit sehr viel größerer Geschwindigkeit abzulaufen als die früher beschriebenen $C_3 + C_1$- und $C_5 + C_1$-Carboxylierungen. Auch scheinen die noch nicht näher untersuchten energetischen Verhältnisse hier günstiger zu sein als dort.

Wie eingangs allgemein formuliert, muß sich dieser Carboxylierung jetzt eine Reduktionsreaktion anschließen. CALVIN

beschreibt nach Abb. 12 den ersten Teil, die Elektronendonator-
Reaktion, als in zwei Stufen ablaufend. Elektronendonator ist
H_2O, das zunächst unter Verwendung eingestrahlter Lichtenergie
unter Beteiligung von Chlorophyll und vielleicht auch noch
anderer Pigmente an den Oberflächen der Chloroplasten formal in
[H] und [OH] gespalten wird. Diese Radikale treten beileibe
nicht getrennt auf und sind auch nicht als solche direkt nachweisbar. Beide Radikale sollen von der hier nur schematisch

II. Elektronendonator-Reaktion.

$$\text{a)} \quad H_2O + h\nu \xrightarrow[\text{phyll}]{\text{Chloro-}} [H] + [OH]$$

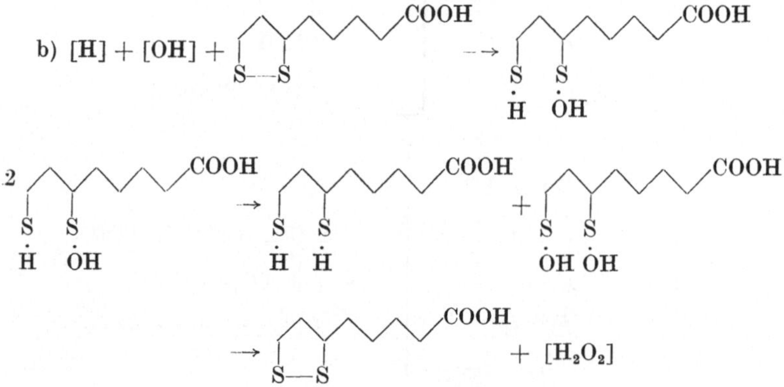

b) $[H] + [OH] +$ (Dithiolstruktur mit COOH) $\rightarrow$ (Struktur mit S S, H OH, COOH)

2 (Struktur S S, H OH, COOH) $\rightarrow$ (Struktur S S, H H, COOH) $+$ (Struktur S S, OH OH, COOH)

$\rightarrow$ (Struktur S—S, COOH) $+ [H_2O_2]$

Abb. 12. Elektronendonatorreaktion bei der Photosynthese (nach M. Calvin, s. S. 160).

gezeichneten, in Deutschland unter α-Liponsäure bekannten, von
den Angelsachsen als α-lipoic acid oder auch thioctic acid bezeichneten 6,8-Dithiooctansäure aufgenommen werden. Zwei
Molekeln der entstehenden Thiosulfensäure sollen miteinander
dismutieren, wobei eine Dithiol- und eine Disulfensäure entstehen.
Aus der Disulfensäure wird dann unter Rückbildung der durch
eine S—S-Brücke gekennzeichneten Ausgangssubstanz H_2O_2 und
aus diesem dann O_2 frei.

Wie in Abb. 13 formuliert, reagiert in der Elektronenacceptor-
Reaktion zunächst die Dithiolverbindung mit TPN^+ oder DPN^+
unter Rückbildung der Ausgangssubstanz. Die hydrierten
Pyridinnucleotide treten dann in diejenigen Reaktionen ein,
denen sie zugeordnet sind, in diesem Falle DPNH in die Gleichgewichtsreaktion von 1,3-Diphosphoglycerat mit 3-Phospho-

glycerinaldehyd. Das zur Bildung des diphosphorylierten Substrats benötigte energiereiche Phosphat wird als ATP angeliefert, das im photosynthetisierenden Gewebe über die Atmungskettenphosphorylierung entsteht. Der 3-Phospho-glycerinaldehyd wird also durch Kopplung der CO_2-Fixierungsreaktion mit der Elektronen-Acceptorreaktion stetig nachgeliefert. Von ihm, zusammen mit Dioxyaceton-phosphat, werden dann nach dem bekannten EMBDEN-MEYERHOF-Schema die Hexosephosphate, aus diesen Glucose und dann Stärke gebildet. Das in der ersten Reaktion

III. Elektronenacceptor-Reaktion (Reduktion).

a) ... COOH + DPN⁺(TPN⁺) ⇌ ... COOH + DPNH(TPNH) | H⁺

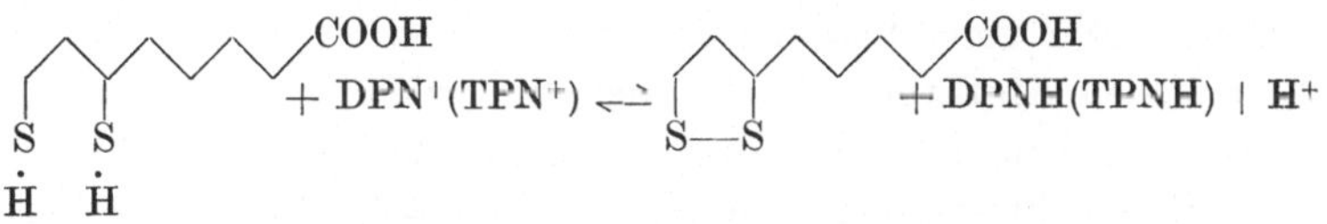

b) 1,3-D-Diphosphoglycerat + DPNH + H⁺
⇌ 3-D-Phosphoglycerinaldehyd + DPN⁺ + H_3PO_4

Abb. 13. Elektronenacceptorreaktion bei der Photosynthese (nach M. CALVIN, s. S. 160).

der CO_2-Fixierung verbrauchte Ribulosephosphat wird nach dem HORECKER-Schema durch Reaktion eines C_3-Körpers mit einer C_6-Verbindung unter Bildung eines C_4- und eines C_5-Produktes regeneriert. $C_4 + C_3$ reagieren dann zu C_7 (Sedoheptulose-phosphat), aus dem zusammen mit C_3 zwei C_5 entstehen. Endprodukt dieses neuen Kohlenhydrat-Ab- und -Umbauweges, dem wahrscheinlich eine ebensogroße, wenn nicht noch größere Bedeutung zukommt als dem $2\,C_3 \rightleftharpoons C_6$-Weg von EMBDEN und MEYERHOF, ist Ribosephosphat, das leicht in das erwähnte Ribulosediphosphat übergeführt werden kann.

Daß diese hier nur ganz kurz skizzierte Reaktionsfolge in grünen Pflanzen tatsächlich ablaufen kann, hat vor kurzem RACKER nachgewiesen. Er fand den gesamten, den HORECKER-Cyclus katalysierenden Fermentkomplex in zellfreien Extrakten aus grünen Pflanzen. Inkubierte er $H^{14}CO_3^-$, DPN, ATP und eine katalytisch wirksame Menge Ribosephosphat zusammen mit einem solchen Fermentextrakt, so verschwand eine beträchtliche Menge C_1 und es häuften sich Kohlenhydrate und Kohlenhydratphosphate an. Diese papierchromatographisch getrennten Verbindungen waren isotopenmarkiert.

Bei den beschriebenen ersten Reaktionen der Photosynthese in grünen Pflanzen dient unter Einbeziehung von Schwingungsenergie H_2O als Elektronendonator. Viele niedere, mit Hilfe von Bacteriochlorophyll ebenfalls photosynthetisierende Arten von roten Schwefelbakterien, der Thiorhodaceen, leben in rein mineralischem Milieu und bilden bei Belichtung aus CO_2 organische Substanz, jedoch keinen Sauerstoff. Sie verbrauchen H_2S als Elektronendonator und lagern eine dem verbrauchten CO_2 äquivalente Menge elementaren Schwefels in ihren Zellen ab. Einige Bakterienarten vermögen auch H_2Se zu verwenden.

Dies führt zu einer generalisierten Definition der Photosynthese. Wir verstehen darunter ein Teilgeschehen des gesamten pflanzlichen Stoffwechsels, bei dem mit Hilfe von absorbierter Schwingungsenergie CO_2 durch einen Elektronendonator der Form H_2A reduziert und damit assimiliert wird. Diese Verbindung wird hierbei zu A reduziert:

$$CO_2 + 2 \text{ „}H_2A\text{"} \to (CH_2O) + H_2O + \text{„}A\text{"} .$$

Das hier verwendete Symbol (CH_2O) steht als allgemeine Formel für die ersten stabilen Produkte der Kohlenhydratreihe und darf in keiner Weise im Sinne der alten Theorie A. v. Baeyers zu wörtlich genommen werden, nach der bekanntlich CO_2 direkt zu CH_2O reduziert, das dann zu $C_6H_{12}O_6$ polymerisiert werden soll. Daß diese einfache, einleuchtende und lange aufrechterhaltene Hypothese den Tatsachen nicht entspricht, haben wir gesehen. Der Nachweis von CH_2O als eines zweiten direkten Reduktionsproduktes des CO_2, nächst der HCOOH, ist niemandem gelungen. Es konnte auch niemandem gelingen, weil es nicht auftritt. Der Nachweis, ob es in der höheren Pflanze in geringster Menge vielleicht doch entstehen kann, aber in ganz andere Stoffwechselreaktionen eintritt, bleibt künftigen Untersuchungen vorbehalten.

Zweifellos kommt dem CO_2 im Rahmen einer vergleichend biochemischen Betrachtungsweise des Stoffwechselgeschehens mit C_1-Körpern die größte Bedeutung zu, doch dürfen wir diejenigen Vorgänge, die die anderen C_1-Verbindungen einbeziehen, nicht vernachlässigen. Hier sind Einzelkenntnisse noch nicht so gehäuft, daß sich aus ihrem Vergleich übergeordnete und allgemein gültige Theorien abstrahieren ließen.

Weitere C$_1$-Körper von breiterer biochemischer Bedeutung sind:

in freier Form: HCOOH CH$_2$O [CH$_3$OH] CH$_4$

in gebundener Form: $-C\!\!\begin{array}{c} \diagup O \\ \diagdown H \end{array}$ $-$CH$_2$OH $-$CH$_3$

labil gebunden an: $\underbrace{}$
$\qquad\qquad\qquad\qquad$ C$-$ $\qquad\qquad\qquad\qquad$ C$-$
$\qquad\qquad\qquad\qquad$ N$-$ $\qquad\qquad\qquad\qquad$ N$-$
$\qquad\qquad\qquad\qquad\qquad\qquad\qquad\qquad\qquad\qquad$ S$-$

Das eingeklammerte Methanol soll in diesem Zusammenhange nicht interessieren. Das in der Natur als Sumpfgas auftretende Methan wird von Bacillus methanigenes durch Abbau von Cellulose, aus dem $-$CH$_3$ von Methanol, Essigsäure und anderen niederen aliphatischen Verbindungen, jedoch nicht aus CO$_2$ gebildet. Der Methangehalt der Atmosphäre steigt trotz der stetigen Neubildung nicht an. Dies ist der Fähigkeit von Methanbakterien, z. B. Bacillus methanicus, zu verdanken, die CH$_4$ zu CO$_2$ oxydieren können.

Transformylierung.

Es wurde bereits besprochen, daß der nicht sehr weit verbreiteten, nur unter Angehörigen der Coli- und Aerogenes-Gruppen und anderen Einzellern, vielleicht auch einigen niederen Vielzellern, anzutreffenden direkten Reduktion CO$_2$ → HCOOH im Lebensgeschehen höherer Lebewesen, die molekularen Wasserstoff nicht verwerten können, thermodynamische Gründe entgegenstehen. Dagegen vermögen alle daraufhin geprüften Lebewesen Formiat durch die Formiat-dehydrogenase zu CO$_2$ zu oxydieren. Eine weitere, bei Einzellern der genannten Bakteriengruppen und mancher Salmonella-Arten anzutreffende Bildung von HCOOH verläuft nach folgendem Schema:

$$H_3C \cdot CO \cdot COOH + Co\overline{A} \cdot SH \rightarrow H_3C \cdot CO \cdot S \cdot Co\overline{A} + HCOOH \, .$$

Dieser Vorgang ist eine Parallele zu der im Tier- und Pflanzenreich weit verbreiteten oxydativen Decarboxylierung von Pyruvat zu „aktivierter Essigsäure" und CO$_2$, nur fehlt hier die Oxydations-Teilreaktion.

Eine ganz allgemein verbreitete „Primärsynthese" von Formiat ergibt sich mittelbar vielleicht durch die Spaltungsreaktion C$_7$ → C$_5$ + C$_2$ im Horecker-Cyclus der Kohlenhydratreihe, wobei Sedoheptulose(-phosphat) in Ribose(-phosphat) und Glykolaldehyd durch die Transketolase gespalten wird. Glykolaldehyd liefert über Glyoxylsäure neben CO_2 ein transformylierbares C_1. Ob dieses CH_2O oder $HCOOH$ ist, ist im funktionellen Sinne gleichgültig, denn in allen Organismen, die transformylieren können, stehen $CH_2O \rightleftharpoons HCOOH$, katalysiert durch eine Aldehyd-dehydrogenase, miteinander im Gleichgewicht (vgl. Abb. 14). Wir müssen also Formaldehyd-Formiat als ein System ansehen.

Formyl-Transfer-Reaktion.

$$\begin{array}{c} CH_2 \cdot OH \\ | \\ CH \cdot NH_2 + X \cdot H \rightleftharpoons CH_2 \cdot NH_2 + X \cdot CH_2OH \\ | \qquad\qquad\qquad\qquad | \\ COO^- \qquad\qquad\qquad\; COO^- \end{array}$$

Formaldehyd-Abspaltung.

$$X \cdot CH_2OH \rightleftharpoons X \cdot H + CH_2O$$

Formaldehyd-Formiat-Gleichgewicht.

$$CH_2O + H_2O + DPN^+ \rightleftharpoons HCOO^- + DPNH + 2\,H^+$$

Abb. 14. Transformylierungsreaktionen (s. Text).

Ein zu Transformylierungsversuchen vielfach verwendeter Formyldonator ist Serin, das sich nach der Reaktionsweise in Abb. 14 mit der aktiven Gruppe $X \cdot H$ (vgl. später) eines Transformylase-Systems umsetzt. Es verbleibt Glycin und eine formal als $X \cdot CH_2OH$ bezeichnete Verbindung. Diese muß nicht nur biochemisch, sondern auch chemisch labil sein, denn nach Zusatz eines Formaldehydfängers, z. B. Dimedon, zu Transformylierungs-ansätzen kann Formaldimedon isoliert werden. Umgekehrt reagiert auch Glycin, das der höhere Säugetierorganismus bekanntlich synthetisieren kann, mit der Verbindung $X \cdot CH_2OH$ zu Serin (vgl. Abb. 20).

Zu der Formyldonator-Reaktion, die vielleicht die wichtigste ist, gesellen sich noch weitere, von denen nur zwei erwähnt werden sollen. Im Serin steht das β-C auf der Oxydationsstufe des Methylols. Es wird bei der Abspaltung auf die Oxydationsstufe des Aldehyds gehoben. Auch das Ureid-C des Histidins, das auf der Oxydationsstufe des Formiats steht, wird nach dem Abbau der Aminosäure durch das Edlbachersche Histidase-System als transformylierbares C_1 verfügbar. Legt man, wie in Abb. 15 gezeichnet, am Ureid-C isotopenmarkiertes Histidin zugrunde und setzt Glycin als C_1-Fänger hinzu, so erhält man in β-Stellung markiertes Serin. Formiat muß also, wie oben gefordert, zu Formaldehyd reduziert werden, wenn man nicht annimmt, daß auch Formiat als solches in den Transfer einbezogen werden kann. Der aus einer Formyldonator-Reaktion und einer Formylacceptor-Reaktion bestehende Gesamtvorgang, in den sich der bereits erwähnte Zwischenträger $X \cdot H$ einschaltet, ist also eine echte Transformylierung. Setzt man zu Kulturen von Saccharomyces cerevisiae markiertes Formiat, so findet man es später als Ureid-C des Histidins wieder. Die Biosynthese des Histidins in der Hefe

a) $HC\!=\!\!=\!C \cdot CH_2 \cdot CH\,(NH_2) \cdot COOH$

$HOOC \cdot CH_2 \cdot CH_2 \cdot CH\,(NH_2) \cdot COOH$

$HN \quad N$

^{14}CH

$+\,NH_3\,+\,\boxed{H^{14}COOH}$

Histidin

b) $H^{14}COOH + CH_2\,(NH_2) \cdot COOH \rightarrow {}^{14}CH_2OH \cdot CH_2\,(NH_2) \cdot COOH$

Abb. 15. Histidin als Formyldonator, Glycin als Formyldonator.

geht offenbar genau den umgekehrten Weg wie der Abbau des Histidins im höheren Tier.

Weitere gute *Formyldonatoren* sind alle unmittelbaren oder mittelbaren Träger biochemisch labiler Methylgruppen (Abb. 16), wie z. B. Methionin, Betain oder Sarkosin. Das auf der niedersten Oxydationsstufe stehende $-CH_3$ wird durch ein nicht näher bekanntes Fermentsystem oxydiert. Der Weg von $-CH_3$ zu CH_2O ist, wie bei der Transmethylierung gezeigt werden wird, umkehrbar. Offenbar dürfen wir auch von einem System $-CH_3 \rightleftharpoons CH_2O$ sprechen.

Unter dem Begriff „System" meinen wir in diesem Zusammenhang fermentativ katalysierte Reaktionen, die besonders leicht ablaufen und stets den jeweiligen Erfordernissen angepaßte Mengen des einen oder des anderen Stoffwechselpartners liefern. Bildlich gesehen stellen die Systeme $CH_2O \rightleftharpoons HCOOH$ und $-CH_3 \rightleftharpoons CH_2O$ „Querstraßen" des intermediären Stoffwechsel-Verkehrssystems dar, die die „Hauptstraßen" miteinander verbinden. Von diesen braucht der Hauptverkehr des Stoffumsatzes nicht obligat über den „Hauptverkehrsknotenpunkt" des intermediären Stoffwechsels, den Citronensäurecyclus, zu laufen, sondern kann in manchen Fällen auch Seitenwege einschlagen.

Sarkosin ist in zweifacher Hinsicht ein guter Formyldonator, einmal wegen seines labilen Methylradikals, dann entsteht aus dem durch Entmethylierung gebildeten Glycin unter Wirkung der Glycinoxydase Glyoxylsäure, deren α-C zur Transformylierung zur Verfügung steht. Kartoffeltyrosinase kann Glycin zu CH_2O,

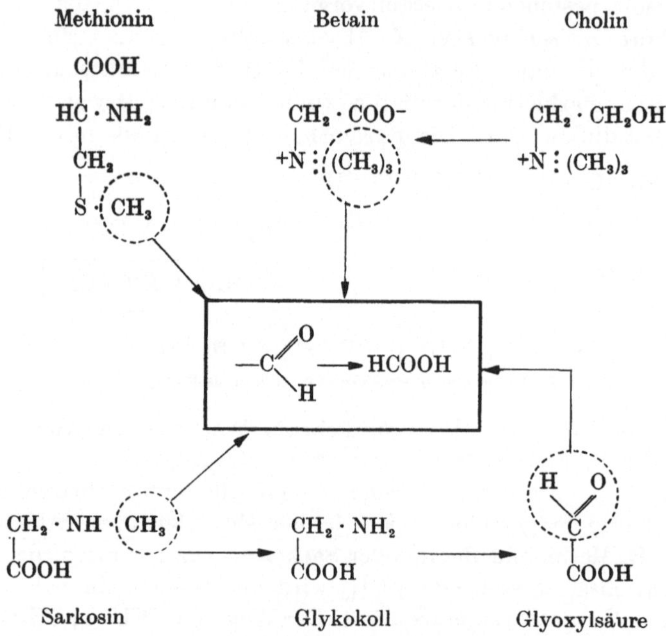

Abb. 16. Träger labiler Methylgruppen als Formyldonatoren.

CO_2 und NH_3 oxydieren. Eine Species von Achromobacter bildet aus Glycin Formiat und Formaldehyd.

Von den bis jetzt bekannten *Formylacceptor-Reaktionen* sei der erwähnten Reaktion Glycin → Serin nur noch der Reaktionskomplex zur Synthese von Purinen hinzugefügt. Aus Versuchen mit isotopenmarkierten Ausgangssubstanzen wissen wir, daß die C-Atome 2 und 8 des Purinringsystems von Formiat stammen können. In der Tat werden sie über das Transformylierungssystem geliefert, wie Buchanan nachgewiesen hat: Setzt man (Abb. 17) Inosinsäure mit einem Taubenleberextrakt zusammen mit $H^{14}COOH$ um, dann findet man ^{14}C in der wiedergewonnenen Inosinsäure. Nucleotide sind also keine „starren" Substanzen, sondern stehen im Stoffwechselgleichgewicht mit allen an ihrem Aufbau beteiligten Reaktionssystemen. Zunächst reagiert Inosinsäure wohl mit dem Träger $X \cdot H$ der Transformylase. Das C-Atom 2 des Pyrimidinanteiles wird herausgelöst, und es entsteht nach

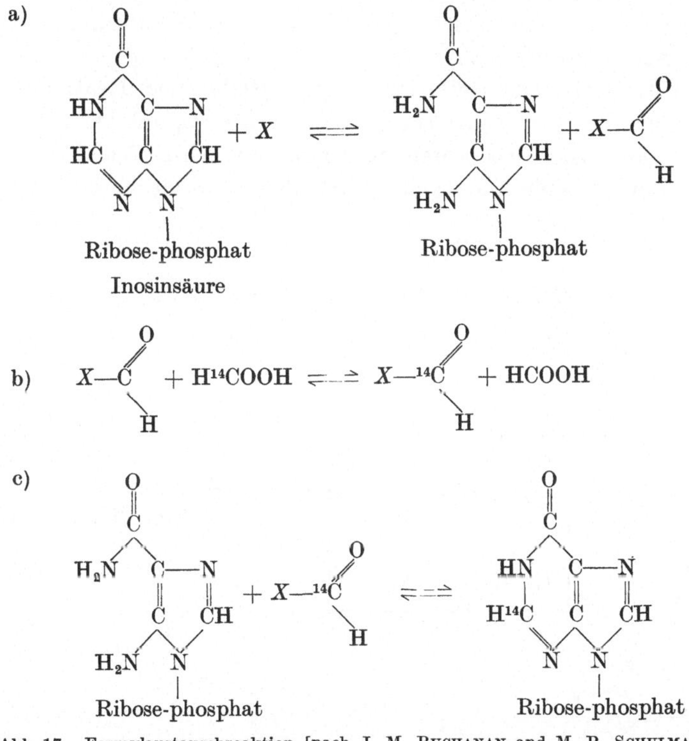

a)

Ribose-phosphat   Ribose-phosphat

Inosinsäure

b) $X—C \begin{smallmatrix} O \\ H \end{smallmatrix} + H^{14}COOH \rightleftharpoons X—{}^{14}C \begin{smallmatrix} O \\ H \end{smallmatrix} + HCOOH$

c)

Ribose-phosphat   Ribose-phosphat

Abb. 17. Formylaustauschreaktion [nach J. M. BUCHANAN and M. P. SCHULMAN: J. of Biol. Chem. **202**, 241 (1953)].

BUCHANAN $X \cdot C{\displaystyle{O \atop H}}$ oder nach unserer Auffassung $X \cdot CH_2OH$.

Intermediär verbleibt 4-Amino-5-imidazol-carboxamid-ribotid, eine Verbindung, die sich aus einer mit Sulfonamid versetzten Kultur von Escherichia coli gewinnen läßt und als Zwischenprodukt der Biosynthese von Purinen anzusehen ist. Das Transformylase-Vehikel $X \cdot CH_2OH$ tauscht sein nicht markiertes labiles Formyl- oder Methylol-Radikal dann gegen markiertes Formiat $\rightleftharpoons$ Formaldehyd aus und tritt mit dem Imidazol-Ribotid in Reaktion. Es entsteht wieder Inosinsäure, jedoch mit isotopem C in Stellung 2. Dieser Gesamtvorgang ist streng genommen keine eigentliche Transformylierung, weil das zu transferierende C_1 vom Donator nicht auf einen Acceptor übertragen wird. Da ein am Vehikel sitzendes C_1 gegen freies C_1 (Formiat) ausgetauscht wird, sprechen wir vielleicht besser von einer Umformylierung oder Austauschformylierung.

Abb. 18 gibt ganz schematisch eine Reihe von Reaktionen wieder, bei denen entweder transformylierbares C_1 aus Donatoren gebildet oder von Acceptoren aufgenommen wird. Viele Reaktionen können auch umgekehrt verlaufen, und darin beteiligte

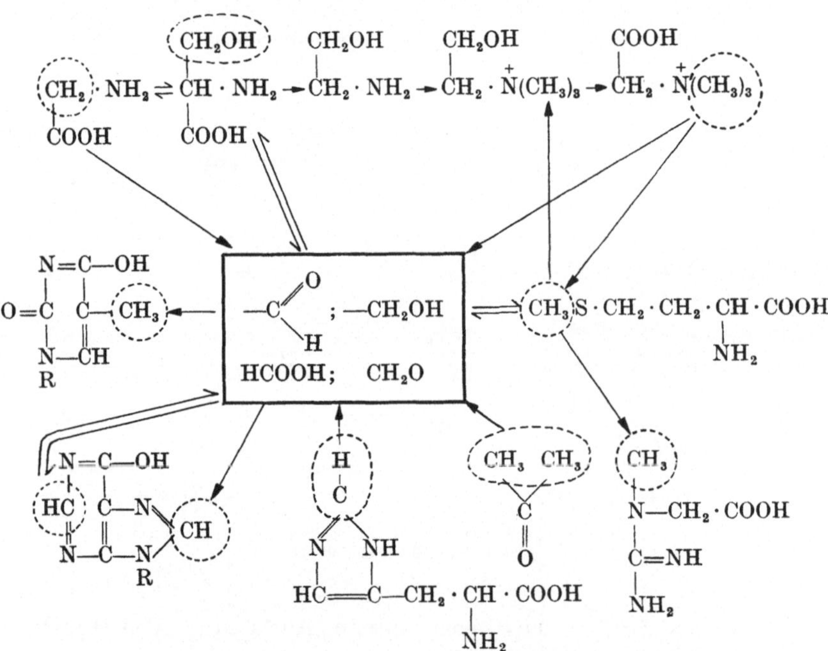

Abb. 18. Schema von Transformylierungs- und Formyldonator-Reaktionen [nach A. D. Welch and Ch. A. Nichol: Annual Rev. Biochem. 21, 656 (1952)].

Verbindungen sind im stetigen Gleichgewicht über den Spaltungs- und Synthesevorgang mit anderen Acceptor-Donator-Systemen. Fast alle Reaktionen verlaufen in mehreren Stufen, die hier vernachlässigt sind. Einzelheiten der verzeichneten Reaktionen werden nicht weiter behandelt und nur diejenigen des Systems

$-CH_3 \rightleftharpoons CH_2O$ ($\rightleftharpoons HCOOH$) bei der Besprechung des dritten Funktionsbereiches, der Transmethylierung, noch einmal aufgegriffen.

Zum Schluß dieses Abschnittes seien noch einige Worte über die Natur der Substanz $X \cdot H$ des Transformylasesystems angefügt. Abb. 19 gibt die Formel der synthetischen, unter dem Handelsnamen Leucovorin bekannten 7,8,9,10-Tetrahydro-7-formyl-pteroylglutaminsäure wieder. Ihre Geschichte ist bekannt.

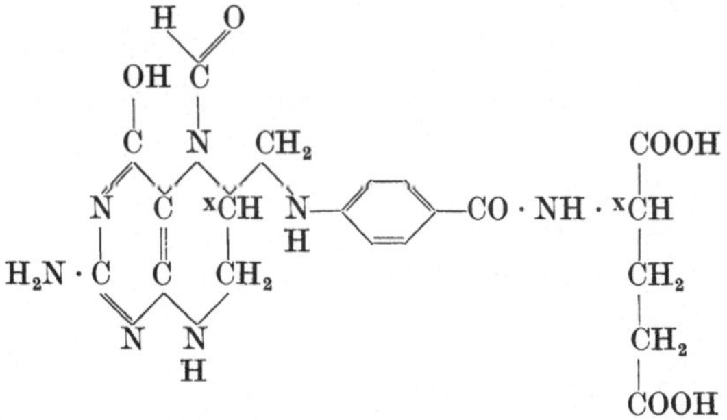

Abb. 19. Leucovorin (7,8,9,10-Tetrahydro-7-formyl-pteroyl-glutaminsäure, Folininsäure SF).

Mit SAKAMI, doch unabhängig von ihm, glauben wir, daß $X \cdot H$ die tetrahydrierte Pteroylglutaminsäure enthält und das H dem N-Atom 7 des Pyrazidinringes angehört. Nicht die Verbindung in Abb. 19, sondern ein Derivat von ihr, das zunächst an Stelle des Formyl- ein Oxymethylradikal trägt, fungiert im Transformylasesystem als wichtigster Molekelteil. Unsere Präparate des Co-F, Co-Fermentes der Transformylase, enthalten organisch gebundene Phosphorsäure. Da sie noch nicht völlig rein sind, können wir nicht sagen, ob die Phosphorsäure Bestandteil des Co-F ist.

Aus allen seitherigen Beobachtungen ergibt sich als wahrscheinlichstes Reaktionsschema für die Transformylierung das in Abb. 20 gezeigte. Die tetrahydrierte Pteroylglutaminsäure (Folsäure gilt heute als Gruppenname) lagert freies CH_2O an das N-Atom 7 als Methylol an. Von Formyldonatoren übernimmt sie das zu transferierende C_1 ebenfalls als Methylol. Das in der Form $X \cdot CH_2OH$ vorliegende Co-F reagiert mit einem C_1-Acceptor, in diesem Falle mit einer SCHIFFschen Base, die aus Glycin und Pyridoxalphosphat entstanden ist. Sie besitzt am α-C des Glycinanteiles offenbar ein lockeres H-Atom, das die Kondensation des formylierten Co-F mit dieser Schiffschen Base erlaubt. Es entsteht eine Zwischenverbindung, die dann durch Hydrolyse zwischen dem N_7 des Pyrazidinringanteiles und dem ursprünglich aufgenommenen C_1 zur Regeneration der Tetrahydro-pteroylglutaminsäure einerseits und der Schiffschen Base des Serins andererseits führt. Durch Abspaltung von Pyridoxalphosphat aus der letzteren entsteht dann das Serin, dessen β-C also vom Methylol des Co-F stammt.

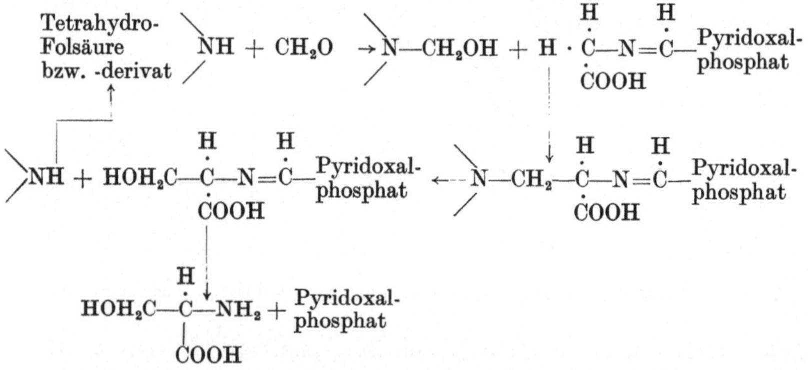

Abb. 20. Wahrscheinlicher Verlauf der Formyl-transfer-Reaktion am Beispiel der Synthese von Serin aus Glycin [nach R. L. Kislink and W. Sakami: J. Amer. Chem. Soc. **76**, 1456 (1954) und eigenen Versuchen].

Transformylierungsversuche wurden seither mit Leberhomogenaten von Säugetieren und Vögeln, allenfalls noch mit einigen Einzellern, z. B. Escherichia coli, durchgeführt. Aus der weiten Verbreitung der Folsäuregruppe im Pflanzen- und Tierreich wollen wir jedoch schließen, daß alle Lebewesen zu Transformylierungsreaktionen befähigt sein dürften.

Transmethylierung.

Seit der Jahrhundertwende etwa ist bekannt, daß verschiedene Schimmelpilzarten, z. B. Penicillium brevicaule (Scopulariopsis brevicaule), Aspergillus glaucus, A. virens, Mucor mucedo u. a. aus anorganischen Arsenverbindungen Trimethylarsin $(H_3C)_3As$, aus Selenverbindungen Dimethylselenid $(H_3C)_2Se$ und aus Tellurverbindungen neben amorphem Tellur (durch Reduktion) geringe Mengen einer wahrscheinlich ebenfalls methylierten Verbindung bilden können, deren Struktur noch nicht völlig erkannt ist. Ob es sich bei diesen mehrstufigen Reaktionen, die über Kakodyloxyd zu führen scheinen, um biochemische Methylierungen mit Methionin als Methyldonator handelt, ist noch nicht sicher, doch möglich.

Wir wissen auch schon lange, daß der Organismus höherer Säugetiere N-Basen methylieren kann. Hunde scheiden nach Verabreichung von Pyridin oder Chinolin Methylpyridiniumhydroxyd oder Methylchinoliniumhydroxyd mit dem Harn aus. Weiter werden Nicotinsäure und -amid von verschiedenen Tieren methyliert und als Trigonellin bzw. N-Methyl-nicotinamid ausgeschieden. Die intermediären Reaktionen dieser Methylierungen sind Teilreaktionen des im Pflanzen- und Tierreich weit verbreiteten Funktionsbereiches der Transmethylierung, an dessen Erforschung viele Arbeitskreise, mit besonderem Erfolg aber der von DU VIGNEAUD, beteiligt sind.

Zur de novo-Synthese des Methylradikals sind viele Lebewesen, darunter auch höhere Säugetiere befähigt. Gibt man zu Bakterienkulturen oder verabreicht man Ratten H^{14}COOH, 3-^{14}C-Serin, 2-^{14}C-Glycin, ^{14}CH$_3$OH oder ^{14}CH$_2$O, so trifft man das ^{14}C in den Methylgruppen des Methionins oder des Cholins wieder. 1-^{14}C-Serin und 1-^{14}C-Glycin ergeben kein —^{14}CH$_3$, ebenfalls nicht, und das ist bedeutungsvoll, H^{14}CO$_3^-$. In den als Methyldonatoren bezeichneten Verbindungen erkennen wir die Formyldonatoren wieder. Nicht nur Methylradikale gehen leicht durch Methyloxydation in Formylradikale über, sondern umgekehrt auch Formyl- bzw. Oxymethylradikale in Methylradikale. Daß im höheren Säugetier —CH$_3$ neu gebildet werden kann, erhärtet DU VIGNEAUD durch Versuche mit Dideuteriooxyd. Verfütterte er D$_2$O an Ratten, so enthielt das Cholin in den Methylradikalen viel Deuterium. Nicht die Darmbakterien haben diese Methylradikale synthetisiert und an das Wirtstier abgegeben, sondern steril aufgezogene Versuchstiere sind dazu befähigt. Das bedeutet, daß die Synthese im Gesamtstoffwechsel des Tieres erfolgt.

Die de novo-Synthese von —CH$_3$ formuliert BERG nach dem Schema in Abb. 21. Damit gewinnen wir den Anschluß an den Funktionsbereich der Transformylierung insofern, als angenommen werden muß, daß von einem Formyldonator, vermutlich dem $X \cdot$CH$_2$OH der früheren Schemata, ein Formylradikal auf die

Sulfhydrylgruppe des Transmethylasesystems übertragen wird. Dieses sollte nach dem in Abb. 20 wiedergegebenen Übertragungsmechanismus als —S · CH_2OH vorliegen, so daß in einer einzigen Reduktionsreaktion daraus —S · CH_3 wird.

Sogleich erhebt sich der Verdacht, der Methyltransfer laufe obligat über den Mechanismus des Formyltransfers und habe gar keinen eigenen Fermentmechanismus. Daß dies nicht so ist, zeigte wieder DU VIGNEAUD mit isotopenmarkiertem Deuteriomethionin. Bei Einsatz der Verbindung R · S · $^{14}CD_3$ müßte in den Methylgruppen des Cholins das Verhältnis $^{14}C/D$ verändert sein, wenn diese Hypothese stimmte. Das Verhältnis $^{14}C/D$ war jedoch unverändert. Auch wurden bisher drei mit Sicherheit voneinander verschiedene Transmethylase-Systeme getrennt und ihre Wirkungen untersucht. Dies sind die Systeme a) Betain→ Homocystein, b) Dimethylthetin → Homocystein und c) Methylphosphat → Guanidinacetat. Damit und mit weiteren Argumenten dürfte die obige Hypothese widerlegt sein.

$$R · SH + HCOOH \rightarrow R · S · \overset{\displaystyle O}{\underset{\displaystyle H}{C}} + H_2O$$

$$R · SH + CH_2O \longrightarrow R · \dot{S} · CH_2OH$$

$$R · \dot{S} · CH_3$$

$$R = —CH_2 · CH_2 · CH(NH_2) · COO^-$$

Abb. 21. De novo-Synthese von —CH_3 nach BERG [P. BERG: J. of Biol. Chem. **205**, 145 (1953)].

Von den eben genannten Transmethylasereaktionen besitzt nur die erste wahrhaft biochemisches Interesse. Dimethylthetin, das S-Analoge des Betains, kommt in der Natur nicht vor, doch wurde das in Transmethylierungsversuchen an seine Stelle zu setzende S-Dimethyl-β-propiothetin in der Rotalge Polysiphonia fastigiata aufgefunden. Welches die wahre Aufgabe des den Methyltransfer nach b) katalysierenden Fermentsystems ist, wissen wir noch nicht. Auch die Reaktion nach c) besitzt kaum biologische Bedeutung, da Methylphosphat, ein —O—CH_3-Typus übrigens, in der Natur nicht vorkommt.

Die Reaktion nach a) ist als eine typische Aufladung des Transfer-Vehikels Homocystein aus dem Methylradikal-Lager Betain anzusehen. Nur dieses hat ein zum Transfer genügend bewegliches —CH_3, nicht dagegen das Cholin. Cholin kann kein Methyl direkt abgeben, sondern muß erst durch die Cholinoxydase zu Betain oxydiert werden. Cholinoxydase fehlt in Leber und Nieren von Kaninchen, Meerschweinchen und Küken. Diese Tiere bilden kein Methionin aus Cholin und Homocystein, jedoch aus Betain und Homocystein.

Ein Blick auf die Formeln derjenigen Verbindungen mit direkt transferierbaren Methylradikalen — Dimethylthetin, S-Dimethyl-β-propiothetin und Betain — zeigt, daß es sich um sog. Oniumverbindungen handelt. Zu dieser Parallele paßt der Befund, der besagt, daß das Methylradikal des Methionins nicht transferierbar ist. Methionin muß erst mit ATP zum Umsatz kommen, in einer mehrgliedrigen Reaktion wahrscheinlich, wonach es als „aktiviertes Methionin" die Formel in Abb. 22 besitzt. Man sieht, daß es jetzt ebenfalls eine Oniumverbindung ist und das Methylradikal vom positiven Sulfonium offenbar leicht abgegeben wird.

Die bis jetzt näher untersuchten Transmethylierungssysteme sind in Abb. 23 tabellarisch zusammengestellt. Sie zeigt, daß die unmittelbaren Methyldonatoren bis auf das unnatürliche Methylphosphat Oniumverbindungen sind. Zwei Endprodukte dieser

$$\text{L-Methionin} + \text{ATP} \xrightarrow[\text{Mg}^{++}]{\text{GSH}} \text{„aktives Methionin"} + 3\,PO_4H_2^-$$

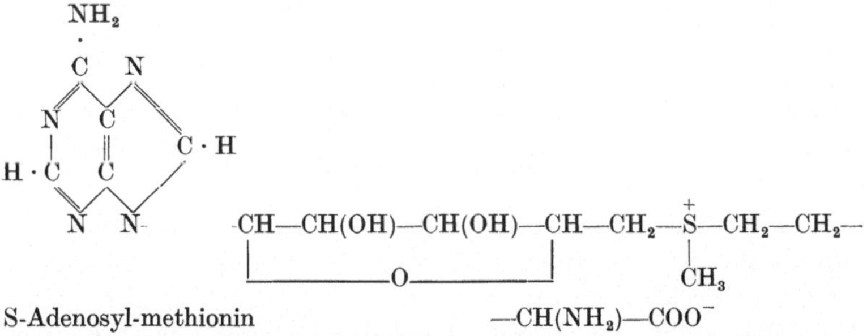

Abb. 22. „Aktives Methionin" nach CANTONI [G. L. CANTONI: J. Amer. Chem. Soc. **74**, 3204 (1952); Federat. Proc. **11**, 330 (1952); J. of Biol. Chem. **204**, 403 (1953)].

Reaktionen, Methionin und Cholin, können erst nach Überführung in „aktives Methionin" und Betain wieder als Methyldonatoren wirken.

Zu Anfang dieses Vortrages wurde untersucht, auf welche Weise der *anorganische* C_1-Körper in den bereits vorhandenen *organischen* Bestand von zelleigenen Verbindungen aufgenommen wird, wie also die erste Reaktion des Aufbaues organischer Zellsubstanz überhaupt verläuft. Wir haben die vergleichend-biochemische Blickrichtung sozusagen quer zum Lebensganzen gestellt und gesehen, daß von einer bestimmten Umsatzgeschwindigkeit an die Carboxylierungen von Mono- und Dicarbonsäuren zu Di- und Tricarbonsäuren im Funktionsbereich des Citronensäurecyclus quantitativ nicht ausreichen und eine weitere Carboxylierungsreaktion, die eines Pentosederivates, hinzukommen muß.

Typus der Übertragung	Donator	Akzeptor	Endprodukt
1. Von N auf S	Betain	Homocystein	Methionin
2. Von S auf S	Dimethylthetin und Dimethyl-β-propiothetin	Homocystein	Methionin
3. Von S auf N	„Aktives Methionin"	Guanidinessigsäure Glykokoll Nicotinamid Äthanolamin und Dimethyl-äthanolamin Noradrenalin	Kreatin Betain N-Methyl-nicotinamid Cholin Adrenalin
4. Von N auf N	Betain	Guanidinessigsäure Noradrenalin	Kreatin Adrenalin
5. Von O auf N	Methylphosphat	Guanidinessigsäure	Kreatin

Abb. 23. Transmethylierungssysteme (nach O. Hoffmann-Ostenhof: Enzymologie, S. 358. Wien: Springer-Verlag 1954).

Sobald der fixierte C_1-Körper in den organischen Molekelbestand aufgenommen ist und die um 1 C vermehrten Substanzen in andere Funktionsbereiche einzutreten beginnen, entzieht er sich, unter dem Blickpunkt einer vergleichenden Biochemie der C_1-Körper, unserer Wahrnehmung. Er kommt erst dann wieder zum Vorschein, wenn er im Zuge dissimilatorischer Stoffwechselprozesse von der niederen Oxydationsstufe zum Carboxylat und aus diesem — durch Decarboxylasen — zum Hydrogencarbonat und schließlich zu CO_2 wird. Decarboxylierungen sind vielfach die Umkehrungen der früher beschriebenen Carboxylierungen, weswegen hier nur darauf verwiesen sei.

Was das Schicksal der anderen C_1-Körper im Stoffwechsel betrifft, so besitzt die direkte Reduktion $CO_2 \rightarrow HCOOH$ nur untergeordnete Bedeutung. Übertragbare $-C{\overset{\diagup O}{\diagdown H}}$ und $-CH_2OH$ bzw. verwertbare $HCOOH$ und CH_2O entstehen aus anderen Quellen, durch Abspaltung aus bereits vorgebildeten organischen Molekeln. $-CH_3$ scheint ausschließlich aus $HCOOH$, CH_2O bzw. labilem $-C{\overset{\diagup O}{\diagdown H}}$ und $-CH_2OH$ zu entstehen und auch wieder in solche übergeführt werden zu können. Da $HCOOH$ als der auf der höchsten Oxydationsstufe stehende C_1-Körper der beiden Funktionsbereiche Transformylierung und Transmethylierung durch die Formiatdehydrogenase zu $HCO_3^- \rightarrow CO_2$ oxydiert wird, ist wieder der Anschluß an den Funktionsbereich der Transcarboxylierung gewonnen.

Neben dieser quer zum Lebensganzen gestellten vergleichend-biochemischen Blickrichtung ist aber auch eine solche parallel zum Lebensganzen möglich. Wir beziehen die Hauptargumente zu dieser Sicht aus den Ergebnissen der Forschung unserer Tage und projizieren sie einordnend zu den Ergebnissen und Deduktionen anderer Disziplinen auf die gleiche Leinwand, um zu spekulieren, in welcher Weise sich das Leben biochemisch entwickelt hat.

Die Fähigkeit lebender Zellen, CO_2 in erster Reaktion durch das Hydrogenase-Hydrogenlyase-System zu $HCOOH$ und dieses durch andere Fermentsysteme über CH_2O zu $-CH_2OH$ und $-CH_3$ reduzieren und daraus organische Zellsubstanz aufbauen zu können, wurde wahrscheinlich auf einer sehr frühen phylogenetischen Stufe ausgebildet, in einer Erdperiode, da die Atmosphäre noch viel freien Wasserstoff enthielt. In dem Maße, in dem er verschwand, wurde auf den gebundenen Wasserstoff, z. B. in bereits in der „Weltsuppe" vorhandene Kohlenstoff-Wasserstoff-Verbindungen übergegriffen. Als dieser verbraucht und durch die exergonischen Oxydationsprozesse irreversibel in H_2O übergeführt war, hatte sich auch gemäß den beiden ersten Hauptsätzen der chemischen Thermodynamik die den Lebewesen auf dieser Erde insgesamt zur Verfügung stehende freie Enthalpie bedrohlich verringert. Es mußte eine außerterrestrische Energiequelle, die Sonne, nutzbar gemacht werden. Im Photosyntheseprozeß ließen sich dann unter Verwendung eingestrahlter Energie alle Wasserstoffverbindungen H_2A als Wasserstoffdonatoren zur unmittelbaren oder mittelbaren Reduktion von CO_2 bzw. —COOH verwenden. Organische Substanz wurde in dem Maße vermehrt gebildet, wie sich der Photosyntheseapparat in Richtung zunehmender Ökonomie und die CO_2-Assimilation in Richtung zunehmender CO_2-Fixierung entwickelten. Nicht nur die Existenz autotropher, sondern auch diejenige heterotropher Lebewesen war gesichert.

Einfaches Hydrogenase-Hydrogenlyase-System, CO_2-Fixierungssystem und auch kompliziertes Photosynthesesystem setzen stets einen Bestand an organischer, reagierender oder die Reaktion katalysierender Substanz voraus. Auch die allererste Reduktionsreaktion $CO_2 \rightarrow HCOOH$ oder die allererste Carboxylierungsreaktion $X \cdot H + CO_2 \rightarrow X \cdot COOH$, die in der allerersten Zelle abliefen, hatten diese zur Voraussetzung. Da diese Substanzen schon sehr kompliziert gebaut sein mußten und die Lenkung der Reaktionssysteme, die zum zielstrebigen Aufbau zelleigener organischer Substanz führten, ebenfalls nicht einfach ist, erscheint es töricht anzunehmen, die erste lebende Zelle sei durch einen Zufall entstanden und nicht etwa in einem Schöpfungsakt, indem in sie bereits der Keim zur Entwicklung bis zu den Lebewesen heutiger biochemischer Prägung gelegt wurde.

Literatur.

Transcarboxylierung.

Anfinsen, Ch. B., and W. W. Kielley: Biological oxidations. Annual Rev. Biochem. **23**, 17 (1954).

Bassham, J. A., A. A. Benson, L. D. Kay, A. Z. Harris, A. T. Wilson and M. Calvin: The path of carbon in photosynthesis. XXI. The cyclic regeneration of carbon dioxide acceptor. J. Amer. Chem. Soc. **76**, 1760 (1954).

Brown, A. H., and A. W. Frenkel: Photosynthesis. Annual Rev. Biochem. **22**, 423 (1953).

Calvin, M.: Chemical and photochemical reactions of thioctic acid and related disulfides. Federat. Proc. **13**, 697, (1954).

Loomis, W. E.: Photosynthesis in green plants. In J. B. Sumner and K. Myrbäck: The enzymes II/2, 1052, 1951.

Ochoa, S.: Enzymatic mechanism of CO_2-fixation. In J. B. Sumner and K. Myrbäck: The enzymes II/2, 929, 1951.

Ochoa, S.: Biological mechanisms of carboxylation and decarboxylation. Physiol. Rev. **31**, 56 (1952).

Racker, E.: Synthesis of carbohydrates from carbon dioxide and hydrogen in a cellfree system. Nature (London) **175**, 249 (1955).

ROUGHTON, F. J. W., and A. M. CLARK: Carbonic anhydrase. In J. B. SUMNER and K. MYRBÄCK: The enzymes I/2, 1250, 1951.

UTTER, M. F., and H. G. WOOD: Mechanism of fixation of carbon dioxide by heterotrophs and antotrophs. Adv. Enzymol. **12**, 41 (1951).

NIEL, C. B. VAN: Bacterial photosynthesis. In J. B. SUMNER and K. MYRBÄCK: The enzymes II/2, 1074, 1951.

VENNESLAND, B., and E. E. CONN: Carboxylating enzymes in plants. Plant Physiol. **3**, 307 (1952).

Transformylierung.

GREENBERG, G. R.: A formylation cofactor. J. Amer. Chem. Soc. **76**, 1458 (1954).

JAENICKE, L.: Tetrahydrofolsäure bei der Biosynthese der Purine. Vgl. Ber. Physiol. **172**, 158 (1955).

KISLINK, R. W., and W. SAKAMI: The stimulation of serine biosynthesis in pigeon liver extracts by tetrahydrofolic acid. J. Amer. Chem. Soc. **76**, 1456 (1954).

RAUEN, H. M.: Untersuchungen über den Reaktionsablauf der fermentativen C₁-Einheiten-Übertragung. Vgl. Ber. Physiol. **172**, 158 (1955).

SHIVE, W.: In Vitamines and Hormones **9**, 76 (1951). — WOODS, D. D.: In Symposium sur le metabolism microbien. 2me Congr. internat. Biochimie, S. 26. Paris 1952.

WELCH, A. D., and CH. A. NICHOL: Water-soluble vitamines concerned with one- and two-carbon intermediates. Annual Rev. Biochem. **21**, 633 (1952).

Transmethylierung.

CANTONI, G. L.: In W. D. MCELROY and B. GLESS: Phosphorus metabolism. Baltimore 1952.

CHALLENGER, F.: Biological methylation. Adv. Enzymol. **12**, 429 (1951).

SOURKES, TH. L.: Transmethylases. In J. B. SUMNER and K. MYRBÄCK: The enzymes I/2, 1068, 1951.

VIGNEAUD, V. DU: Proc. Amer. Physiol. Soc. **92**, 127 (1948).

VIGNEAUD, V. DU: C. RESSLER and J. R. RACHELE: Science (Lancaster, Pa.) **112**, 267 (1951).

Diskussion.

LOHMANN (Berlin-Buch): Ich darf Herrn RAUEN meinen herzlichsten Dank aussprechen für seinen Vortrag über die vergleichende Biochemie der C₁-Körper. Es war wenigstens für mich eine außerordentlich große Überraschung, als vor etwa 20 Jahren festgestellt wurde, daß das Kohlendioxyd nicht nur von der Pflanze verwertet, sondern auch im tierischen Körper in organische Verbindungen eingebaut wird.

HOFFMANN-OSTENHOF (Wien): Im Zusammenhang mit der Methylierung möchte ich auf ein vergleichend biochemisches Problem eingehen: Während wir bei den Tieren kaum jemals Methoxylgruppen finden, haben wir sie allgemein bei den Pflanzen, angefangen bei den niederen Schimmelpilzen bis hinauf zu den höheren. Methoxylgruppen fehlen in den Bakterien und ich kenne kein tierisches Produkt, das eindeutig Methoxyl enthält. Soweit mir bekannt ist, existiert noch keine Theorie über den Mechanismus dieser Bildung, obwohl die Methoxylgruppen z. B. im Lignin eine ganz besondere Bedeutung haben. Glauben Sie, daß sie durch einfache Transmethylierungen oder de novo aus Formaldehyd gebildet werden? Mir ist nur bekannt, daß Methoxyl auch ohne Photosynthese gebildet wird. Außerdem möchte ich noch eine systematische Bemerkung machen. Ich würde nicht von Transcarboxylierung, sondern nur von Carboxylierung sprechen, denn wir haben hier keinen Donator.

BERGMANN (New Haven, z. Z. Heidelberg): Ich möchte daran erinnern, daß ich in der Diskussion zu dem ACKERMANNschen Vortrag das Spongosin, ein Nucleosid in den Schwämmen, erwähnt habe, in dem Methoxyl vorkommt.

MOTHES (Gatersleben): Die Bildung der Methoxylgruppen erfolgt offenbar in der Pflanze nach demselben Schema wie die Methylierung am Stickstoff. So hat KIRKWOOD mit Mitarbeitern belegt, daß die Methylierung am Sauerstoff und am Stickstoff beim Rizinin wie auch beim Protopin durch das gleiche methylierende Agens (Methionin) erfolgen kann. Und BYERRUM bewies die Transmethylierung mit Hilfe von Methionin bei der Bildung der Methoxylgruppen des Lignins. Solche Methylierungen können in der Pflanze besonders intensiv in der Wurzel verlaufen, aber keineswegs nur dort. Doch ist merkwürdig, daß die in den Sproß aufsteigenden methylierten Verbindungen in den Blättern häufig entmethyliert werden, so z. B. das Nicotin, das bei verschiedenen Tabakarten in Nornicotin verwandelt wird. Ein schönes Beispiel für die Methylierung als Ausdruck besonderer chemischer Aktivität der Wurzel ist auch die Bildung des Betains in der Zuckerrübe. Wir wissen aus vielen Arbeiten, daß das Betain ein vorzüglicher Methylgruppenspender ist.

RUMMEL (Düsseldorf): Entmethylierungen am Sauerstoff sind auch im tierischen Organismus bekannt. So wird z. B. Codein zu Morphin entmethyliert.

BRUNS (Düsseldorf): Seit einigen Jahren kennen wir Enzyme, die Oxyaminosäuren spalten, z. B. Phenylserin in Benzaldehyd und Glycin, oder Threonin in Acetaldehyd und Glycin. Ist eine solche Reaktion auch für Serin bekannt, wobei Formaldehyd und nicht Ameisensäure entsteht? In vivo zumindest kann Formaldehyd mit Glycin Serin bilden. Ist es möglich, daß Formaldehyd nach Art einer Aldolasereaktion mit Glycin reagiert?

RAUEN (Münster): Ja, das ist möglich. WIELAND hat diese Reaktion aufgegriffen und findet, daß bei der Umsetzung von Glycin mit Formaldehyd in vitro Serin synthetisiert wird und daß die Ausbeute an Serin durch zugesetztes Pyridoxal erheblich gesteigert werden kann. Pyridoxal ist notwendig zu Labilisierung eines Protons am α-C des Glycins. Es wird wahrscheinlich auch in vitro intermediär eine SCHIFFsche Base gebildet, die ein labiles Proton hat, so daß die Addition des CH_2O leichter vonstatten gehen kann. Eine weitere Reaktion, die neuerdings einiges Aufsehen erregt, habe ich nicht erwähnt. Nach HIFT und MAHLER gibt Pyruvat + Formaldehyd durch ein Leberferment eine γ-Oxy-α-keto-buttersäure.

LANG (Mainz): Ich wollte zu der Frage der Transformylierung hier noch eine alte Beobachtung erwähnen, die vielleicht einiges Interesse hat. Im Blut mancher Menschen wurden nicht unbeträchtliche Mengen von Formaldehyd gefunden. Ich habe vor etwa 20 Jahren diese Dinge nachuntersucht und bestätigt. Ich fand bis zu 1 mg-% als Formaldehyd. Das muß nicht freier Formaldehyd sein, es kann auch irgendeine chemisch labile Verbindung sein, die bei der Aufarbeitung Formaldehyd liefert. Ich habe damals aus äußeren Gründen die Sache nicht weiter untersuchen können, aber vielleicht findet man doch irgendeine Verbindung, die man in Zusammenhang mit der Transformylierung bringen könnte.

Unbekannt: Spielt Ergothionein, das in den roten Blutkörperchen in beträchtlicher Menge vorkommt, eine Rolle als Methyldonator?

RAUEN (Münster): Es erscheint in keinem Schema und mir ist nichts darüber bekannt, daß das Methyl so labil ist, daß es leicht transferiert werden kann.

Unbekannt: Können Sie quantitative Angaben machen über das Ausmaß der assimilatorischen Einbeziehung des CO_2 beim Menschen, oder anders gefragt, spielen die Reaktionen von OCHOA bzw. von WOOD-WERKMANN eine so große Rolle, daß durch sie Fehlschlüsse bei der Beurteilung des respiratorischen Quotienten entstehen können?

LANG (Mainz): Zu dieser Frage möchte ich bemerken, daß gemessen wurde, wieviel vom fremdem CO_2 der Atmungsluft verwendet wird, und kam auf einen Prozentsatz von 0,0...%. Die Fixation hängt linear vom CO_2-Druck ab; je höher er ist, desto mehr wird eingebaut.

LOHMANN (Berlin-Buch): Eigentlich sollte man nicht fragen, wieviel Kohlensäure der Atmungsluft eingebaut wird, denn in der Atmungsluft ist der Druck sehr viel kleiner als in den Geweben. Man müßte prüfen, wieviel von dem zugeführten markierten Bicarbonat eingebaut wird.

MOTHES (Gatersleben): Zur Frage der Bindung von CO_2 wäre noch zu bemerken, daß neue Untersuchungen an Pflanzen eindeutig gezeigt haben, daß dieser Vorgang von größtem Ausmaß und zentraler Bedeutung für das gesamte Stoffwechselgeschehen ist. In unserem Laboratorium konnte gezeigt werden (Dr. SCHLEGEL, Dr. RAMSHORN), daß ohne Beteiligung von CO_2 Phosphorylierungsvorgänge gehemmt sind und daß auch das Wachstum nicht das normale Ausmaß annimmt. Diese Tatsachen deuten darauf hin, daß die WARBURG-Technik wesentliche Mängel besitzt, sofern KOH zur Absorption der Kohlensäure benutzt wird. Der Stoffwechsel muß dann mindestens quantitativ eine starke Veränderung erfahren.

LOHMANN (Berlin-Buch): In welchem Ausmaß wird in unserem Körper Aceton verwertet?

Rauen (Münster): Modellversuche mit Leberhomogenaten lassen keinen Schluß zu über das Ausmaß im intakten Organismus. Ich glaube aber, daß es sich nur um sehr kleine Mengen handeln kann. Mit der Isotopentechnik findet man zunächst nur den prinzipiellen Mechanismus eines Reaktionsvorganges.

Lang (Mainz): Zu der Frage des Acetons möchte ich sagen: Wir haben mit Leberhomogenaten eine große Reihe von homologen Methylketonen umgesetzt und gefunden, daß etwa 20% von der eingesetzten Substanz verschwunden sind. Es ist interessant, daß das nicht nur mit Aceton geht, sondern auch mit den homologen Methylketonen.

Rauen (Münster): Ich möchte noch hinzufügen, daß bestimmt ein großer Prozentsatz des Acetons als CO_2 exhaliert worden ist. Sicher wird nicht, wenn man Aceton einsetzt, die gesamte Menge CH_3 in einem Transfersystem wiedergefunden. Eine beachtliche Menge erscheint als CO_2, ebenso wie in den Transformylierungsversuchen, wenn man Serin oder Glykokoll vorlegt. Dann werden beträchtliche Prozentsätze (bis 30—40—50%) des zu transferierenden C_1 oxydiert und erscheinen als CO_2 wieder. Nur wenige Prozent (1—2—3%) erscheinen dann in anderen Verbindungen via Transformylierungen.

Unbekannt: Spielt bei der CO_2-Fixation die Carbaminsäurebindung an Proteinen oder an Aminosäuren eine Rolle?

Rauen (Münster): Ein gewisser Prozentsatz von Aminogruppen liegt vielleicht in der Carbaminoform vor. Das ist aber eine reine Gleichgewichtsreaktion. Ich möchte bezweifeln, daß die Carbaminsäurebindung für den eigentlichen Mechanismus der CO_2-Assimilation eine Rolle spielt. Es mag sein, daß vielleicht an der Kohlensäureanhydratase das CO_2 zunächst in der Carbaminsäurebindung vorliegt und daß es dann erst mit dem H_2O oder OH umgesetzt wird.

Klingmüller (Hamburg): Wenn man ^{14}C-Bicarbonat an lactierende Tiere verfüttert, ist der Kohlenstoff des Caseins auch aktiv geworden. Das spricht dafür, daß die CO_2-Fixierung nicht nur prinzipiell möglich ist, sondern eine beträchtliche physiologische Rolle spielt.

Die Bedeutung der Makromoleküle für Evolution und Differenzierung.

Von

J. B. S. Haldane.

University College London, Dept. of Biometry.

$\mu\alpha\varkappa\varrho\acute{o}\varsigma$ heißt „lang" auf Griechisch. Ich spreche nicht von großen Molekülen, sondern von langen, kettenartigen; nicht z. B. von Chlorophyll oder von Molekülen wie Glykogen mit verzweigten Ketten. Das ist meines Erachtens kein Zufall. Denken wir an einen Spermatozoenkern, z. B. an einen von einer Katze: der ist dann kein Menschen-, kein Mücken- und kein Schneckenspermatozoenkern. Man kann noch präziser sagen, daß dieser Kern eine weiße, kurzhaarige, weibliche Katze geben wird usw. Der Kern trägt also viele Informationen im Sinne der neueren Informationstheorie. Wie viele ungefähr, werden wir später sehen. Die bequemsten menschlichen Informationsmittel, Sprache, Schrift usw., sind beinahe eindimensional. Ein Bild kann man zeichnen, ein Modell greifen. Die größere Genauigkeit erreicht man aber mit der eindimensionalen Schrift. Dasselbe gilt überall für die Informationen in der Natur.

Vor fünfzig Jahren sprachen die Genetiker von Einheitscharakteren, oder in Mendels Worten, von differierenden Merkmalen. Das Blumenpigment sollte z. B. ein solches sein. Wenn in jedem Kern ein gewisser Faktor, oder wie man jetzt sagt, ein gewisses dominantes Gen, vorhanden sei, so sei auch Pigment vorhanden. Ohne dieses Gen werde kein Pigment hervorgebracht. Bald aber fanden Bateson und Punett, daß man aus der Kreuzung zweier rezessiver weißer Lathyrus-Sippen farbige Blumen bekam. Für die Pigmentsynthese müssen also mindestens zwei verschiedene Gene vorhanden sein. Das Pigment ist demnach kein einfach determiniertes differierendes Merkmal. Dasselbe gilt überall. Um zu hören z. B., braucht eine Maus mindestens elf dominante Gene. Wenn nur eines von diesen in beiden Chromosomen fehlt, ist sie taub. Später aber fand man Charaktere, die ganz einfach determiniert zu sein scheinen, wie es die ersten Genetiker für die Pigmente usw. annahmen. So werden die Antigene überall einfach vererbt. Wenn ein Mann das Gen für den Blutgruppenstoff B trägt, so hat er den B-Stoff an seinen Blutkörperchen; und umgekehrt, wenn er den B-Stoff hat, so hat er das Gen. In den sehr seltenen Fällen, wo ein Ehepaar ohne B ein Kind mit B hat, handelt es sich fast immer um Unehelichkeit. In solchen Fällen findet man auch unerwartete Antigene. Eine wirkliche Ausnahme könnte die Folge einer Mutation sein. Dasselbe gilt für viele andere Antigene bei Menschen und Tieren. Die Haptene der Blutgruppenantigene sind ohne Zweifel Megamoleküle, mit Molekulargewichten von etwa 250000, aus Zucker-, Aminozucker- und Aminosäureresten bestehend. Man weiß noch nicht, ob sie verzweigte oder unverzweigte Struktur haben.

Dieselbe ganz einfache Beziehung gilt auch für manche Enzyme und Gene. Das Fehlen verschiedener Gene kann dieselbe oder fast dieselbe Stoffwechselstörung bedingen. Es gibt z. B. mindestens acht Gene, die für die Bildung von Methionin aus Cystein bei Neurospora nötig sind. Fehlt eines, so muß dem Pilz Methionin zugeführt werden. Diese acht Gene sind für verschiedene Katalysen nötig, z. B. für die Cystathioninbildung, die Homocysteinbildung usw. Bei mancher Mutante fehlt ein bestimmtes Enzym.

Um zu denken, müssen wir Menschen Phenylalanin in der Para-Stellung oxydieren können — Gott weiß, warum. Die Phenylketonurie ist rezessiv. Die Phenylketonuriker können Phenylalanin nicht oxydieren und sind schwachsinnig. In der Leber normaler Menschen kommt eine Phenylalaninoxydase vor, die den Phenylketonurikern fehlt. Bisher ist kein einziger Fall bekannt geworden, wo für die Bildung eines Enzyms zwei Gene an verschiedenen Chromosomenstellen nötig sind, wie das z. B. für die Bildung des Anthocyans der Fall ist. Man könnte zahlreiche Beispiele geben. Ich führe nur eines an. Das antihämophile Globulin hängt bekanntlich von einem Gen im menschlichen X-Chromosom ab. Wäre auch ein autosomales Gen nötig, so würde man einige Familien finden, in denen hämophile Mädchen und Knaben vorkommen. Solche Bluterfamilien findet man, aber ihnen fehlt ein anderes Protein: Fibrinogen oder Proaccelerin.

Vielleicht der interessanteste Fall ist der der menschlichen Hämoglobine. Außer dem fetalen Hämoglobin und dem allgemein verbreiteten Hämoglobin der Erwachsenen kennt man jetzt fünf andere. Alle haben dieselbe prosthetische Hämgruppe. Über vier von diesen geben ITANO, BERGREN und STURGEON (1954) Tatsachen und Literaturangaben. Sie haben verschiedene Beweglichkeiten im elektrischen Feld und verschiedene Löslichkeiten in reduzierter Form. Das Hämoglobin S ist ohne Sauerstoff fast unlöslich, und die Blutkörperchen verlieren ihre normale Form im venösen Blut. Kinder, die nur solches Hämoglobin besitzen, leiden an einer schweren Anämie und sterben frühzeitig. Mindestens zwei dieser anomalen Hämoglobine sind durch Gene bedingt. Die Heterozygoten erzeugen eine Mischung aus zwei Hämoglobinen. Jedes Gen macht sozusagen sein Hämoglobin für sich selbst. Weder die chemische Analyse noch die Röntgenstrahlenforschung hat chemische Verschiedenheiten in den Globinmolekülen nachweisen können. In seiner neu erschienenen Harvey Lecture ist PAULING (1955) der Meinung, daß alle diese Verschiedenheiten von verschiedenen Faltungsweisen desselben Moleküls ableitbar sind. Wenn das überall gültig wäre, so wären die Gene, oder mindestens gewisse Gene, mehr mit der Faltung als mit der groben Synthese beschäftigt; und man könnte vielleicht in der Antigen-Antikörperbeziehung eine enge Parallele finden.

In Deutschland haben HÖRLEIN und WEBER (1948) den fünften Fall gefunden. Hier ist in einer Sippe Methämoglobinämie dominant bedingt. Die abnormen Individuen sind Heterozygoten mit etwa 20% Methämoglobin. Das Spektrum dieses Hämoglobins ist abnorm, und das Globin unterscheidet sich ebenfalls vom normalen. Auch hier sollen die beiden Gene in den Heterozygoten unabhängige Synthesen bedingen.

Leider weiß man noch für kein Protein genau, wie es durch eine Gen-Substitution verändert wird. Über die Haptene der Blutgruppenantigene weiß man ein wenig. LESKOWITZ und KABAT (1954) haben das Verhältnis von Glucosamin zu Galaktosamin gemessen und gefunden, daß im A_1-Stoff das Verhältnis ungefähr 1,6:1, im A_2-Stoff 2,2:1 und im B-Stoff 2,8:1 beträgt.

Es gibt also eine Klasse von Synthesen, bei denen die beiden Gene im Heterozygotenkern unabhängig voneinander wie zwei Enzymmoleküle arbeiten. Daneben können auch die gleichen

Gene zusammen eine neue Art Molekül produzieren. Beim Menschen produziert ein Gen für A_1 dasselbe Agglutinogen, ganz gleichgültig, ob es im Kern zweimal vertreten ist oder ob es mit einem B- oder 0-Gen vergesellschaftet ist; d. h. Menschen vom Genotyp A_1A_1, A_10 und 00 produzieren alle *ein* Anti-B-Agglutinin. Nun fanden Jaquot-Armand und Filitti-Wurmser (1954), daß hier die Heterozygoten keine Mischung der Homozygoten-Substanzen produzieren, sondern etwas ganz Neues. Das Molekulargewicht des Anti-B-Isoagglutinins ist bei 00 170000, bei A_1A_1 300000 und bei A_10 510000. *In vitro* verhält sich eine Mischung von A_1A_1 und 00 Sera ganz anders als ein A_10-Serum. Die Zahl der Agglutininmoleküle pro Milliliter ist bei Heterozygoten geringer als bei Homozygoten. Ihre Vereinigung mit Agglutinogen liefert mehr Wärme als die Homozygotenstoffe. Es handelt sich sozusagen um ein Bastardmolekül, das von zwei vereinigten Homozygotenmolekülen abstammen kann.

In der Immunochemie gibt es zwei ähnliche Fälle. Chovnick und Fox (1953) fanden, daß bei *Drosophila melanogaster* ein Heterozygot beim Lozenge-Locus ein Antigen enthält, das bei den Homozygoten fehlt. Und Millor (1954) fand, daß bei Tauben-Art-bastarden einer der von Irwin entdeckten Bastard-Antigenen nur dann vorhanden ist, wenn zwei andere Antigene, von denen jedes von einem allelomorphen Gen abhängt, zusammen vorhanden sind. Es ist denkbar, daß in diesen Fällen die mütterlichen und väterlichen Chromosomenfäden im sog. ruhenden Kern so nahe beieinander liegen, daß sie beide zusammen am gleichen Molekül arbeiten können.

Zu dem Fall der menschlichen Blutkörperchenantigene kann man noch etwas Weiteres sagen. Ein rotes Blutkörperchen von einem Heterozygoten hat ungefähr eine halbe Million B-Stoff-Moleküle auf seiner Oberfläche. Diese hat ein einziges Gen in ein oder zwei Wochen hervorgebracht. Eine Woche umfaßt aber nur 604800 sec. Ich kann mir nicht vorstellen, daß ein einziger Katalysator ein Molekül mit einem Molekulargewicht von ungefähr 250000 innerhalb einer Sekunde produzieren kann. Es ist viel wahrscheinlicher, daß ein einziges Gen einige hundert Enzymmoleküle produziert, die ihrerseits später Hapten-Moleküle aufbauen. Dasselbe gilt auch für die Kapselpolysaccharidsynthese der Pneumokokken. Hier sind die Zahlen noch überzeugender.

Was wissen wir über die Chemie der Gene? Die Chromosomen sind überall Salze von Proteinen und Desoxyribonucleinsäure (DNS). In Fischspermien kann das Protein ziemlich einfach sein, und dank Prof. FELIX wissen wir über dieses viel mehr als über die DNS. Für die DNS ist die Hypothese von CRICK und WATSON (1953) jetzt fast dogmatisch. In einer DNS-Kette sollen Purin- und Pyrimidinreste abwechselnd aufeinander folgen. Wenn der erste Rest ein Purin ist, so ist der zweite ein Pyrimidin usw. Das Purin kann entweder Adenin oder Guanin sein, das Pyrimidin entweder Thymin oder Cytosin. Es gibt also 2^n Möglichkeiten für eine Kette mit n Resten, deren Molekulargewicht ungefähr 300 mal n beträgt, wenn wir von den methylierten Cytosinen absehen. Das ist eine sehr große Zahl. Denken wir uns alle möglichen DNS-Moleküle, von denen jedes aus 250 Nucleotidresten, aber in jeweils anderer Kombination zusammengesetzt ist. Jedes Molekül hat ein Molekulargewicht von 75000 oder, wenn man mit CRICK und WATSON annimmt, daß es aus zwei Ketten besteht, von denen die eine die Struktur der anderen verursacht, ein doppelt so großes von 150000. Alle diese möglichen Moleküle ergäben zusammen ein Gewicht, das viel größer ist als das Gesamtgewicht aller Sterne und Galaxien, die man mit dem besten Teleskop photographieren kann. Für mich ist die CRICK-WATSONsche Hypothese sehr zweifelhaft. Auch DUNN und SMITH (1955) fanden, daß Colibacillen, die kein Thymin machen können, etwa 20% ihres DNS-Thymins durch 6-Methylaminopurin ersetzen. Diese abnormen Bacillen sollen nicht mehr fortpflanzungsfähig sein, aber ihr DNS entspricht nicht der CRICK-WATSONschen Regel.

Doch es ist auch durchaus denkbar, daß nur 1% der Chromosomen den Genen entspricht, die dann aus einem anderen Stoff bestehen könnten. Über das "Transforming Principle" (TP) der Pneumokokken weiß man viel mehr. Man kann einen Pneumokokken-Extrakt darstellen, der fast reine DNS ist. Diese kann von intakten Pneumokokken eines anderen Typs aufgenommen werden; dadurch bekommen diese und ihre Nachkommenschaft eine der Eigenschaften der Sippe, die das TP geliefert hat, z. B. die Resistenz gegen Streptomycin oder die Fähigkeit, ein gewisses Polysaccharid zu bilden, z. B. das Polysaccharid vom Typus III, das aus Zellobiuronsäureresten besteht, an Stelle des Polysaccharids vom Typus I, das aus Galakturonsäureresten besteht.

Dabei nimmt ein Pneumococcus ein einziges Molekül DNS aus der Lösung auf, denn die Zahl ausgewechselter Bakterien ist bei niedrigen TP-Konzentrationen der TP-Konzentration direkt proportional. Wenn zwei TP-Moleküle nötig wären, so würde sie mit dem Quadrat wachsen. Das TP ist gegen Ribonucleasen, Proteinasen, Amylasen usw. völlig resistent. Nun fanden Ephrussi-Taylor und Latarjet (1955) bei Röntgenstrahleninaktivierungsversuchen, daß das TP, das die Streptomycinresistenz bedingt, ein Molekulargewicht von ungefähr 670000 hat. Diese Zahl stimmt recht gut überein mit der Zahl, die man mit derselben Methode für das Molekulargewicht von Genen *in vivo* gefunden hat. Wir können also vermuten, daß ein TP-Molekül ein lösliches Gen ist.

Die Gene der höheren Pflanzen und Tiere sind an die Chromosomen gebunden. Die Experimente von Lederberg (1948) zeigen, daß dasselbe oft auch für die Bakterien gilt. Ja auch DNS von Bacteriophagen kann an ein bakterielles Chromosom gebunden sein (Lwoff, 1953), aber unter dem Einfluß von mutagenen Stoffen und Strahlen wieder frei werden. Eine ganz ähnliche Erklärung mag vielleicht für die Entdeckungen Mitschurins über Pfropfbastarde gelten, von denen einige außerhalb der Sowjetunion, z. B. in Schweden bestätigt worden sind (Hall, 1954).

Das Gen mag also ein Molekül oder aber ein Segment eines viel größeren Moleküls sein und die Fähigkeit besitzen, ein spezifisches Proteinmolekül zu bilden. Es hat auch die Fähigkeit, in einer lebenden Zelle repliziert zu werden. Man kann fragen, ob diese beiden Fähigkeiten unabhängig voneinander oder kausal miteinander verbunden sind. In Crick und Watsons Schema soll ein DNS-Makromolekül ein anderes bilden, in dem für jeden Adeninrest ein Thyminrest, für jeden Guaninrest ein Cytosinrest und umgekehrt steht. Es gibt auch eine ganz andere Hypothese, die hauptsächlich von Friedrich-Freksa stammt. Nach der Bildung eines spezifischen Proteinmoleküls sollte die DNS gelöst sein und dann zwei neue entsprechende DNS-Ketten am Protein gebildet werden. Haldane (1954) hat darauf hingewiesen, daß diese Hypothese ziemlich gut mit den Tatsachen der meiotischen Chromosomenrekombination übereinstimmt. Das Gen sollte dann entweder eine spezifische DNS-Gruppierung oder aber eine ihm entsprechende spezifische Proteingruppierung sein.

Wenn wir also annehmen, daß ziemlich gut lokalisierte, katalytisch aktive Strecken der Chromosomen an der Bildung spezifischer Proteine, insbesondere der Enzyme, irgendwie beteiligt sind, so kann man fragen, wie diese Proteine die Entwicklung eines Organismus beeinflussen. Nur in seltenen Fällen läßt sich etwas darüber aussagen. Die rezessiven Zwergmäuse z. B. produzieren in ihrer Hypophyse kein oder fast kein Wachstumshormon und vielleicht nicht genügend andere Hormone. Das ist ein ziemlich einfacher Fall. Es gibt zwei rezessive Gene bei der Maus, *gl* und *mi*. Den *gl gl* Homozygoten fehlt das gelbe Haarpigment; den *mi mi* Homozygoten darüber hinaus auch das schwarze, wie bei gewöhnlichen Albinos. Bei beiden fehlt auch die Aktivität der Osteoclasten. Nur nach ungeheuren Dosen von Parathyreoidhormon, die für einen normalen Mann toxisch wären, beginnt die Knochenresorption (v. GRÜNEBERG, 1952). Man muß also annehmen, daß derselbe Katalysator für noch unbekannte Prozesse in den Osteoclasten und in den Pigmentzellen, aber sonst in keiner anderen Zellart nötig ist.

Beim Menschen findet man ganz ähnliche Fälle. Hier ist ein armer Junge, der mit fünfzehn Jahren alle seine Zähne verloren hat, da ein anderer, der schwachsinnig ist. Bei beiden fehlt ein Enzym; bei dem zahnlosen Jungen die Blutkatalase (TAKAHARA, 1952); er ist ohne Abwehr gegen hämolytische Streptokokken. Beim Schwachsinnigen fehlt ein Leberenzym, das Phenylalanin zu Tyrosin zu oxydieren vermag (JERVIS, 1952). Er ist nicht nur schwachsinnig, sondern auch ein wenig mikrocephal (PENROSE, 1951). Es ist einigermaßen überraschend, daß für die normale Kopfentwicklung ein Leberenzym nötig sein soll. Für die Entwicklung eines Gewebes muß man meistens die Gene in demselben Gewebe verantwortlich machen; aber die Fälle, in denen Gene aus anderen Geweben verantwortlich sind, sind viel leichter zu erforschen. Man darf nicht annehmen, daß bei der Entwicklung gewisse Gene verlorengegangen sind. Das kann ohne Zweifel geschehen, wie z. B. im wohlbekannten Ascaris-Fall und bei einigen Insektenarten. Viel besser kann man ein Gen als intracelluläre Organelle ansehen, die nur unter gewissen Bedingungen benutzt wird. So braucht ein Mensch nicht immer seine Schweißdrüsen. Man kann auch ohne Schweißdrüsen leben, doch in den Tropen dauert ein solches Leben nicht sehr lange.

Über Mutationen will ich fast nichts sagen, vor allem darum, weil mir eine sehr wichtige Entdeckung darüber bekannt ist, die aber noch nicht veröffentlicht ist. Sie können vielleicht auf dreierlei Weise entstehen: erstens als Seitenreaktionen der Autokatalyse, zweitens infolge Genauswechslung durch freie Radikale, Peroxyde, Strahlung usw., drittens infolge Einverleibung falscher Bausteine, z. B. Azaguanin in das DNS-Molekül.

Über die Rolle der Makromoleküle im Entwicklungsprozeß kann ich nichts Neues sagen, weil dies nicht mein Fach ist. Darüber existieren zwei ziemlich verschiedene Forschungsgebiete: die Induktorforschung und die frühe Identifizierung von Antigenen. Die bahnbrechenden Arbeiten von SPEMANN über die Induktoren sind allgemein bekannt. In den letzten Jahren hat man mehrere solcher Substanzen gefunden. Es handelt sich um ziemlich große Moleküle. So fand BRACHET (1950), daß der SPEMANNsche Induktor nur durch Cellophanmembranen hindurchgeht, wenn die Poren Nucleinsäuremoleküle von einem Molekulargewicht über 10000 durchlassen. TOIVONEN fand, daß in Säugetiernieren nicht nur der SPEMANNsche Induktor für das Archenkephalon vorhanden ist, sondern auch ein hitzelabiler Induktor für das Rückenmark. In der Thymusdrüse fand er einen ziemlich spezifischen Linseninduktor. Im Knochenmark fand TOIVONEN (1945) einen Stoff, der mesodermale Gewebe im Molch-Gastrulaektoderm induziert. Über diese Stoffe weiß man aber nicht viel. Der SPEMANNsche Stoff soll eine Nucleinsäure sein, TOIVONENs Rückenmarkinduktor ein Nucleoprotein und sein Mesoderminduktor ist vielleicht ein Protein.

Ohne Zweifel besitzen die spezifischen Gewebe spezifische Makromoleküle, insbesondere Proteine. In gewissen Fällen kann man diese serologisch identifizieren. So hat EBERT (1953) Kaninchen gegen Hühnerherzmuskelmyosin immunisiert. Das Myosin fand er zuerst über eine ganz breite Strecke des Kükenblastoderms verbreitet. Später fand er es nur im präsumptiven Herzen. Es mag sein, daß alle Zellen, die Herzmyosin enthalten, die Fähigkeit besitzen, Herz zu werden, aber nur einige von ihnen entwickeln sich zum Herzmuskel. Dieser Versuch ist durch sorgfältiges Titrieren von Embryonalextrakten durchgeführt worden. CLAYTON (1954) hat entsprechende Versuche mit Molchlarven durchgeführt. Die genaue Natur der Antigene ist ihr aber noch unbekannt. In der Ontogenese werden neue Antigene gebildet. Auch findet sie zwei Antigene in einem Gewebe, aber nur je eines von diesen in zwei Geweben, die davon abstammen. Genauere Lokalisierungsversuche mit fluoreszierenden und radioaktiven Antikörpern sind im Gange. Die antigene Differenzierung geschieht oft früher als die morphologische, aber das bedeutet nicht, daß die gefundene biochemische Differenzierung die spätere morphologische hervorruft. Das kann wohl sein, aber es ist nicht bewiesen.

Viele der Unterschiede zwischen verwandten Arten sind durch Gene, also durch DNS-Strukturen, verursacht. Wenigstens einige der Unterschiede zwischen Geweben im gleichen Organismus sind durch RNS-Strukturen oder vielleicht durch reine Proteine bedingt. Solche Entscheidungsmoleküle müssen die Fähigkeit besitzen, in lebenden Zellen kopiert zu werden. Man spricht von Vererbung, Infektion oder Induktion, aber man kann oft ebensogut das eine Wort für das andere benutzen. In der Evolution findet man eine Zunahme der Menge von DNS pro Kern. Ein Bacterium enthält nur ziemlich wenig; die meisten Vertebratenkerne ungefähr 200 mal so viel, die Säugetierkerne ungefähr zweimal so viel wie die Kerne der meisten anderen Vertebraten.

In der Evolution haben wir ohne Zweifel die Fähigkeit verloren, einfache Moleküle wie Zucker, Aminosäuren usw. zu bilden. Wir höheren Tiere produzieren aber eine viel größere Reihe von Megamolekülen. Nach CARLISLE (1954) sollen die Selachier und Tunikaten anstelle der beiden verschiedenen Hormone Gonadotropin und Prolactin bei den Vertebraten nur ein einziges Hormon bilden. Diese größere Menge von Megamolekülen ist ohne Zweifel mit der feineren morphologischen Differenzierung verbunden.

Bei solchen Molekülen und Gebilden kann man das Informationsprinzip von SHANNON und WEAVER (1949) anwenden. Eine Informationseinheit gibt eine binäre Entscheidung. Wenn man nur zwei Möglichkeiten hat, z. B. A und B, so gibt die Entscheidung zwischen A und B eine Informationseinheit. Wenn man vier hat, so hat man zwei solcher binärer Einheiten, erstens z. B. C oder D statt A oder B, zweitens C statt D. Wenn man sechzehn Buchstaben hat, wovon jeder A oder B sein kann, so hat man vier Einheiten usw. Wenn man n Buchstaben hat, wovon jeder A oder B sein kann, so hat man n Informationseinheiten. So ist es im binären Numerationssystem, wo man z. B. 5 als 101 schreibt (eine Vier, keine Zwei, eine Eins). Dieses System braucht man für die elektronische Rechenmaschine, und es soll sogar auch für die Vererbung gelten. Wenn in der DNS-Kette ein gegebener Zuckerrest entweder Adenin oder Guanin oder aber Cytosin oder Thymin tragen könnte, so setzt das eine Struktur von einer Million Resten voraus, von einem Molekulargewicht von 600 Millionen, wenn es sich um eine verdoppelte Kette handelt. Eine wesentlich kürzere Proteinkette könnte ebensoviele Informationen tragen.

Die gegebenen Zahlen sind obere Grenzen. Wenn einige Kombinationen nicht gestattet oder sehr selten sind, z. B. daß vier aufeinanderfolgende Purine alle Adenin sind, so kann man weniger Informationen übertragen. So sind ja auch im Deutschen oder Englischen nur einige Buchstabenfolgen sinnvoll.

Nun kann man für einen Menschenzellkern eine solche Berechnung durchführen. Wenn es ungefähr 10000 Gene gibt, wovon jedes in zwanzig Phasen vorliegen und deren Ordnung auch auswechselbar sein kann, so bekommt man weniger als $2^{1\,000\,000}$ Möglichkeiten, also weniger als eine Million Einheiten. Das ist ein bißchen weniger als die Informationen in einer siebenziffrigen Logarithmentafel, in der jede der 530000 Ziffern anders sein könnte, wenn es sich um eine andere Funktion handelte.

Die Kerne sind aber — auch im Spermatozoenkopf — ungeheuer viel größer. Die Entscheidungseinheit muß also viel größer als ein einziger Nucleotidrest sein.

So komme ich zum Schluß. Ich schlage jetzt eine Hypothese vor. *Alle Entscheidungsmoleküle sind Makromoleküle im engeren Sinn; d. h. unverzweigte Ketten wie die DNS und die Protamine. Nur solche Moleküle sind nach einer Mutation kopierbar.* Es gibt ohne Zweifel wichtige Megamoleküle, die nicht linear sind; man denke z. B. an Insulin, Vasopressin und Oxytocin, die dank ihrer Cystinreste große Ringe enthalten. Diese werden aber nicht kopiert. Ich habe eine reine Hypothese vorgetragen, aber eine Hypothese , die geprüft werden kann.

Literatur.

Brachet, J.: Experientia (Basel) **6**, 56 (1950).
Carlisle, D. B.: J. Mar. Biol. Assoc. **33**, 65 (1954).
Chovnick, A., and A. S. Fox: Proc. Nat. Acad. Sci. Wash. **39**, 1935 (1953).

CLAYTON, R. M.: J. Emb. Exper. Morph. **1**, 25 (1955).

DUNN, D. B., and J. D. SMITH: Nature (London) **175**, 336 (1955).

EBERT, J. D.: Proc. Nat. Acad. Sci. Wash. **39**, 333 (1953).

EPHRUSSI-TAYLOR, H., and R. LATARJET: Biochem. et Biophysica Acta **16**, 183 (1955).

FRIEDRICH-FREKSA, H.: Naturwiss. **28**, 376 (1940).

GRUNEBERG, H.: The Genetics of the Mouse. Nyhof 1952.

HALDANE, J. B. S.: The Biochemistry of Genetics. London 1954.

HALL, O. L.: Hereditas **40**, 453 (1954).

HÖRLEIN, H., u. G. WEBER: Dtsch. med. Wschr. **1948**, 876.

ITANO, H. A., W. R. BERGREN and P. STURGEON: J. Amer. Chem. Soc. **76**, 2278 (1954).

JAQUET-ARMAND, Y., et S. FILITTI-WURMSER: Arch. Sci. physiol. **7**, 233 (1954).

JERVIS, G. A.: Proc. Soc. Exper. Biol. a. Med. **82**, 514 (1953).

LEDERBERG, J.: Genetics **33**, 617 (1948).

LESKOWITZ, S., and E. H. KABAT: J. Amer. Chem. Soc. **76**, 4887 (1954).

MILLER, W. J.: Genetics **39**, 938 (1954).

LWOFF, A.: Lysogeny. Bact. Rev. **17**, 269 (1953).

PAULING, L.: Harvey Lect. **48**, 216—238 (1953—1954).

PENROSE, L. S.: Ann. Eugen. **16**, 134 (1951).

SHANNON, C. E., and W. WEAVER: The Mathematical Theory of Communication. Urbana 1949.

TAKAHARA, S.: Lancet **1952 II**, 1101.

TOIVONEN, S.: J. Emb. Exper. Morph. **2**, 239 (1954).

WATSON, J. P., and F. H. C. CRICK: Nature (London) **171**, 737 (1953).

Diskussion.

FELIX (Frankfurt a. M.): Nach Ihren Ausführungen geht die Fähigkeit, bestimmte Eiweißkörper zu bilden, verloren, wenn die Organe herausdifferenziert werden. Bleibt diese Fähigkeit potentiell noch erhalten, könnte z. B. die Leber noch Myosin bilden?

HALDANE: Die Fähigkeit, Myosin zu bilden, ist im Embryo ziemlich weit verbreitet, aber nicht über den ganzen Embryo. Innerhalb dieses Gebietes werden nicht alle Zellen zu Herzmuskelzellen, aber es ist möglich, daß sie alle die Fähigkeit behalten, zu Herzmuskel zu werden.

FISCHER (Frankfurt a. M.): Sie haben gesagt, daß in den ruhenden Zellen die Gene als Organellen wirken. Ich hätte gern eine klare Vorstellung darüber, wie man sich die Wirksamkeit dieser Organellen denken muß.

HALDANE: I haven't got much opinion on the subject. In the first place I would find out those nuclei which have been investigated cytologically —, they are mostly rather abnormal ones. They are not at least representative nuclei. There is a very rare difficulty in the fact that the nuclear membrane, in the few cases where it has been possible to investigate it, e. g. in amphibian oocytes and in the large oocytes of orthoptera, although this membrane is permeable to molecules with a weight up to 2000 or so, it appears to be impermeable to ordinary proteins and it may very well be that all this protein synthesis is done by ribonucleic acid shed out from the nucleus into the cytoplasma.

I have been trying to give you the kind of information a geneticist can give you namely that there does seem to be a very close 1:1 relationship between a particular gene detected by the usual methods of genetics and a particular protein wether it is detected by serological or by enzymatic methods or e. g. by the particular part which it plays in blood coagulation. How many steps there may be between these genes and proteins we don't know. What we do known is that so far we have not got any case where we can say definitely that 2 genes at different loci on a chromosome are concerned in the synthesis of the same protein and we have got cases where 2 genes at the same locus are so concerned. 1 am inclined to think that the true explanation of these phenomena may be something entirely unexpected. But I told you, I am only a geneticist trying to put forward what I think a geneticist can honestly say and I certainely haven't sufficient experience in cytology or in biochemistry to put forward much of an opinion on what has happened.

Zahn (Frankfurt a. M.): Wenn ich recht verstanden habe, läßt sich die Konfiguration und die Fähigkeit eines Organismus in der Sprache eines duodischen Zahlensystems in Form eines Schemas als Information fest-legen. In diesem Zusammenhang scheint es mir interessant, daß wir bei unseren Untersuchungen über die Nucleinsäure, dadurch, daß wir sie an Ionenaustauschersäulen entionisiert haben, zu zwei Fraktionen gelangt sind, von denen eine relativ niederviscös, die andere relativ hochviscös ist. Die niederviscöse Fraktion enthält mindestens 50% mehr Pyrimidine als die hochviscöse. Das konnten wir chromatographisch zeigen und sehen es auch an dem Verhältnis Stickstoff zu Phosphor. Damit hätten wir eine Zweizähligkeit, die vielleicht in der Kombinatorik des duodischen Systems als höheres Informationsschema für eine spätere reziproke Umformung in die Wirklichkeit zugrunde gelegt sein kann.

Haldane: Ich habe gesagt, daß ich gegenüber der Hypothese von Crick und Watson etwas skeptisch bin und es freut mich, daß es zumindest in Deutschland auch Leute gibt, die nicht daran glauben. Meines Erachtens glaubt man in England und Amerika viel zu viel daran.

Felix: Nehmen Sie an, daß die Fermente oder Antigene aus Amino-säuren synthetisiert werden? Könnten diese nicht aus einem ursprünglichen Eiweiß durch Abbau entstehen? Wahrscheinlich werden die Hypophysen-hormone durch Abbau von Hypophyseneiweiß gebildet. Auch die Prot-amine gehen bei der Reifung der Spermatozoen aus komplizierten Eiweiß-körpern durch fortgesetzte Vereinfachung hervor. So könnte es sein, daß vielleicht irgendein Ureiweiß da ist, aus dem durch die entsprechenden Fermente die einzelnen spezifischen Eiweißkörper gebildet werden.

Haldane: Ich denke, das ist möglich. Wenn ich von Synthese gesprochen habe, so wollte ich damit nur sagen, wo man das Gen findet, findet man später das zugehörige Protein.